Statik der Stabtragwerke

Alf Pflüger

Statik der Stabtragwerke

Mit 170 Abbildungen

Springer-Verlag
Berlin Heidelberg New York 1978

Professor Dr.-Ing. Dr.-Ing. E.h. Alf Pflüger

Lehrstuhl und Institut für Statik
Technische Universität Hannover
Callinstraße 32, D-3000 Hannover

ISBN-13: 978-3-642-88247-0   e-ISBN-13: 978-3-642-88246-3

DOI: 10.1007/978-3-642-88246-3

Pflüger, Alf, 1912 – Statik der Stabtragwerke. Based on the author's lectures given at the Technische Universität Hannover. Bibliography: p. Includes index. 1. Bars (Engineering). 2. Structural frames. 3. Statics. I. Title. TA660.B3P44   624'.1773   78-5115

Gesamtherstellung: Universitätsdruckerei H. Stürtz AG, Würzburg.
2061/3020-543210

Vorwort

Das vorliegende Buch ist aus einem Teil der Statikvorlesungen des Verfassers an der Technischen Universität Hannover entstanden. Es umfaßt etwa den Inhalt der in den ersten fünf Semestern gehaltenen Vorlesungen über Stabstatik. Die Statik der Flächenträger ist nicht enthalten. Anfangsgründe der Mechanik — Kräftezusammensetzung und -zerlegung an beliebigen starren Körpern — werden vorausgesetzt. Das Buch beginnt dort, wo es sich um die Berechnung der Tragelemente der Praxis handelt.

Der Schwierigkeitsgrad ist zu Beginn dem ersten Semester angepaßt und wird erst allmählich gesteigert. An Vorkenntnissen wird zunächst nicht mehr vorausgesetzt, als ein Student mit Reifeprüfung wissen muß bzw. müßte. Später werden die inzwischen in den Mathematikvorlesungen erworbenen Kenntnisse über Vektorrechnung, gewöhnliche lineare Differentialgleichungen, Matrizen, Determinanten und Variationsrechnung benötigt.

Das Buch soll ein Lehrbuch, kein Nachschlagewerk sein. Der Springer-Verlag hat zwei hervorragende Werke, die beides sind, herausgebracht*. Es wäre sinnlos gewesen, ein Buch ähnlicher Zielsetzung zu schreiben. Die Beschränkung auf ein Lehrbuch erfordert zwangsläufig auch die Beschränkung auf einen Stoffumfang, der von den Studenten in der zur Verfügung stehenden Zeit bewältigt werden kann. Für die gewählte Stoffbegrenzung gelten zwei Voraussetzungen. Erstens müssen alle speziellen statischen Fragen der Fachgebiete Holzbau, Stahlbau, Grundbau, Beton- und Stahlbetonbau in gesonderten Vorlesungen behandelt werden, so daß darüber nicht berichtet zu werden braucht. Zweitens muß auch die EDV-Rechentechnik, die zur Lösung statischer Aufgaben unentbehrlich geworden ist, als besonderes Fachgebiet an einer Universität vertreten sein. Die Darstellung dieses Gebietes kann deshalb hier ebenfalls entfallen. Darüber hinaus wird es aber nun auch möglich, auf die ausführliche Behandlung der Rechenrezepte der klassischen Baustatik zu verzichten, wenn sie bei Benutzung elektronischer Anlagen nicht mehr benötigt werden.

Wenn sich so der Verfasser bei der Stoffauswahl immer wieder die Aufgabe stellte, möglichst viel vom Althergebrachten fortzulassen, so wurde doch in einer Hinsicht nicht gekürzt: Die Anschaulichkeit sollte in jedem Fall erhalten bleiben. Dieses scheint wichtiger denn je, weil die Beherrschung der EDV abstraktes Denken erfordert und dazu verführt, *nur* noch abstrakt zu denken. Da aber die eigentliche Aufgabe des Bauingenieurs konstruktiver Fachrichtung

---

* K. Hirschfeld: *Baustatik: Theorie und Beispiele.* Zwei Teile. 3. Aufl. Berlin, Heidelberg, New York 1969.

K. Sattler: *Lehrbuch der Statik: Theorie und ihre Anwendung.* Erster Band: Teile A und B. Berlin, Heidelberg, New York 1969; Zweiter Band: Teile A und B. Berlin, Heidelberg, New York 1974, bzw. 1975.

im Entwerfen und Konstruieren besteht — die Statik ist ja immer nur ein Hilfsmittel —, ist es unumgänglich, auch bildhaft zu denken. Nur so kann das vielzitierte »statische Gefühl« erworben werden. Als Beispiel für die Stoffauswahl sei die kinematische Methode zur Ermittlung von Einflußlinien genannt. Vom Standpunkt der Rechentechnik her gesehen, kann man ganz darauf verzichten, vor allem bei elektronischer Berechnung. Zur Schulung der Anschauung erscheint diese Methode aber wesentlich.

Hinsichtlich der Einteilung des Stoffes ist noch folgendes zu bemerken. In der Statik wird die Behandlung von Tragwerken mit nichtlinearem Verhalten immer wichtiger. Um das zu betonen, ist das Buch in drei Teile gegliedert, in denen folgende Gebiete behandelt werden: Statik starrer Systeme, Statik linear elastischer Systeme und Statik nichtlinearer Systeme. Bei den letzteren ist die Theorie zweiter Ordnung neben der exakten Rechnung behandelt, und zwar sowohl bei eindeutigen Kraft-Verformungs-Beziehungen als auch bei Stabilitätsproblemen.

In dem Bestreben, den Umfang des Buches möglichst klein zu halten, werden zu den einzelnen Problemen nur wenige Beispiele betrachtet, und zwar gerade nur so viele, wie es zur Erläuterung der Theorie unbedingt erforderlich ist. Da man nur durch eigene zahlreiche Beispielrechnungen einen Stoff beherrschen lernt, wird sich der Student selbstverständlich noch mit weiteren Übungsbeispielen befassen müssen.

Für wertvolle Hilfe bei der Erstellung des Manuskriptes und beim Korrekturlesen bin ich Frau Graf, Herrn Hümpel und vor allem Herrn Dr. Stern zu besonderem Dank verpflichtet. Dem Springer-Verlag danke ich für die gewohnte hervorragende Ausstattung des Buches und die verständnisvolle Zusammenarbeit bei der Lösung aller drucktechnischen Probleme.

Hannover, im August 1978   Alf Pflüger

Die Numerierung der Gleichungen beginnt in jedem Abschnitt von vorn; jeder Gleichungsnummer wird die Abschnittsnummer vorangestellt, z.B. (2.6). Wird im Text auf eine Gleichung desselben Abschnitts verwiesen, so erfolgt keine besondere Nennung dieses Abschnitts, z.B. (15). Bei Hinweisen auf Gleichungen anderer Abschnitte wird auch die Nummer des betreffenden Abschnitts genannt, z.B. (8.15).

Die Abbildungen sind in jedem Abschnitt neu numeriert, wobei die Abschnittsnummer der Abbildungsnummer vorangestellt wird, z.B. Abb. 5.2.

Inhaltsverzeichnis

Teil II   Lineare Statik

A. Grundlagen der Verformungsrechnung 83

Teil III   Nichtlineare Statik

Teil I Statik starrer Systeme

A. Stabwerke des Bauwesens und ihre Beanspruchung

1. Der Stab als einfachstes Bauelement

Die Statik ist die Lehre vom Gleichgewicht der Körper. Die Baustatik befaßt sich mit den Körpern, die im Bauwesen als Tragwerke Verwendung finden. Der Begriff »Lehre vom Gleichgewicht« wird dabei sehr weit gefaßt. Zum Beispiel gehört es zu den Aufgaben des Statikers zu berechnen, wann das Gleichgewicht durch Materialversagen gestört wird oder welche Rolle Dauerbeanspruchungen spielen.

Die Stabwerkstatik behandelt eine besondere Art von Tragwerken, die aus geraden oder gekrümmten »Stäben« zusammengesetzt sind. Bei der Definition eines Stabes muß zunächst die Stabachse vorgegeben werden. Sie sei eine stetig verlaufende gerade oder gekrümmte Linie mit stetiger Ableitung. — Der Ausdruck »Achse« wird hier also anders als im Maschinenwesen gebraucht, wo eine Achse stets gerade zu sein hat. — Die Forderung einer stetigen Ableitung bedeutet, daß es einen Stab mit Knick nicht geben soll, sondern daß in diesem Fall von zwei aneinander anschließenden Stäben zu sprechen ist. Nach Festlegung der Stabachse wird in einer Ebene senkrecht zur Stabachse, der Querschnittsebene, die Form des Querschnitts vorgegeben. Dabei wird definiert, daß die Stabachse durch den Schwerpunkt der Querschnittsfläche hindurchgehen soll.

Wesentlich für einen Stab ist nun die Voraussetzung, daß stets die Querschnittsabmessungen klein gegenüber den Abmessungen längs der Stabachse sein sollen. Nur wenn diese Voraussetzung erfüllt ist, sind verschiedene noch zu treffende Annahmen berechtigt, welche die Rechenarbeit erheblich vereinfachen. Insbesondere wird es dann möglich, nicht nur die Geometrie, sondern auch alle anderen Eigenschaften des Stabes, wie z.B. den Verformungszustand, in Abhängigkeit von *einer* unabhängigen Veränderlichen darzustellen, die längs der Stabachse zu messen ist. Die Stäbe heißen daher auch »Linienträger« oder eindimensionale Gebilde — im Gegensatz zu den »Flächenträgern«, die in diesem Sinne zweidimensionale Gebilde sind.

Aber nicht nur von der Theorie her kommt man zur Definition eines Stabes. Die am häufigsten verwendeten Bauelemente sind von der Herstellungsform her Stäbe: die Stahlträger durch das Walzen, Träger aus Leichtmetall durch das Strangpressen. Schließlich haben die Balken des Holzbaus von Natur aus die Stabform.

Stäbe können gerade, einfach und doppelt gekrümmt sein. Das letztere kommt allerdings praktisch selten vor. Die Betrachtung soll sich daher im folgenden auf einfach gekrümmte Stäbe beschränken. Ferner sei im allgemeinen vorausgesetzt, daß sich Beanspruchungs- und Verformungszustand in einer Ebene abspielen, daß — kurz gesagt — nur »ebene Systeme« untersucht werden.

2. Lagerformen und Gelenke

Jedes Tragwerk ist in geeigneter Weise zu lagern. Die drei wichtigsten Lagerungsarten für ein ebenes Stabtragwerk sind die »feste Einspannung«, das »feste Gelenklager« und das »verschiebliche Gelenklager«. Diese Lagerformen sind in Bild 2.1 durch Symbolskizzen dargestellt, wobei in den Fällen b und c in den Spitzen der Lagerdreiecke ein Gelenk zu denken ist. Die wirkliche Ausführung kann demgegenüber sehr verschiedene Gestalt haben.

Zum Beispiel kann ein verschiebliches Gelenklager nach Bild 2.2 durch ein Rollenlager oder eine Pendelstütze realisiert werden.

Theoretisch wird stets angenommen, daß die Gelenke der Lager ideal reibungsfrei sind und auch die Verschiebung ohne jede Reibung vor sich geht. Die drei Lagertypen von Bild 2.1 können dann die dort angegebenen Lagerreaktionen übertragen: Die feste Einspannung überträgt zwei voneinander unabhängige Kräfte und ein Einspannmoment, das feste Gelenklager überträgt zwei Kräfte und das verschiebliche Gelenklager eine Kraft senkrecht zur Lagerführung.

Gelenke treten auch bei der Verbindung mehrerer Stäbe auf. Sie werden ebenfalls ideal reibungsfrei angenommen. Diese reibungslose Beweglichkeit wird im allgemeinen konstruktiv mehr oder weniger gut ermöglicht. Die erreichte

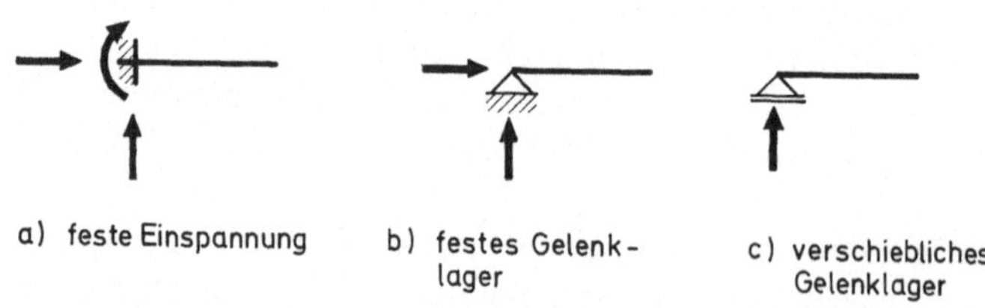

Bild 2.1 a–c. Die wichtigsten Lagerformen

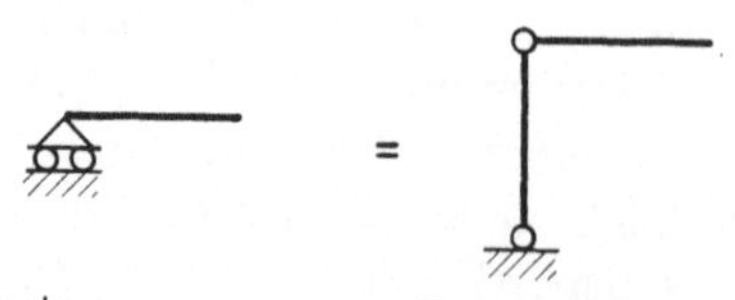

Bild 2.2. Statisch gleichwertige Lagerformen

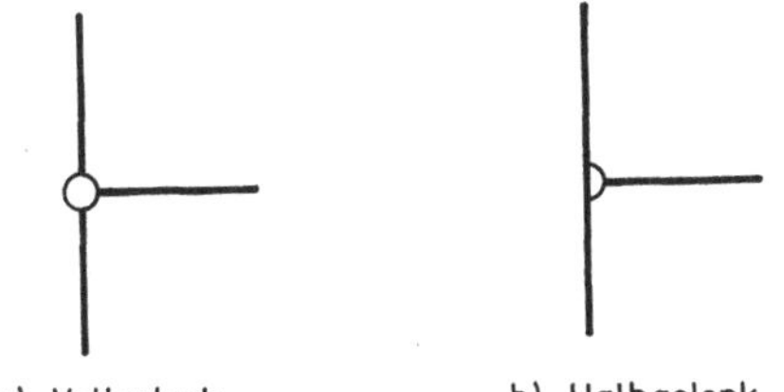

Bild 2.3a u. b. Verschiedene Gelenkverbindungen

Güte ist dann eine Frage des Kostenaufwandes. Häufig kommt es aber auch vor, daß konstruktiv kein Gelenk vorgesehen wird und trotzdem das System sich so verhält, als ob an der betreffenden Stelle ein Gelenk wäre. Zur Vereinfachung der Rechnung kann dann von vornherein mit einem idealen Gelenk gerechnet werden. Die sog. Fachwerke werden sich als derartige Systeme erweisen.

Zu beachten ist nach Bild 2.3 der Unterschied zwischen einem Vollgelenk, bei dem alle zusammenstoßenden Stäbe gelenkig miteinander verbunden sind, und einem Halbgelenk, bei dem nur ein Stab momentenfrei angeschlossen ist.

3. Beispiele für Stabwerke

Mit geraden und gekrümmten Stäben und den verschiedenen Lagerformen und Gelenken läßt sich eine Vielzahl von Stabwerken bilden, die einer großen Anzahl von Aufgaben des Bauwesens gerecht werden können. In Bild 3.1 sind

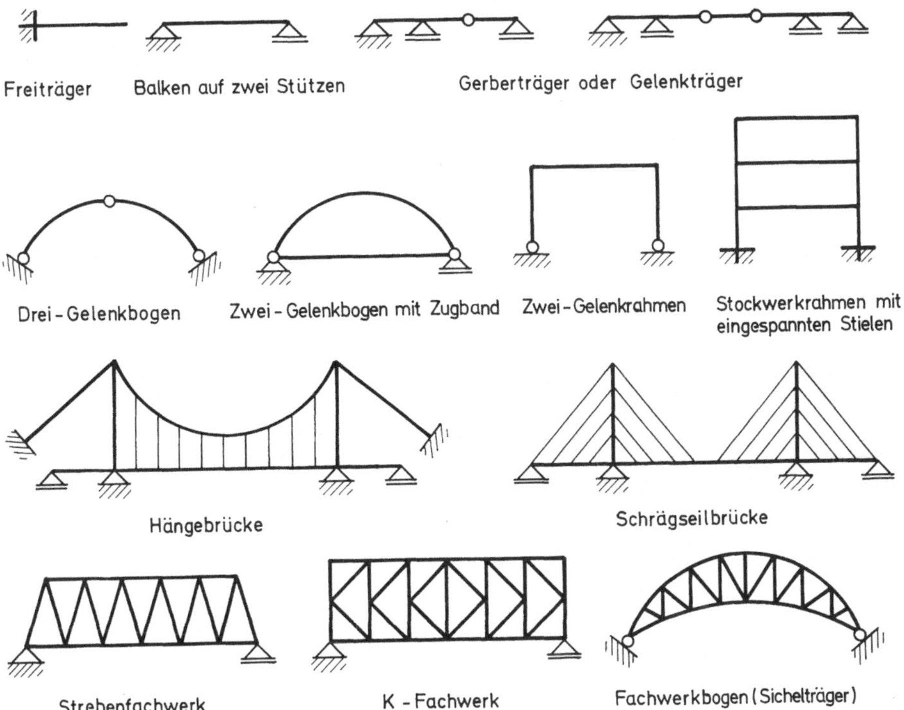

Bild 3.1. Stabwerke des Bauwesens

einige charakteristische Systeme zusammengestellt, die sämtlich Stabwerke sind. Sie haben ihren Namen teils nach der äußeren Form, teils nach ihrer statischen Wirkungsweise, teils nach ihrem Ersterbauer.

4. Beanspruchungen

Die Ursachen für die Beanspruchung eines Tragwerks lassen sich in drei Gruppen zusammenfassen.

Zunächst kommen die Kräfte in Betracht. Hier ist zu unterscheiden: Die ständige Last als Eigengewicht der tragenden und nichttragenden Teile und die Nutz- oder Verkehrslast. Sie besteht aus Menschengedränge, Kranlasten bei Kranbahnen, Schwerlastwagen bei Straßenbrücken und den »Lastenzügen« bei Eisenbahnbrücken. Ferner sind die Schneelast, die Windlast und »sonstige« Kräfte zu beachten, die sich aus Bremskräften, Fliehkräften und Seitenstößen zusammensetzen können. Diese Aufzählung der ein Tragwerk beanspruchenden Kräfte ist keineswegs vollständig. Umfassende und sehr detaillierte Angaben enthalten jedoch die entsprechenden Vorschriften[1]. Damit ist nicht ausgeschlossen, daß der Ingenieur die Normen gelegentlich durch eigene Annahmen ergänzen muß. Das ist besonders der Fall bei dynamischen Beanspruchungen, die durch statische Ersatzlasten erfaßt werden sollen.

Neben den Kräften spielen als zweites die Widerlagerverschiebungen, auch Stützensenkungen genannt, eine Rolle. Es sind Setzungen, die in der Regel durch die Bauwerkslast verursacht werden, aber auch ohne Einfluß des Bauwerks, z.B. durch Bergbausenkungen, entstehen können. In der statischen Rechnung werden sie als konstante, d.h. von den Lasten unabhängige Größen, berücksichtigt. Sie werden von der Bodenmechanik geliefert und sind Werte, die ihrer Natur nach einen erheblichen Toleranzbereich haben. Auf die statische Berechnung eines Bauwerks können sie wesentlichen Einfluß haben.

Als drittes sind die Temperaturänderungen, das Schwinden und das Kriechen zu nennen. Schwinden ist die Volumenänderung des Betons beim Abbinden und für die statische Rechnung ein der Temperaturänderung ähnlicher Effekt. Kriechen ist die sich im Laufe der Zeit einstellende, nicht reversible Verformung des Betons unter Last. Das Kriechen ist beim Spannbeton in seiner Wirkung auf den Vorspanneffekt von ausschlaggebender Bedeutung und erfordert für die Bemessung von Spannbetonbauwerken besondere Betrachtungen.

B. Lagerreaktionen starrer Systeme

5. Definitionen und Annahmen

Die in Abschnitt 4 besprochenen Kräfte, die ein Tragwerk belasten, werden *angreifende* Kräfte genannt. Ihnen müssen Kräfte bzw. Momente das Gleichge-

---

1 In der Bundesrepublik Deutschland die DIN-Normen des Deutschen Instituts für Normung.

wicht halten, die als Lagerreaktionen oder *Reaktions*kräfte bzw. -momente bezeichnet werden.

Kräfte treten praktisch als Flächenkräfte und als Volumenkräfte auf. In der Stabstatik werden sie jedoch — die Lasten sowohl wie die Lagerreaktionen — wie folgt zusammengefaßt:

$$
\begin{array}{lll}
\text{Kräfte} & [K] & \text{z.B. } N,\ kN \text{ oder } MN, \\[2mm]
\text{Momente} & [KL] & \text{z.B. } Nm, \\[2mm]
\text{Streckenkräfte} & \left[\dfrac{K}{L}\right] & \text{z.B. } \dfrac{N}{m}, \\[4mm]
\text{Streckenmomente} & \left[\dfrac{KL}{L}\right] & \text{z.B. } \dfrac{Nm}{m}.
\end{array}
$$

In der Dimensionsangabe bedeutet K allgemein eine Kraft, L eine Länge. Streckenmomente kommen in der Regel nur als Lastmomente bei der Torsionsbeanspruchung von Stäben vor.

Ein Körper kann starr, fest oder weich sein. »Starr« bedeutet, daß bei seiner Beanspruchung keinerlei Verformungen auftreten, »weich« heißt, daß er sich widerstandslos verformt. Beide Begriffe sind wieder Idealisierungen, die nie vollkommen erfüllt sein können. »Fest« beschreibt das wirkliche Verhalten, das zwischen den beiden Grenzwerten starr und weich liegt.

Die Aussage »weich« hat für Stabwerke nur Sinn, wenn sie sich lediglich auf bestimmte Verformungen des Körpers bezieht. Zum Beispiel läßt sich ein Seil so leicht verbiegen, daß die entsprechende Steifigkeit vernachlässigt werden kann, aber nicht seine Fähigkeit, Zugbeanspruchung aufzunehmen. Die Voraussetzung eines starren Körpers ist jedoch eine weitreichende und sehr brauchbare Idealisierung. Das gilt insbesondere für die Stabwerkstatik im Vergleich z.B. zu der Statik ebener Flächenträger, wo die Annahme weitgehend unbrauchbar ist.

Die Statik starrer Körper wird auch *Stereostatik* genannt. Ihre Voraussetzungen sollen im folgenden so lange gelten, bis sich neue Erkenntnisse nur durch Verfeinerung der Rechenannahmen gewinnen lassen.

6. Äußerlich statisch bestimmte Systeme

Ein Stabtragwerk kann aus einem oder mehreren Teilen bestehen, die dann in der Regel durch Gelenke miteinander verbunden sind. Besonders einfach lassen sich die Lagerreaktionen im erstgenannten Fall berechnen, wenn genau soviel Reaktionen vorhanden sind, wie Gleichgewichtsbedingungen für das Gesamtsystem zur Verfügung stehen. Das sind in der Ebene drei (im Raum sechs). Ein derartiges System heißt äußerlich stereostatisch — d.h. unter Annahme eines starren Körpers — bestimmt oder kürzer: *äußerlich statisch bestimmt.*

Ein einfaches Beispiel hierzu zeigt Bild 6.1. Der im Punkte a eingespannte Träger wird durch eine schräg zur Stabachse wirkende Kraft mit den Komponenten $P\cos\alpha$ und $P\sin\alpha$ in horizontaler bzw. vertikaler Richtung beansprucht.

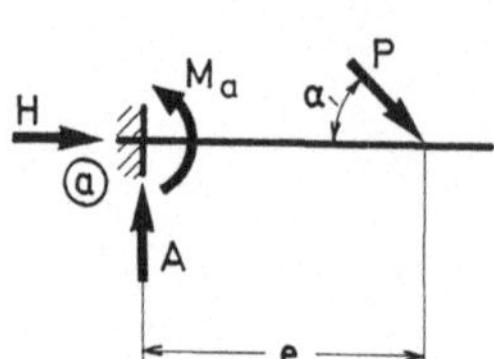

Bild 6.1. Auflagerkräfte an
einem eingespannten Träger

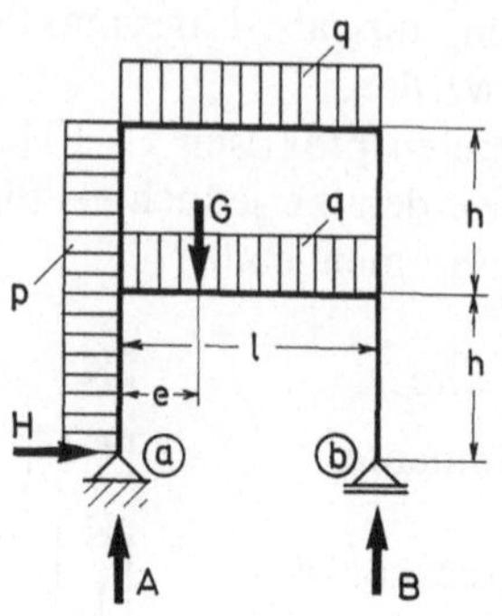

Bild 6.2. Auflagerkräfte an einem Rahmen

Das Kräftegleichgewicht für diese beiden Richtungen und das Momentengleichgewicht in bezug auf Punkt a erfordern

$$\Sigma H \quad = 0: \quad H \quad = -P\cos\alpha, \tag{6.1a}$$

$$\Sigma V \quad = 0: \quad A \quad = P\sin\alpha, \tag{6.1b}$$

$$\Sigma M_{\textcircled{a}} = 0: \quad M_a = P\,e\sin\alpha, \tag{6.1c}$$

Der Momentenbezugspunkt ist dabei durch einen Kreis gekennzeichnet.

Die Lagerreaktionen werden in allen folgenden Skizzen so eingezeichnet, wie es ihrem gewählten positiven Vorzeichen entspricht und nicht etwa so, wie sie sich der Richtung nach ergeben; vgl. H nach (1a). Im übrigen soll es keine feste Vorzeichenregel bei den Lagerreaktionen geben. Für jede Aufgabe werden vielmehr die Vorzeichen neu definiert, wobei dann natürlich diese Wahl innerhalb einer Rechnung beizubehalten ist.

Ein weiteres Beispiel zeigt Bild 6.2, wo ein Rahmen durch Streckenlasten q und p und eine Einzellast G beansprucht wird. Eine schraffierte Fläche, deren Schraffur senkrecht zur Stabachse steht, bedeutet hier und im folgenden stets eine in Richtung auf die Stabachse wirkende Streckenlast. Die Lagerung ist wie bei einem Balken auf zwei Stützen mit einem festen und einem verschieblichen Gelenklager. Man erhält

$$\Sigma H \quad = 0: \quad H + p\,2h = 0, \tag{6.2a}$$

$$\Sigma M_{\textcircled{b}} = 0: \quad A\,l + p\,2h\,h - 2q\,l\frac{l}{2} - G(l-e) = 0, \tag{6.2b}$$

$$\Sigma M_{\textcircled{a}} = 0: \quad -B\,l + p\,2h\,h + 2q\,l\frac{l}{2} + G\,e = 0. \tag{6.2c}$$

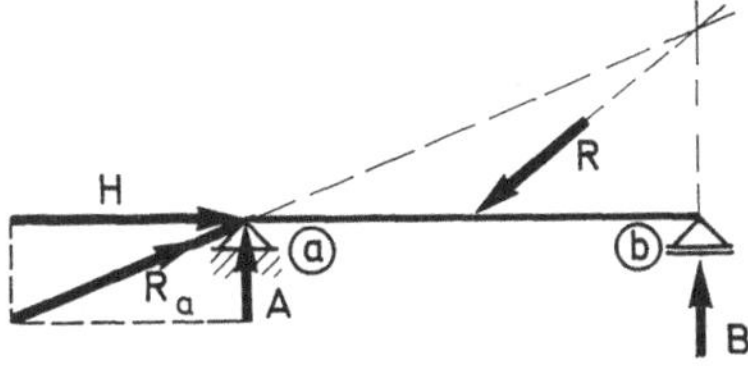

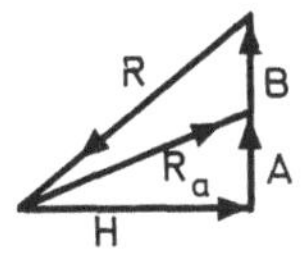

Bild 6.3. Zur graphischen Bestimmung von Auflagerkräften

Aus (2a, b, c) folgen der Reihe nach H, A, B. Als Gleichgewichtsbedingungen sind eine Kräfte- und zwei Momentenbedingungen verwendet worden. Für die Momente sind dabei jeweils Bezugspunkte gewählt, durch die zwei der unbekannten Lagerkräfte hindurchgehen. Es ergeben sich so Gleichungen mit nur einer Unbekannten.

Selbstverständlich lassen sich die Auflagerreaktionen auch graphisch bestimmen. Man hat hierzu mit Kraft- und Seileck die Größe und Lage der Resultierenden der angreifenden Kräfte zu ermitteln und diese dann nach den Richtungen der Lagerkomponenten zu zerlegen. Wenn diese Methode auch praktisch kaum noch Bedeutung hat, so ist es doch wegen des Verständnisses der statischen Wirkungsweise eines Systems wichtig, sich die letztgenannte Komponentenzerlegung anschaulich klar zu machen. Hierzu sei nach Bild 6.3 ein Balken auf zwei Stützen betrachtet, der durch eine Kraft R als Resultierende der angreifenden Kräfte belastet ist. Die Richtung der Auflagerkraft B ist konstruktiv vorgeschrieben: Sie muß stets senkrecht zur Lagerführung sein. Die Richtung von R_a muß nun durch den Schnittpunkt von R mit B gehen, da drei Kräfte in der Ebene nur dann im Momentengleichgewicht sind, wenn sie durch einen Punkt gehen. Die Zerlegung von R_a nach A und H ist einfach.

7. Systeme mit Gelenken

Auch dann, wenn die Anzahl der Auflagerreaktionen eines Systems größer als drei ist, können diese unter der Annahme eines starren Körpers ermittelt werden, wenn entsprechend viele Gelenke vorhanden sind. Dabei wird das *Schnittprinzip* gebraucht: *Befindet sich ein Körper im Gleichgewicht, so ist auch jeder seiner Teile im Gleichgewicht.* Die einzelnen Teile entstehen durch gedachte Schnitte. Dieses Prinzip ist bereits, ohne es besonders zu erwähnen, beim Abschneiden des Tragwerks von seinen Lagern und der Definition der Auflagerreaktionen benutzt worden. Hier wird jetzt das Prinzip angewendet, indem Schnitte durch die Gelenke des Tragwerks gelegt und damit »Gelenkkräfte« sichtbar gemacht werden. »Gelenkmomente« gibt es wegen der vorausgesetzten Reibungsfreiheit nicht. Das Schnittprinzip ist in der Statik starrer Körper als Axiom aufzufassen.

Als erstes Beispiel sei nach Bild 7.1a ein Dreigelenkbogen betrachtet, der eine konstante Streckenlast je Einheit der Grundrißprojektion des Bogens trägt. Das System hat vier Auflagerkräfte, die nicht mit drei Gleichgewichtsbedingungen berechnet werden können. Diese liefern vielmehr nur

$$\Sigma H = 0: \quad H_a = H_b = H, \tag{7.1a}$$

$$\Sigma M_{\circledg} = 0: \quad A\frac{l}{2} - B\frac{l}{2} - H_a f + H_b f = 0, \tag{7.1b}$$

$$A = B, \tag{7.1c}$$

$$\Sigma V = 0: \quad A + B - q\,l = 0, \tag{7.1d}$$

$$A = B = q\frac{l}{2}. \tag{7.1e}$$

Die den Symmetriebedingungen des Systems entsprechenden Aussagen hätten natürlich auch sofort gemacht werden können. Es sollte aber gezeigt werden, daß dazu Gleichgewichtsbedingungen des Gesamtsystems verbraucht werden. Der »Horizontalschub« H ist danach noch unbekannt.

Zu seiner Bestimmung wird das System nach Bild 7.1b im Scheitelgelenk durchschnitten und das Gleichgewicht des linken Bogenteils betrachtet. Es wird gesichert durch die Gelenkkräfte V_g und H_g. Zur Berechnung stehen wieder drei Gleichgewichtsbedingungen zur Verfügung, während nur zwei neue Gelenkkräfte auftreten, so daß eine Bedingung zur Ermittlung von H benutzt werden kann. Man schreibt hierzu zweckmäßig die »Gelenkbedingung« $\Sigma M_{\circledg\,l} = 0$ an, wobei der Index l aussagen soll, daß es sich um eine Bedingung für den linken Trägerteil handelt, die nichts mit der Bedingung (1b) zu tun hat. Man erhält

$$\Sigma M_{\circledg\,l} = 0: \quad -Hf + A\frac{l}{2} - q\frac{l}{2}\frac{l}{4} = 0$$

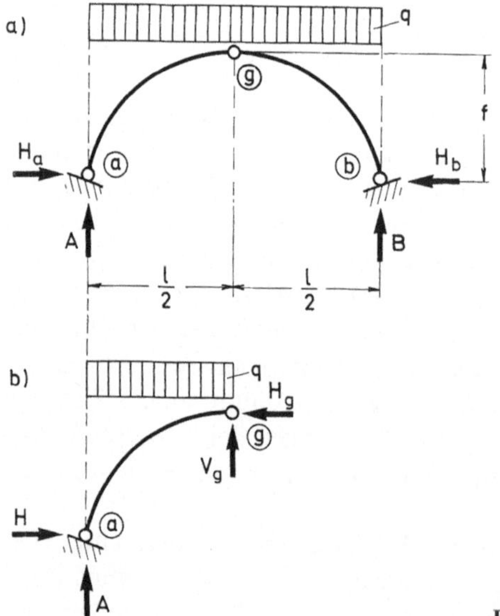

Bild 7.1 a u. b. Auflagerkräfte am Dreigelenkbogen

und mit (1e) für A

$$H = \frac{q\,l^2}{8f}.\qquad\qquad(7.2)$$

Die Gelenkkräfte ergeben sich aus $\Sigma H_1 = 0$, und $\Sigma V_1 = 0$ zu

$$H_\mathrm{g} = H, \qquad V_\mathrm{g} = 0.$$

Sie werden jedoch für die Ermittlung von H nicht benötigt.

Statt des linken Bogenteils hätte auch der rechte betrachtet werden können. Wegen der Symmetrie des Systems ergibt sich hier kein Unterschied. Im allgemeinen ist es aber keineswegs gleichgültig, welcher Systemteil betrachtet wird. Im Endergebnis darf sich das zwar nicht auswirken, die Rechenarbeit kann aber recht unterschiedlich sein. Bei dem Gerberträger nach Bild 7.2a ist es z.B. bei weitem am günstigsten, den rechten Trägerteil, wie angedeutet, abzuschneiden und zu untersuchen. Man erhält dann nämlich sofort

$$\Sigma M_{\textcircled{g}\,\mathrm{r}} = 0: \qquad P\,\frac{b}{2} - C\,b = 0,\qquad\qquad(7.3a)$$

$$C = \tfrac{1}{2}P,\qquad\qquad(7.3b)$$

während in $\Sigma M_{\textcircled{g}\,l}$ die Kräfte A und B eingehen.

Der geführte Schnitt vermittelt übrigens noch eine wesentliche Erkenntnis über die statische Wirkungsweise des Systems, wie es Bild 7.2b zeigt: der rechte Trägerteil verhält sich wie ein Balken auf zwei Stützen, der im Punkte g auf dem restlichen System aufgelagert ist. Dieses ist ein Balken mit überkragendem Ende, der durch die Gelenkkraft V_g belastet wird und entsprechend berechnet werden kann.

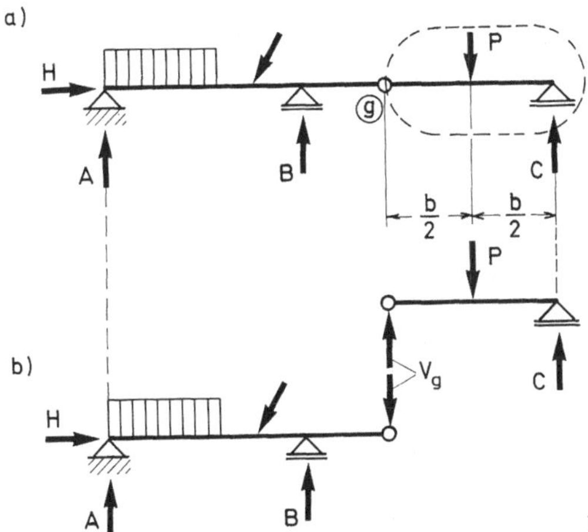

Bild 7.2a u. b. Auflagerkräfte am Gerberträger

C. Schnittgrößen

8. Definition der Schnittgrößen

Die Schnittgrößen folgen — wie die Auflagerreaktionen und Gelenkkräfte — aus dem Schnittprinzip und ergeben sich, wenn man einen Schnitt an beliebiger Stelle durch einen Stab legt. Ihre Definition ist jedoch etwas anders als die der Auflager- und Gelenkkräfte.

Nach Bild 8.1 sei noch einmal der Träger von Bild 6.1 betrachtet und an irgendeiner Stelle x ein Schnitt gelegt, wobei x die Koordinate längs der Stabachse ist. Um das Gleichgewicht eines abgeschnittenen Trägerteils zu sichern, sind Horizontal- und Vertikalkräfte und außerdem Momente anzubringen. Dies zeigt Bild 8.1 b, wo sowohl der linke als auch der rechte Trägerteil dargestellt ist. Die Kräfte und Momente sind dabei jeweils links und rechts in gleicher Größe, aber mit entgegengesetzter Richtung vorhanden. Diese Doppelwirkung wird noch deutlicher, wenn man durch zwei benachbarte Schnitte ein Stabelement dx herausschneidet, wie es Bild 8.1 c, d, e zeigt. Der Deutlichkeit halber sind die einzelnen Kräfte und Momente auf drei verschiedene Skizzen verteilt. Die Länge dx ist dabei hinreichend klein zu wählen, so daß der Größenunterschied der zusammengehörenden Kräfte und Momente auf den beiden Querschnittsufern verschwindet. Der Querschnitt des Stabelementes in Bild 8.1 e ist beliebig und nur der Anschaulichkeit halber als Rechteck gezeichnet.

Als *Schnittgrößen* werden nun die in Bild 8.1 c, d, e dargestellten Kräfte und Momente bezeichnet und *Längskraft*, *Querkraft* und *Biegemoment* genannt. Zu ihrer Definition ist noch folgendes zu bemerken.

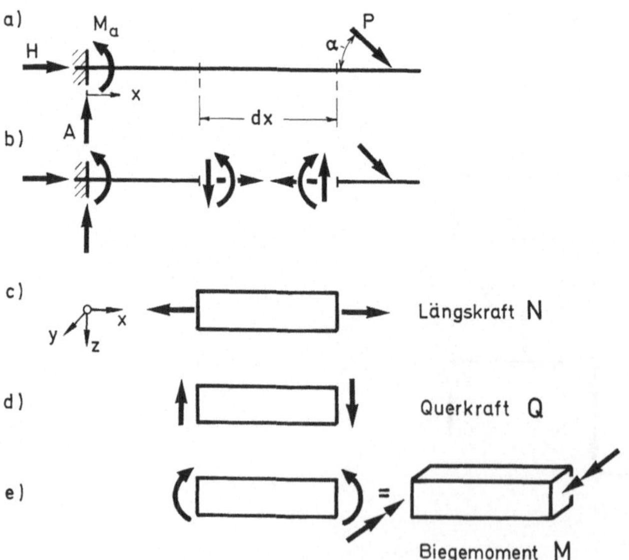

Bild 8.1 a–e. Zur Definition der Schnittgrößen

Die Schnittgrößen sind Doppelwirkungen. Ihre Namen sind allerdings nicht geeignet, diese Tatsache deutlich zu machen: Man spricht z.B. von *einer* Längskraft, meint aber die *beiden* Kräfte von Bild 8.1 c. Die Namensgebung ist ferner nicht glücklich, weil z.B. eine »in der Längsrichtung des Stabes wirkende Kraft« — etwa in Bild 8.1 die Lastkomponente $P \cos \alpha$ — etwas anderes als eine Längskraft ist. Die Begriffe »Moment« — etwa das Einspannmoment M_a in Bild 8.1 — und »Biegemoment« sind deutlich zu unterscheiden. Keinesfalls sollte zur sprachlichen Vereinfachung das Biegemoment kurz als Moment bezeichnet werden.

Weiterhin ist zum Vorzeichen der Schnittgrößen einiges zu sagen. Es wird nicht wie bei Gelenkkräften und Auflagerreaktionen für jede Aufgabe frei gewählt, sondern ein für allemal festgelegt. Hierzu ist von einem Koordinatensystem auszugehen. Nach Bild 8.1 c wird ein rechtwinkliges rechtshändiges Koordinatensystem gewählt, dessen x-Achse längs der Stabachse verläuft, und dessen x, z-Ebene mit der Systemebene zusammenfällt. Die Zeichnung erfolgt in der Regel so, daß die z-Achse nach unten und die y-Achse aus der Zeichenebene nach vorn weist. Bei einem Stabelement dx sei das Querschnittsufer $x + dx$ als positiv, das andere als negativ bezeichnet. Das Vorzeichen der Schnittgrößen kann dann folgendermaßen definiert werden.

Eine Schnittgröße ist positiv, wenn ihr Vektor auf der positiven Seite eines Elementes in positiver Koordinatenrichtung weist. Dabei ist zu beachten, daß beim Biegemoment die gekrümmten Momentenpfeile durch Pfeile mit Doppelspitze ersetzt werden müssen, wobei diese Pfeile im Sinne einer Rechtsschraube zu verstehen sind.

Es sind noch andere Formulierungen für die Vorzeichendefinition möglich und vielfach üblich. Soweit hierbei die Begriffe »links« und »rechts«, »oben« und »unten« verwendet werden, wird die Formulierung ziemlich umständlich, wenn sie einwandfrei sein soll. Dabei entdeckt man dann, daß man nichts anderes tut, als die Einführung eines Koordinatensystems auf komplizierte Weise zu umschreiben.

Eine erwähnenswerte Fassung für die Vorzeichendefinition gibt es für die Längskraft. Danach ist diese positiv, wenn sie das Stabelement langzieht, negativ, wenn sie es zusammendrückt. Hierbei muß man aber — allein wegen der Vorzeichendefinition — die Fiktion des starren Körpers aufgeben und eine bestimmte Klasse von Werkstoffgesetzen ausschließen. Das ist unbefriedigend — auch wenn es wenig wahrscheinlich ist, daß jemand Stäbe berechnen möchte, die kürzer werden, wenn man daran zieht.

Bei Systemskizzen in statischen Rechnungen wird das Koordinatensystem häufig auf folgende Weise festgelegt. Man geht davon aus, daß stets, wie in Bild 8.1, ein rechtshändiges System verwendet wird, dessen x-Achse mit der Stabachse zusammenfällt, und dessen y-Achse aus der Zeichenebene heraus nach vorn weist. Dann braucht in jedem Fall nur noch die z-Achse angegeben zu werden. Dies ist in zeichnerisch bequemer Weise möglich, wenn man so vorgeht, wie es Bild 8.2 zeigt, in dem für drei Stäbe die Koordinatensysteme angegeben werden. Man zeichnet auf einer Seite der Stabachse eine gestrichelte Linie ein und definiert, daß die z-Achse die Richtung von der Stabachse nach der gestrichelten Linie haben soll. Wer schon etwas vom Stahlbetonbau versteht,

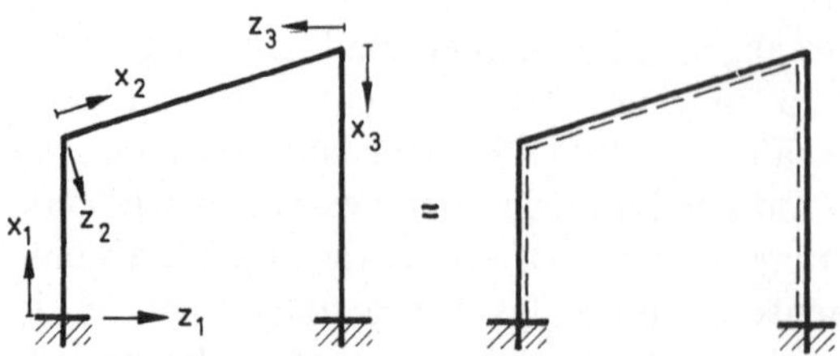

Bild 8.2.
Darstellung der Koordinatensysteme

kann die gestrichelte Linie als »gerissene Zugzone schlaff bewehrten Stahlbetons« auffassen und das diese Zugzone erzeugende Biegemoment als positiv bezeichnen. Wissenschaftlich einwandfrei ist diese Definition nicht.

Die bisherigen Erörterungen über die Schnittgrößen wurden am Beispiel des geraden Stabes vorgenommen. Bei gekrümmten Stäben eines ebenen Systems ergeben sich keine weiteren Besonderheiten. Man hat nur an der gerade betrachteten Stelle des Stabes zur Schnittgrößendefinition ein Koordinatensystem zu benutzen, dessen x-Achse mit der Tangente an die Stabachse zusammenfällt. Das Stabelement $\mathrm{d}x$ kann dann als gerade angesehen werden. Die Koordinate längs der Achse eines gekrümmten Stabes sei im folgenden in der Regel mit s bezeichnet. Es wird dann $\mathrm{d}x = \mathrm{d}s$.

9. Berechnung der Schnittgrößen aus dem Gleichgewicht am Trägerteil

Schneidet man den Träger durch einen Schnitt an einer beliebigen Stelle x in zwei Teile, so kann die Berechnung der Schnittgrößen — ähnlich wie die der Gelenkkräfte — aus dem Gleichgewicht an einem Trägerteil erfolgen.

Als Beispiel sei wieder das System von Bild 8.1 betrachtet. Für einen Schnitt bei $0 < x < e$ zeigt Bild 9.1 den »rechten« Trägerteil mit allen daran angreifenden Kräften. Für das Gleichgewicht folgt bei $x < e$

$$\Sigma H = 0: \quad N - P\cos\alpha = 0,$$
$$\Sigma V = 0: \quad Q - P\sin\alpha = 0,$$
$$\Sigma M_{\circledx} = 0: \quad M + P(e - x)\sin\alpha = 0$$

und daraus

$$N = P\cos\alpha, \quad Q = P\sin\alpha, \quad M = -P(e - x)\sin\alpha. \tag{9.1a, b, c}$$

Dasselbe Resultat muß sich ergeben, wenn der linke Trägerteil betrachtet wird. Hierbei müssen jedoch die Schnittgrößen zunächst durch die Lagerkräfte und

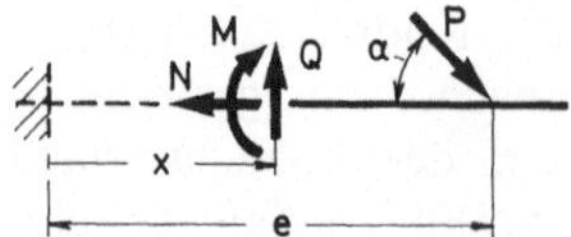

Bild 9.1. Zur Berechnung der Schnittgrößen aus den Gleichgewichtsbedingungen am Trägerteil

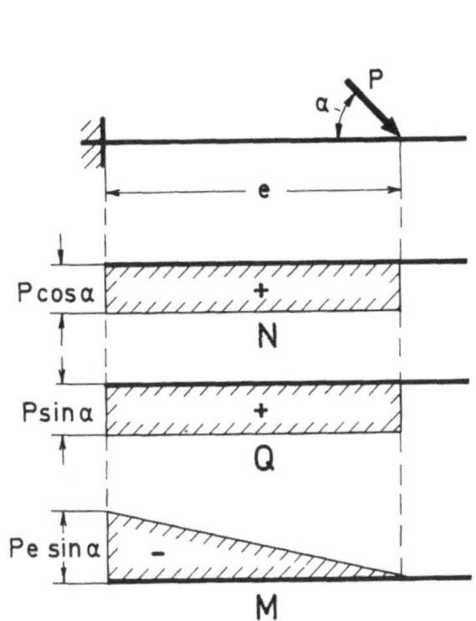

Bild 9.2. Schnittgrößenverlauf für den eingespannten Träger

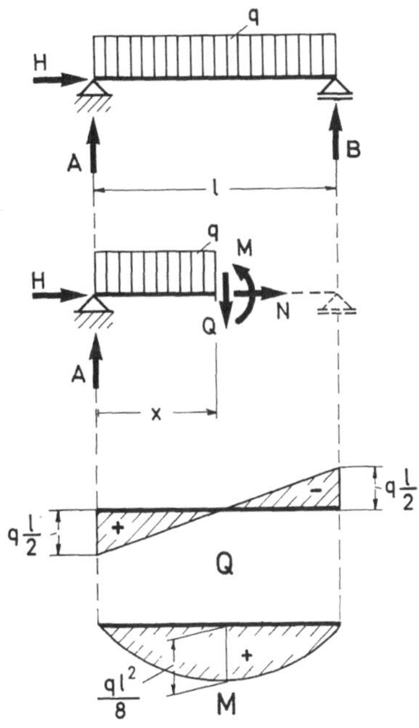

Bild 9.3. Balken auf zwei Stützen mit konstanter Streckenlast

diese dann nach (6.1) durch die Lastkomponenten ersetzt werden. Im allgemeinen ist also — wie bei den Gelenkkräften — die Rechnung an einem der beiden Trägerteile am zweckmäßigsten.

Legt man einen Schnitt rechts von der Last P durch den Träger, so ergibt sich sofort für $x > e$

$$N = 0, \quad Q = 0, \quad M = 0. \tag{9.2a, b, c}$$

Die Schnittgrößen sind im allgemeinen Funktionen von x. Zur Veranschaulichung ist es üblich und zweckmäßig, ihren Verlauf als sog. *Zustandslinien* darzustellen, wie es Bild 9.2 zeigt. Positive Werte werden dabei — entsprechend der positiven Richtung der z-Achse — nach unten aufgetragen. Der Bereich zwischen der jeweiligen Zustandslinie und der x-Achse wird durch Schraffur hervorgehoben. In die so entstehenden Flächen wird das Vorzeichen der Schnittgrößen eingetragen. Bei der Kennzeichnung einzelner Ordinaten wird nur der Absolutwert angegeben, wie z.B. beim Wert für das Biegemoment an der Einspannstelle.

Als weiteres Beispiel sei der in Bild 9.3 dargestellte Balken auf zwei Stützen mit konstanter Streckenlast betrachtet. Die Belastung q wird, wenn die Lasten in Richtung der z-Achse wirken, lediglich durch Schraffur dargestellt. Pfeile zur Kennzeichnung der Lastrichtung werden nur dann verwendet, wenn es zur Vermeidung von Mißverständnissen erforderlich ist.

Für die Auflagerkräfte folgt $H=0$ und aus Symmetriegründen

$$A=B=\tfrac{1}{2}q\,l. \tag{9.3}$$

Die Gleichgewichtsbedingungen für den in Bild 9.3 dargestellten linken Trägerteil sind

$$\Sigma H \;=0: \quad N=0,$$
$$\Sigma V \;=0: \quad A-q\,x-Q=0,$$
$$\Sigma M_{\textcircled{x}}=0: \quad A\,x-q\,x\frac{x}{2}-M=0.$$

Mit (3) folgt daraus

$$N=0, \quad Q=q\left(\frac{l}{2}-x\right), \quad M=q\frac{x}{2}(l-x). \tag{9.4 a,b,c}$$

Die Darstellung dieser Zustandslinien liefert die Erkenntnis, daß die linear verlaufende Querkraft ihre Größtwerte an den Auflagern hat; sie sind dort gleich den Auflagerkräften. Das Biegemoment ist eine quadratische Parabel mit dem für Festigkeitsnachweise wichtigen Maximalwert $\tfrac{1}{8}q\,l^2$, der in Balkenmitte auftritt.

10. Gleichgewicht am Element gerader Stäbe

Die Ausführungen der beiden letzten Abschnitte 8 und 9, d.h. die Definition und Berechnung der Schnittgrößen aus dem Gleichgewicht an einem Trägerteil, galt sowohl für gerade als auch für gekrümmte Stäbe. Die folgenden Betrachtungen werden zunächst nur für gerade Stäbe und Stabwerke aus geraden Stäben angestellt. Die Erweiterung auf gekrümmte Stäbe erfolgt später. Ferner sei vorerst nur der Sonderfall betrachtet, daß nur eine stetig verteilte Belastung q in z-Richtung vorliegt.

Im folgenden sollen Gleichgewichtsbedingungen an einem Stabelement aufgestellt werden. Da diese unabhängig von der Lagerung des Stabes sind, ist in Bild 10.1 nur ein Stabteil ohne Auflager dargestellt, aus dem ein Element von

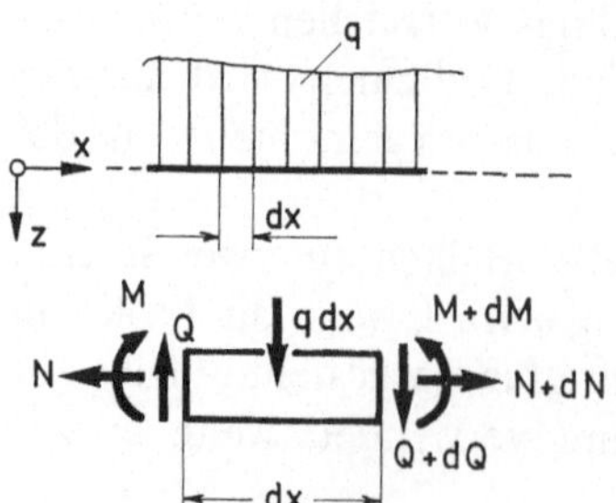

Bild 10.1. Gleichgewicht am Element eines geraden Stabes

der Länge dx herausgeschnitten ist. An diesem Element sind alle angreifenden Kräfte eingezeichnet, wobei auch der Zuwachs der Schnittgrößen mit dargestellt ist. Das ist anders als in Bild 8.1, wo dx so klein zu denken war, daß der Unterschied der Schnittgrößen an den beiden Schnittufern verschwindet. Da es jetzt auf den Zuwachs ankommt, ist auch der Lastanteil $q\,dx$ zu berücksichtigen.

Die Gleichgewichtsbedingungen sind

$$\Sigma H = 0: \quad N + dN - N = 0,$$

$$\Sigma V = 0: \quad Q + dQ - Q + q\,dx = 0,$$

$$\Sigma M_{\boxed{x+dx}} = 0: \quad M + dM - M - Q\,dx = 0.$$

Das Moment $q\,dx\,dx/2$ der Last in Bezug auf das rechte Querschnittsufer $x+dx$ geht beim Grenzübergang nach Null und ist deshalb in der obigen Momentengleichgewichtsbedingung gleich fortgelassen. Nach Division aller drei Gleichungen durch dx erhält man

$$\frac{dN}{dx} = 0, \quad \frac{dQ}{dx} = -q, \quad \frac{dM}{dx} = Q. \qquad (10.1\,a, b, c)$$

Aus (1 b, c) folgt noch

$$\frac{d^2 M}{dx^2} = -q. \qquad (10.2)$$

Die Gleichungen (1) und (2) sagen als wichtigstes aus: *Die Ableitung des Biegemomentes ist gleich der Querkraft. Die Ableitung der Querkraft und damit die zweite Ableitung des Biegemomentes ist gleich der negativen Belastung.*

11. Berechnung der Schnittgrößen aus dem Gleichgewicht am Element gerader Stäbe

11.1. Biegemoment als Doppelintegral

Die Beziehungen, die das Gleichgewicht am Element darstellen, sind in verschiedener Hinsicht nützlich. Zunächst lassen sie sich zur Berechnung der Schnittgrößen verwenden. Aus (10.1) erhält man

$$Q = \int_0^x -q\,dx + Q_0,$$

$$M = \int_0^x Q\,dx + M_0 \qquad (11.1\,a, b)$$

und aus (10.2)

$$M = \int_0^x \int_0^x -q\,dx\,dx + Q_0 x + M_0. \qquad (11.2)$$

Q_0 und M_0 sind dabei Integrationskonstanten, die aus den Randbedingungen ermittelt werden müssen. Anschaulich stellen sie Querkraft und Biegemoment an der Stelle $x = 0$ dar.

Für den Balken auf zwei Stützen von Bild 9.3 ergibt sich z.B. aus (1) und (2)

$$Q = -q\,x + Q_0,$$

$$M = -q\,\frac{x^2}{2} + Q_0\,x + M_0.$$

Für $x = 0$ und $x = l$ muß das Biegemoment verschwinden. Daraus folgt

$$M_0 = 0,$$

$$0 = -\frac{q\,l^2}{2} + Q_0\,l, \qquad Q_0 = \frac{q\,l}{2}.$$

Mit diesen Werten für Q_0 und M_0 folgen wieder die Gleichungen (9.4 b, c) für Q und M.

Während (1a) nichts anderes darstellt als das Gleichgewicht in z-Richtung am Trägerteil 0 bis x und insofern gegenüber der Berechnung der Querkraft nach Abschnitt 9 nichts Neues liefert, ist Gleichung (2) eine neue Möglichkeit zur Biegemomentenberechnung. Dies möge das Beispiel von Bild 11.1 zeigen.

Für den bei $x = l$ eingespannten Balken mit stetig veränderlicher Belastung q sei das Biegemoment einmal am Trägerteil, das andere Mal aus dem Gleichgewicht am Element berechnet. Dabei ist es erforderlich, die Stelle x, an der das Biegemoment berechnet werden soll, von einer zwischen 0 und x veränderlichen Koordinate zu unterscheiden. Hierzu sei die »Zwischenvariable« ξ eingeführt. Man erhält

aus dem Gleichgewicht am Trägerteil

$$M_x = -\int_0^x q_\xi (x - \xi)\,\mathrm{d}\xi, \tag{11.3 a}$$

aus dem Gleichgewicht am Element

$$M_x = -\int_0^x \int_0^\xi q_\xi\,\mathrm{d}\xi\,\mathrm{d}\xi, \tag{11.3 b}$$

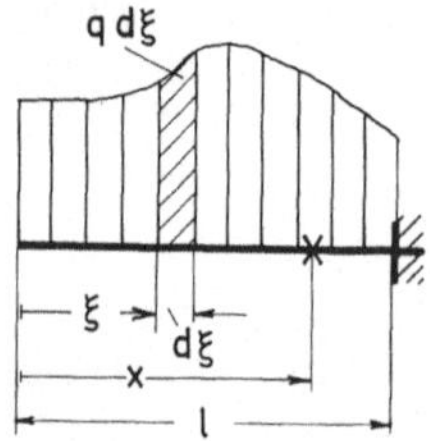

Bild 11.1. Eingespannter Träger mit veränderlicher Belastung

wobei $Q_0=0$ und $M_0=0$ ist. Daß (3a) und (3b) im Endergebnis identisch sind, läßt sich leicht nachweisen, wenn man (3a) durch Teilintegration umformt zu

$$M_x = -\left[(x-\xi)\int\limits_0^\xi q_\xi\,d\xi\right]_0^x - \int\limits_0^x\int\limits_0^x q_\xi\,d\xi\,d\xi.$$

Der ausintegrierte Anteil verschwindet an den Grenzen $\xi=x$ und $\xi=0$, so daß nur das Integral (3b) übrig bleibt.

Die Gleichungen (3) lassen den Unterschied beider Berechnungsarten klar erkennen: In dem einen Fall ist eine einfache Quadratur, im anderen eine Doppelintegration durchzuführen. Dafür sind im ersten Fall für jedes x die Hebelarme $x-\xi$ neu zu berechnen. Man wird also (3a) benutzen, wenn das Biegemoment nur für wenige Punkte gesucht wird; (3b) wird man verwenden, wenn eine ganze Zustandslinie bestimmt werden soll. Läßt sich die Integration in geschlossener Form durchführen, wie z.B. bei $q=$ const, so ist es praktisch gleichgültig, welchen Rechengang man einschlägt.

11.2. Numerische Integration

In vielen Fällen ist es zweckmäßig, numerisch zu integrieren. Hierbei ist es wichtig, sich klarzumachen, daß die Lasten im Bauwesen nur näherungsweise geschätzt werden können. Bei der Integration ist also eine übertriebene Genauigkeit fehl am Platze. Eine möglichst einfache Rechnung muß vielmehr Vorrang haben. Der zu untersuchende Stab wird daher in etwa zehn gleiche Teile eingeteilt, und es wird von vornherein darauf verzichtet, eine der Belastung angepaßte Intervallteilung vorzunehmen. Wenn man so vorgeht, ist es weiterhin am besten, nach der einfachen Trapezregel zu integrieren, bei der die Lastfunktion durch einen stetigen Geradenzug ersetzt wird. Das Ergebnis ist dann häufig genauer als bei der Anwendung von Integrationsformeln mit höherer Annäherung, die nur dann besser sind, wenn Unstetigkeitsstellen durch sinnvolle Wahl der Integrationsbereiche berücksichtigt werden.

Die Ermittlung von Querkraft und Biegemoment durch numerische Integration nach der Trapezregel sei an dem eingespannten Balken von Bild 11.1 gezeigt, der in Bild 11.2 noch einmal mit den bei der Integration benutzten Bezeichnungen dargestellt ist. Es ergeben sich dann die Formeln von Tabelle 11.1, deren Anwendung aus der Tabelle selbst hervorgeht und die wohl keiner weiteren Erläuterung bedürfen.

Für ein beliebiges Intervall $i-1$ bis i ergibt sich nach Tabelle 11.1

$$\bar{Q}_i = \bar{Q}_{i-1} + (-q_{i-1}-q_i), \tag{11.4a}$$

$$\bar{M}_i = \bar{M}_{i-1} + \bar{Q}_{i-1} + \bar{Q}_i. \tag{11.4b}$$

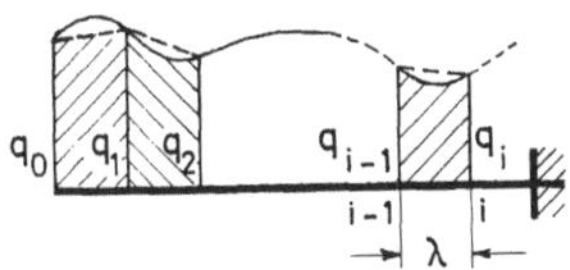

Bild 11.2. Zur numerischen Integration

Tabelle 11.1. Formeln und Schema der numerischen Integration

Punkt	$-q$	$\bar{Q}$	$\bar{\bar{M}}$
0	$-q_0$	$\bar{Q}_0$	$\bar{\bar{M}}_0$
1	$-q_1$	$\bar{Q}_1=\bar{Q}_0+(-q_0-q_1)$	$\bar{\bar{M}}_1=\bar{\bar{M}}_0+\bar{Q}_0+\bar{Q}_1$
2	$-q_2$	$\bar{Q}_2=\bar{Q}_1+(-q_1-q_2)$	$\bar{\bar{M}}_2=\bar{\bar{M}}_1+\bar{Q}_1+\bar{Q}_2$
...	...	...	...

$$Q=\bar{Q}\frac{\lambda}{2}, \quad M=\bar{\bar{M}}\frac{\lambda^2}{4}.$$

Statt dessen kann man auch mit den beiden folgenden Gleichungen rechnen, die sich ergeben, wenn man in (4 b) Q_i nach (4 a) ersetzt,

$$\bar{Q}_i=\bar{Q}_{i-1}+(-q_{i-1}-q_i), \tag{11.5 a}$$

$$\bar{\bar{M}}_i=\bar{\bar{M}}_{i-1}+2\bar{Q}_{i-1}+(-q_{i-1}-q_i). \tag{11.5 b}$$

In Matrizenform geschrieben, ergibt sich

$$\begin{bmatrix} \bar{Q}_i \\ \bar{\bar{M}}_i \end{bmatrix} = \begin{bmatrix} 1 & 0 \\ 2 & 1 \end{bmatrix} \begin{bmatrix} Q_{i-1} \\ M_{i-1} \end{bmatrix} + \begin{bmatrix} -q_{i-1}-q_i \\ -q_{i-1}-q_i \end{bmatrix}. \tag{11.6}$$

Gleichung (6) zeigt, wie der aus $\bar{Q}$ und $\bar{M}$ gebildete »Zustandsvektor« an der Stelle $i-1$ zur Stelle i mit Hilfe einer »Übertragungsmatrix« und einem »Lastvektor« übertragen wird. Gleichung (6) wird zweckmäßig für elektronische Rechnungen benutzt.

Selbstverständlich kann man und wird man Tabelle 11.1 bzw. Gleichung (6) für die praktische Zahlenrechnung noch in geeigneter Form dimensionslos schreiben.

11.3. Einzelkräfte

Die Ableitung der Gleichungen (10.1), (10.2) und (1), (2) (11) und (12), (13) erfolgte unter der Annahme einer Streckenlast q; Einzelkräfte wurden nicht berücksichtigt. In Wirklichkeit gibt es solche Kräfte auch nicht. Sie sind vielmehr nur als Idealisierung einer auf einem sehr kleinen Bereich zusammengedrängten Streckenlast q zu verstehen. Es ist daher sinnvoll, sie auch durch einen entsprechenden Grenzübergang zu definieren. Nach Bild 11.3 ergibt sich dann

$$\lim q\,\Delta x=P \quad \text{für} \quad \Delta x \to 0,\ q \to \infty. \tag{11.7}$$

Aus (10.1 b) wird damit

$$dQ=-q\,dx,$$

$$\Delta Q=-P. \tag{11.8}$$

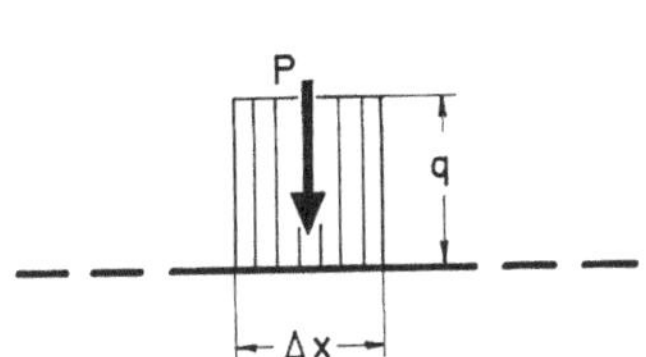

Bild 11.3. Zur Definition der Einzellast

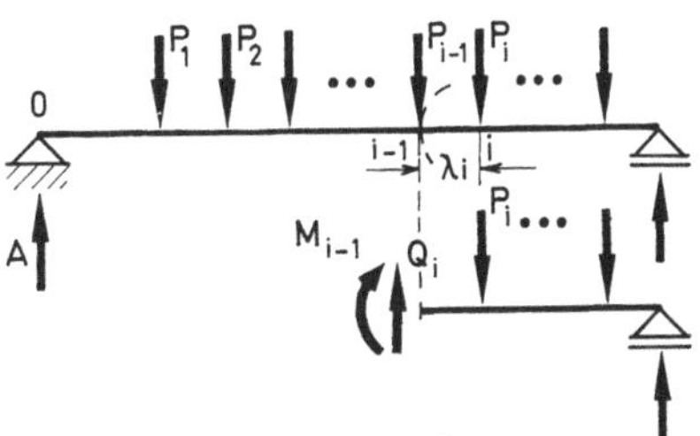

Bild 11.4. Balken auf zwei Stützen mit Einzellasten

Bei Einzelkräften springt also die Querkraft, wie es das Beispiel von Bild 9.2 zeigt. Damit bleibt die Aussage der Gleichung (10.1 b) auch für Einzelkräfte in der Auffassung (7) bestehen. Gleichung (1 a) behält ebenfalls ihre Gültigkeit, wenn man in dem Integral nach (8) die Einzelkräfte »im Sinne Stieltjes« berücksichtigt. Aus (10.1 c) folgt im übrigen sofort, daß die Zustandslinie des Biegemomentes einen Knick haben muß, wenn sich ihre Ableitung — die Querkraft — sprunghaft ändert.

Nach diesen Vorbetrachtungen kann der Biegemomentenverlauf für ein System unter Einzellasten berechnet werden. Dieses möge als Beispiel für den Balken auf zwei Stützen nach Bild 11.4 geschehen. Die Feldweite λ sei jetzt der Abstand zwischen zwei Einzelkräften. λ ist damit veränderlich. Es sei stets nach dem in Richtung fortlaufender x liegenden »rechten« Endpunkt des Feldes bezeichnet. Entsprechend sei die Benennung der Querkräfte. Im Bereich zwischen zwei Einzelkräften ist die Belastung gleich Null. Nach (10.1 b) bzw. (1 a) ist dann die Querkraft konstant. Dieser Wert heißt Q_i im Felde λ_i. Bei konstantem Q muß M nach (10.1 c) bzw. (1 b) eine Gerade sein. Es genügt also, M in den Punkten i anzugeben.

Zweckmäßig betrachtet man nun nach Bild 11.4 einen Schnitt an der Stelle $i-1$ rechts von der Last P_{i-1}, so daß diese Last am rechten Trägerteil nicht mehr angreift. Die Wirkung des linken Trägerteils wird durch die Schnittgrößen Q_i und M_{i-1} erfaßt. Man bekommt dann

$$Q_i = Q_{i-1} - P_{i-1}, \tag{11.9 a}$$

$$M_i = M_{i-1} + Q_i \lambda_i. \tag{11.9 b}$$

Diese Gleichungen stellen die Aussagen der Gleichungen (10.1 b und c) für den vorliegenden Fall dar.

$$Q_i - Q_{i-1} = \Delta Q = P_{i-1},$$

$$\frac{M_i - M_{i-1}}{\lambda_i} = \frac{dM}{dx} = Q_i.$$

Die Gleichungen (9) lassen sich verwenden, um die Zustandslinien zu berechnen. Die Rechnung ist in Tabelle 11.2 angedeutet.

Tabelle 11.2. Berechnung der Schnittgrößen beim Balken mit Einzellasten

Punkt	λ	P	Q	$Q\lambda$	M
0	–	$-A$	0	0	0
1	λ_1	P_1	$Q_1 = A$	$Q_1 \lambda_1$	$M_1 = Q_1 \lambda_1$
2	λ_2	P_2	$Q_2 = Q_1 - P_1$	$Q_2 \lambda_2$	$M_2 = M_1 + Q_2 \lambda_2$
...	...	...	...	...	...

Die Rechenvorschrift der Formeln (9) und der Tabelle 11.2 kann selbstverständlich auch wieder in Matrizenform gefaßt werden:

$$\begin{bmatrix} Q_i \\ M_i \end{bmatrix} = \begin{bmatrix} 1 & 0 \\ \lambda_i & 1 \end{bmatrix} \begin{bmatrix} Q_{i-1} \\ M_{i-1} \end{bmatrix} + \begin{bmatrix} -P_{i-1} \\ -P_{i-1}\lambda_i \end{bmatrix}. \tag{11.10}$$

Zur Ermittlung des Biegemomentes des Systems von Bild 11.4 gibt es im übrigen noch ein graphisches Verfahren, das die sog. Seileckkonstruktion benutzt, und das im Prinzip ebenfalls eine Doppelintegration darstellt. Hierauf wird kurz in Abschnitt 15 eingegangen.

12. Ergänzende Betrachtungen zum Gleichgewicht am Element gerader Stäbe

12.1. Längslasten und Lastmomente

In Ergänzung des Vorhergehenden seien zwei Belastungsarten besprochen, die bei Ableitung der Gleichungen (10.1) nicht berücksichtigt wurden. Recht einfach ist zunächst der Fall von Längslasten in Richtung der x-Achse. Bei stetig verteilten Streckenlasten q_x erhält man statt (10.1 a), wie leicht ersichtlich ist, wenn man sich Bild 10.1 entsprechend ergänzt denkt,

$$\frac{\mathrm{d}N}{\mathrm{d}x} = -q_x. \tag{12.1}$$

Die Längskraft ist in diesem Fall veränderlich und ihr Zuwachs gleich dem auf die Elementlänge wirkenden Längslastteil. Bei Einzellasten ergibt sich, entsprechend (11.3), hier ein Sprung der Längskraft um

$$\Delta N = -P_x. \tag{12.2}$$

Etwas schwieriger gestalten sich die Dinge, wenn eine Momentenbelastung vorliegt. Zunächst seien Strecken-Momentenlasten betrachtet, die mit m^* be-

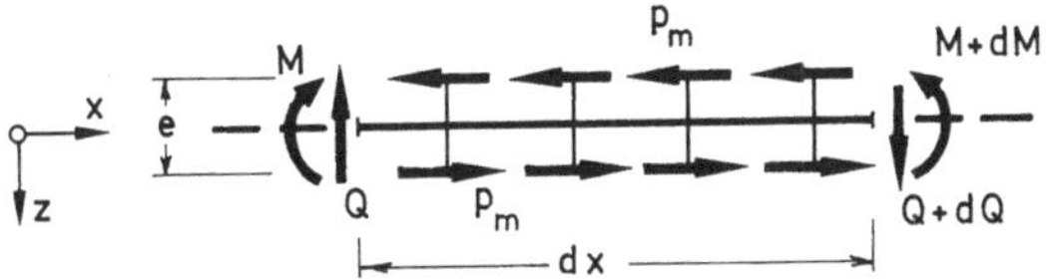

Bild 12.1.
Stabelement mit Strecken-Momentenlast

zeichnet seien. Man stellt sie sich anschaulich am besten so vor, wie es Bild 12.1 zeigt. In positiver und negativer x-Richtung wirken entgegengesetzt gleiche Streckenlasten in konstantem Abstand e voneinander. Das Produkt $m^* = p_m e$ (Dimension: KL/L) stellt dann ein Streckenmoment je Einheit der x-Achse dar.

Aus dem Momentengleichgewicht von Bild 12.1 erhält man die Gleichung

$$\frac{dM}{dx} = Q - m^*. \tag{12.3}$$

Danach ist, anders als in (10.1 c), die Ableitung des Biegemomentes nicht mehr allein von der Querkraft abhängig, sondern auch von m^*. Es wird sogar möglich, daß für einen Stab $dM/dx \equiv 0$ ist, die Querkraft aber ungleich Null ist. Dieses möge der Balken auf zwei Stützen von Bild 12.2 zeigen, der eine konstante Strecken-Momentenlast trägt. Die Auflagerkräfte ergeben sich zu

$$A = B = m^*,$$

die Querkraft zu

$$Q = A = m^*$$

und das Biegemoment in der Tat zu

$$M = Ax - m^* x \equiv 0.$$

Noch wichtiger als eine Strecken-Momentenbelastung sind Einzelmomente. Sie ergeben sich genauso, wie sich die Einzelkräfte P aus der Streckenlast q nach Bild 11.3 und Gl. (11.7) ergeben hatten. Man muß zunächst (3) in der Form

$$\Delta M = Q \Delta x - m^* \Delta x$$

schreiben und dann einen Grenzübergang $\Delta x \to 0$ definieren, bei dem $m^* \Delta x$ den endlichen Wert M^* annimmt. Man bekommt dann

$$\Delta M = -M^*, \tag{12.4}$$

da $Q \Delta x \to 0$ wird, weil Q beim Grenzübergang endlich bleibt. Im Angriffspunkt von Einzelmomenten springt also das Biegemoment, während der Verlauf der Querkraft an dieser Stelle nicht beeinflußt wird.

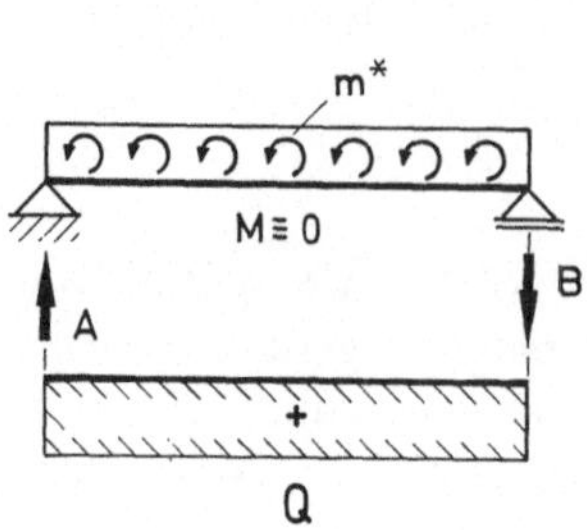

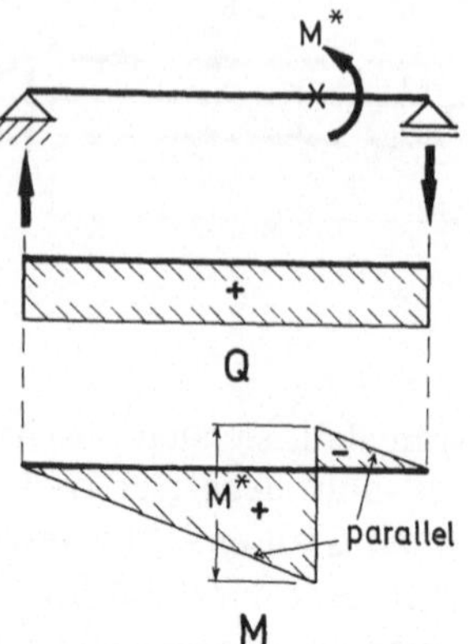

Bild 12.2. Balken auf zwei Stützen
mit Strecken-Momentenlast

Bild 12.3. Balken auf zwei Stützen
mit Einzelmoment

Bild 12.3 zeigt als Beispiel einen Balken auf zwei Stützen mit Belastung durch ein Einzelmoment.

12.2. Gleichgewicht am Eckelement

Bei Ermittlung der Schnittgrößen von Stabwerken, die aus geraden Stäben zusammengesetzt sind, gelten die besprochenen Element-Gleichgewichtsbedingungen zunächst für jeden einzelnen Stab. Für das gesamte Stabwerk sind dann die Übergangsbedingungen zwischen den miteinander verbundenen Stäben zu berücksichtigen. Diese Bedingungen lassen sich am einfachsten aus der Betrachtung des Gleichgewichts an einem Eckelement gewinnen. In Bild 12.4 ist ein solches hinreichend klein anzunehmendes Element zweier Stäbe, die den Winkel α miteinander bilden, dargestellt. Dabei ist außer den Schnittgrößen der beiden Stäbe noch eine Belastung der Ecke mit Einzelkräften P_x und P_z und einem Einzelmoment M^* vorausgesetzt. Das Kräftegleichgewicht in Richtung der Achsen x_2 und z_2 und das Momentengleichgewicht erfordern

$$N_2 = (N_1 - P_x)\cos\alpha + (Q_1 - P_z)\sin\alpha, \tag{12.5a}$$

$$Q_2 = (Q_1 - P_z)\cos\alpha + (N_1 - P_x)\sin\alpha, \tag{12.5b}$$

$$M_2 = M_1 - M^*. \tag{12.5c}$$

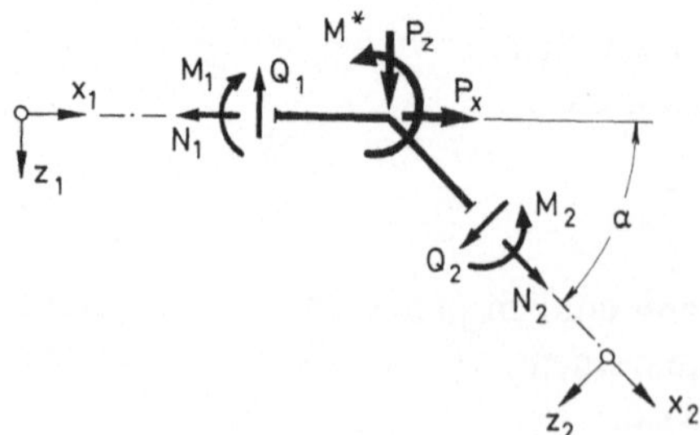

Bild 12.4.
Eckelement zweier zusammenstoßender Stäbe

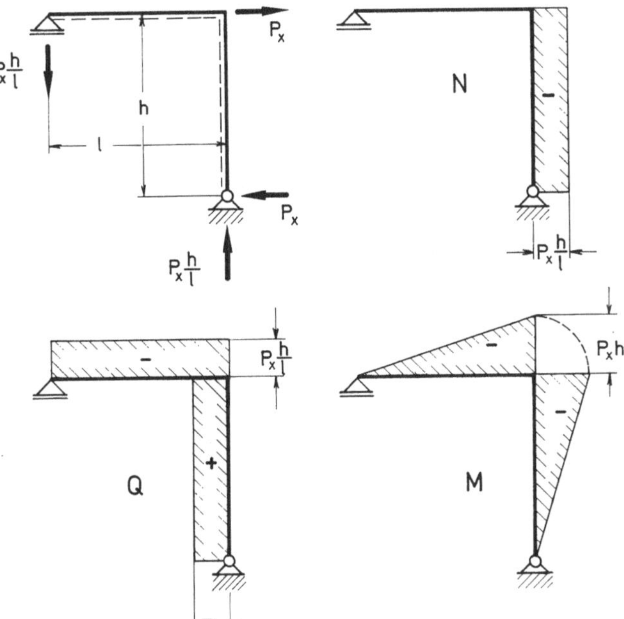

Bild 12.5. Rahmen mit Ecklast

Bei fehlender Momentenlast »laufen danach die Biegemomente ungeändert um die Ecke herum«.

Als Beispiel zur Umsetzung der Schnittgrößen in einer Ecke möge Bild 12.5 dienen. Bei diesem Rahmen folgen die Auflagerkräfte in einfacher Weise aus den Gleichgewichtsbedingungen in horizontaler und vertikaler Richtung und aus dem Momentengleichgewicht um die Ecke, in der die Last P_x angreift. Die Schnittgrößen ergeben sich für Schnitte durch den Riegel und den Stiel aus dem Gleichgewicht am Trägerteil. Man bestätigt leicht, daß für die Ecke die aus (5) mit $\alpha = 90°$ sich ergebenden Beziehungen

$$N_2 = Q_1, \qquad Q_2 = -N_1 + P_x, \qquad M_2 = M_1$$

erfüllt sind.

12.3. Symmetriebedingungen

Bei einem symmetrischen System mit symmetrischer Belastung kann selbstverständlich der entstehende Schnittgrößenzustand nur symmetrisch sein; bei antisymmetrischer Belastung muß er antisymmetrisch sein. Dies kann man in jedem Einzelfall ausrechnen. Einfacher ist es, wenn man von vornherein die Symmetriebedingungen ausnutzt. Sie bestehen z.B. bei der Ermittlung der Auflagerkräfte darin, daß die Reaktionen in beiden Systemhälften einander gleich oder entgegengesetzt gleich sind.

Für die Schnittgrößen ergeben sich die Symmetriebedingungen durch Betrachtung eines Elementes, das in der Symmetrieebene liegt. Nach Bild 12.6 bedeutet Q eine antisymmetrische Elementbeanspruchung, die bei Symmetrie ver-

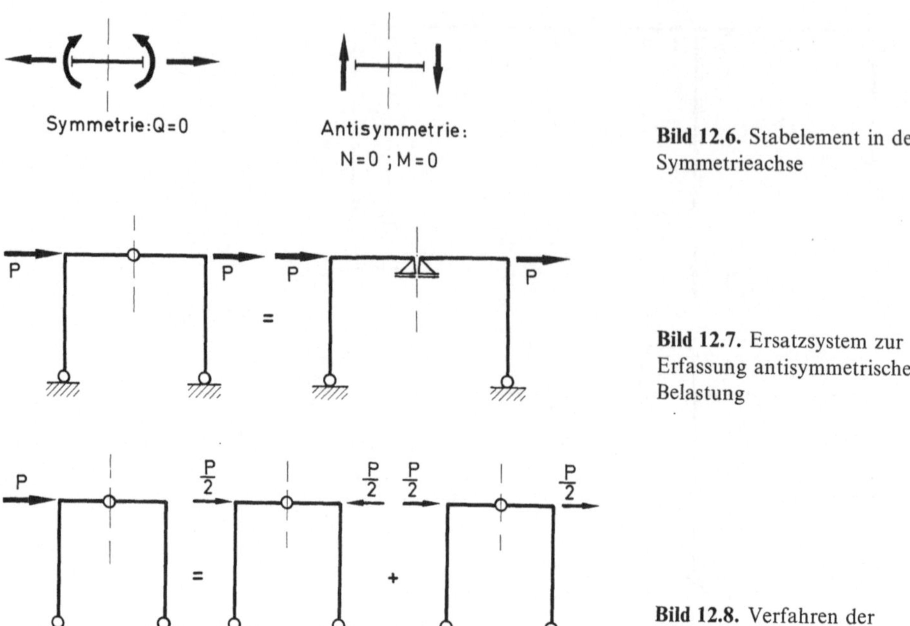

Bild 12.6. Stabelement in der Symmetrieachse

Bild 12.7. Ersatzsystem zur Erfassung antisymmetrischer Belastung

Bild 12.8. Verfahren der Belastungsumordnung

schwinden muß; umgekehrt müssen N und M bei Antisymmetrie zu Null werden.

Diese Bedingungen kann man sich dadurch verwirklicht denken, daß man nur eine Systemhälfte mit entsprechender Lagerung in ·der Symmetrieachse betrachtet. So ergibt sich z.B. für das System von Bild 12.7 bei antisymmetrischer Belastung das System von Bild 12.5 als Ersatzsystem.

Jede unsymmetrische Belastung eines symmetrischen Systems läßt sich in einen symmetrischen und einen antisymmetrischen Anteil zerlegen, wie es Bild 12.8 zeigt. Durch dieses »Verfahren der Belastungsumordnung« wird fast immer die Rechnung vereinfacht.

13. Regeln für Zustandslinien gerader Stäbe

Für die Bemessung eines Tragwerks sind die Zustandslinien, insbesondere der Biegemomentenverlauf, von ausschlaggebender Bedeutung. Es genügt daher nicht, die Rechenmethoden zur Ermittlung der Schnittgrößen zu beherrschen; für das praktische Konstruieren ist auch die Fähigkeit einer intuitiven Erfassung der Zustandslinien wichtig. Die im folgenden zusammengestellten Regeln können helfen, ein derartiges »Strukturgefühl« zu erlangen.

Zunächst seien noch einmal die Voraussetzungen betont, unter denen die folgenden Regeln gelten. Es sei ein ebenes Tragwerk aus *geraden* Stäben vorausgesetzt, das nur in der Systemebene belastet wird. Die Belastung kann aus Streckenkräften, Einzelkräften und Einzelmomenten bestehen. Die in Abschnitt 12.1 betrachtete *Strecken-Momentenbelastung sei jedoch ausgeschlossen.*

Unter diesen Voraussetzungen gelten folgende Sätze.

1. In Gelenken wird das Biegemoment zu Null; die Querkraft bleibt unbeeinflußt.
2. Das Integral der Querkraft über einen Stababschnitt zwischen zwei Gelenken (»Gelenkabschnitt«) wird gleich Null, wenn keine Belastung durch Einzelmomente vorliegt.
3. Ein Gelenkabschnitt ohne Lasten quer zur Stabachse kann nur Längskräfte übertragen. Als Pendelstütze wirkt ein solcher Stab wie ein verschiebliches Gelenklager.
4. Wo das Biegemoment einen relativen Extremwert annimmt, wird die Querkraft gleich Null.
5. In den Bereichen, in denen keine Lasten quer zur Stabachse angreifen, ist die Querkraft konstant und das Biegemoment geradlinig veränderlich.
6. Im Angriffspunkt von Einzellasten quer zur Stabachse hat die Querkraftlinie einen Sprung, die Biegemomentenlinie einen Knick.
7. Im Angriffspunkt von Einzelmomenten hat die Biegemomentenlinie einen Sprung, die Querkraft bleibt unbeeinflußt.
8. In der Symmetrieachse eines Systems werden bei symmetrischer Belastung die Querkraft und bei antisymmetrischer Belastung Längskraft und Biegemoment gleich Null.

Die Begründung der Regeln ergibt sich aus den vorstehenden Abschnitten. Zusätzliche Erläuterungen dürften nur für die zweite Regel erforderlich sein. In Bild 13.1 ist ein »Gelenkabschnitt« von der Länge L mit beliebiger Belastung durch angreifende Kräfte und Lagerkräfte, jedoch ohne Einzelmomente dargestellt. Das Biegemoment an der Stelle $x=L$ ergibt sich dann nach (11.1 b) zu

$$M_L = \int_0^L Q\,\mathrm{d}x + M_0.$$

Mit den Gelenkbedingungen $M_0 = M_L = 0$ folgt für das Querkraftintegral

$$\int_0^L Q\,\mathrm{d}x = 0. \tag{13.1}$$

Nach (1) kann der Verlauf der graphisch dargestellten Querkraftlinie häufig sehr leicht kontrolliert werden: Die von ihr und der Nullinie eingeschlossenen positiven und negativen Flächen müssen einander gleich sein. Bei Anwesenheit von Einzelmomenten muß das Querkraftintegral gleich der Summe dieser Momente ·sein (Momentenvektoren positiv in y-Richtung gerechnet). Mit dieser Bedingung läßt sich jedoch nicht viel anfangen, da sie für eine Kontrolle zu unübersichtlich ist.

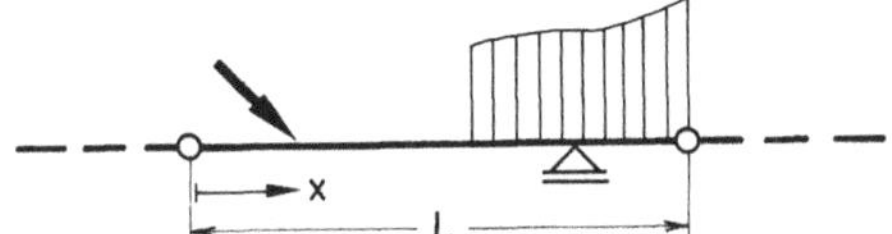

Bild 13.1. Gelenkabschnitt

14. Gekrümmte Stäbe

14.1. Gleichgewicht am Stabelement

Die Abschnitte 10 bis 13 galten nur für gerade Stäbe bzw. für Stabwerke, die aus geraden Stäben zusammengesetzt sind. Es seien jetzt auch gekrümmte Stäbe betrachtet. Es sei jedoch nach wie vor vorausgesetzt, daß die Krümmung nur in einer Ebene vorliegt, die gleichzeitig Belastungsebene ist.

Gekrümmte Stäbe kommen im Bauwesen häufig als Bogenbrücken vor. Es sei deshalb gleich eine dafür geeignete Bezeichnungsweise gewählt. Nach Bild 14.1, wo als Beispiel ein Dreigelenkbogen dargestellt ist, wird zur Beschreibung der Bogenachse ein Koordinatensystem ξ, η gewählt. Die längs der Stabachse gemessene Bogenlänge ist s. An einer beliebigen Stelle wird ein Element von der Länge ds herausgeschnitten und zur Schnittgrößenfestlegung das übliche Koordinatensystem x, y, z benutzt, dessen x-Achse in Richtung der Tangente an die Stabachse weist. Der Winkel, den die x-Achse mit der ξ-Achse bildet, sei α. Zu dem in Bild 14.1 angedeuteten Element gehört der negative Zuwachs $-d\alpha$, da α mit wachsendem ξ kleiner wird. Der negative Krümmungsradius ist dabei $-\varrho = ds/-d\alpha$.

Für das Gleichgewicht am Stabelement gilt Bild 14.2, wo ein Element im vergrößerten Maßstab mit Belastungskomponenten q_x, q_z und den Schnittgrößen dargestellt ist. Abgesehen von der Lastkomponente q_x in Richtung der Stabachse besteht der Unterschied gegenüber dem Element des geraden Stabes von Bild 10.1 darin, daß die beiden Kräfte Q und die beiden Kräfte N entsprechend Bild 14.2 b, c den Winkel $-d\alpha$ miteinander bilden. Sie liefern daher eine Resultierende $-Q\,d\alpha$ in negativer x-Richtung bzw. $-N\,d\alpha$ in z-Richtung. Dabei

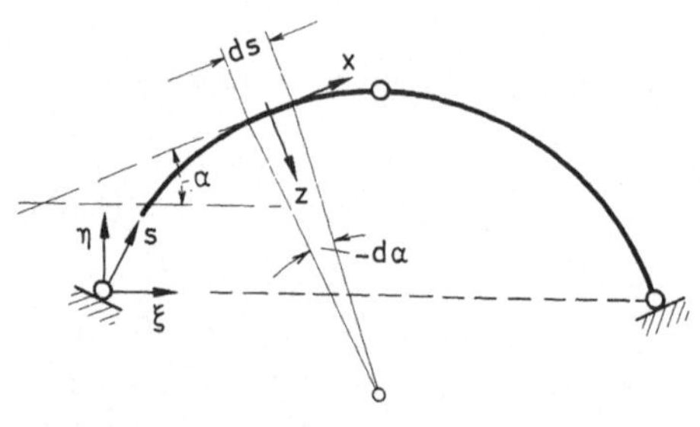

Bild 14.1.
Koordinatensysteme beim Bogenträger

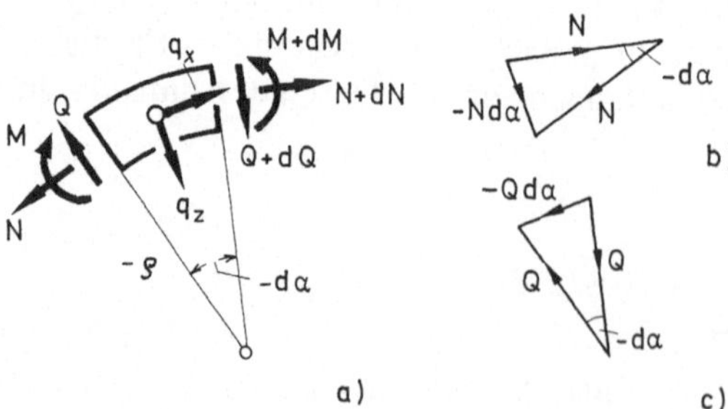

Bild 14.2 a–c.
Element eines gekrümmten Stabes

braucht der Zuwachs von Q und N nicht berücksichtigt zu werden, da er nur einen Beitrag höherer Ordnung liefert, der beim Grenzübergang verschwindet. Derartige Glieder werden auch in den Gleichgewichtsbeiträgen fortgelassen, indem $\cos\alpha\approx1$ und $\sin\alpha\approx\alpha$ gesetzt wird.

Es ergeben sich dann als Kräftegleichgewicht in x- und z-Richtung und als Momentengleichgewicht nach Division durch ds die folgenden Gleichungen.

$$\frac{dN}{ds}+Q\frac{d\alpha}{ds}+q_x=0, \tag{14.1 a}$$

$$\frac{dQ}{ds}-N\frac{d\alpha}{ds}+q_z=0, \tag{14.1 b}$$

$$\frac{dM}{ds}-Q=0. \tag{14.1 c}$$

Von den Beziehungen für den geraden Stab bleibt also die Aussage erhalten, daß die Ableitung des Biegemomentes nach der Koordinate längs der Stabachse gleich der Querkraft ist. Die übrigen Aussagen gelten nicht mehr.

14.2. Dreigelenkbogen mit konstanter Radiallast

Zur Anwendung von (1) sei ein Halbkreisdreigelenkbogen mit konstanter Streckenlast q_z nach Bild 14.3 betrachtet. Mit Einführung des Winkels φ wird

$$\varphi=\frac{\pi}{2}-\alpha, \quad d\alpha=-d\varphi, \quad ds=r\,d\varphi.$$

Aus (1) folgt dann mit $q_x=0$

$$\frac{dN}{d\varphi}-Q=0, \tag{14.2 a}$$

$$\frac{dQ}{d\varphi}+N+q_z r=0, \tag{14.2 b}$$

$$\frac{dM}{d\varphi}-Q r=0. \tag{14.2 c}$$

Differenziert man (2b) einmal nach φ und setzt das sich ergebende $dN/d\varphi$ in (2a) ein, so folgt

$$\frac{d^2Q}{d\varphi^2}+Q=0.$$

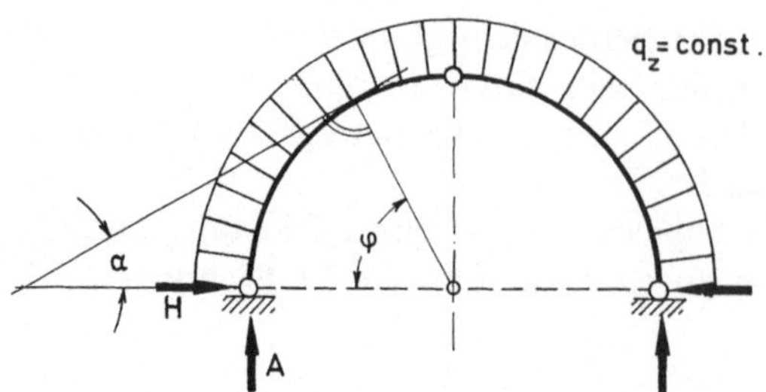

Bild 14.3. Halbkreis-Dreigelenkbogen mit konstanter radialer Streckenlast

Diese homogene Gleichung wird einschließlich aller Randbedingungen durch $Q \equiv 0$ befriedigt. Die nichttriviale Lösung

$$Q = C_1 \sin \varphi + C_2 \cos \varphi$$

mit den Konstanten C_1 und C_2 erfüllt dagegen die Randbedingungen nicht: Im Scheitelgelenk für $\varphi = \pi/2$ muß aus Symmetriegründen $Q = 0$ werden, was nur durch $C_1 = 0$ befriedigt wird. Ferner folgt aus (2 c)

$$\frac{dM}{d\varphi} = C_2\, r \cos \varphi, \qquad M = C_2\, r \sin \varphi + C_3$$

mit einer weiteren Integrationskonstanten C_3. Im Fußgelenk bei $\varphi = 0$ kann das Biegemoment nur verschwinden, wenn $C_3 = 0$ wird, im Scheitelgelenk nur, wenn auch $C_2 = 0$ wird. Man erhält dann

$$N = -q_z\, r, \qquad Q \equiv 0, \qquad M \equiv 0. \tag{14.3 a, b, c}$$

Für die Auflagerkräfte ergibt sich

$$A = -N_{\varphi=0} = q_z\, r, \qquad H = Q_{\varphi=0} = 0. \tag{14.4 a, b}$$

Daß der Horizontalschub zu Null wird, dürfte besonders bemerkenswert sein.

14.3. Dreigelenkbogen mit senkrechten Lasten

Nach Bild 14.4 sei ein beliebiger Dreigelenkbogen, jedoch nur unter senkrechten Lasten, betrachtet. Hierbei ergibt sich nicht nur ein besonders einfaches Rechenverfahren; es wird auch das andersgeartete Tragverhalten der Konstruktion gegenüber einem Balken auf zwei Stützen deutlich.

Bei dem System von Bild 14.4 liegen die beiden Fußgelenke nicht auf einer Höhe. Die Verbindungslinie der Fußgelenke, die Bogensehne, bildet den Winkel β mit der Horizontalen. Die Strecken l und f werden als Stützweite bzw. Pfeilhöhe bezeichnet. Die ζ-Achse verläuft in Richtung der Bogensehne. Die resultierenden Auflagerkräfte werden zweckmäßig in schiefwinklige Komponenten zerlegt: In senkrechte Kräfte A und B und in Kräfte H_a und H_b in Richtung der ζ-Achse. Die letzteren werden Horizontalschübe genannt, auch wenn sie

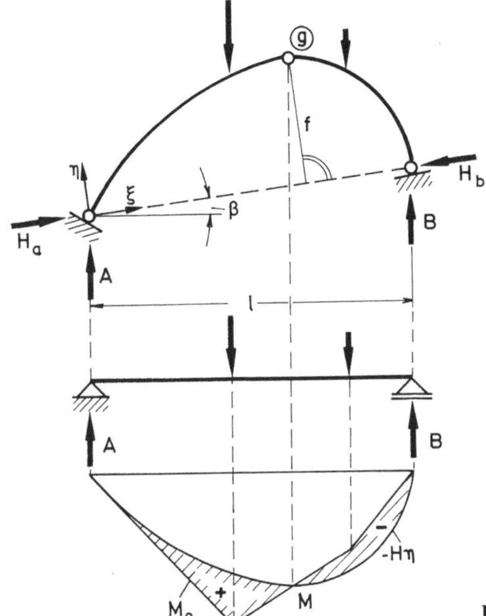

Bild 14.4. Dreigelenkbogen mit senkrechten Lasten

gegen die Horizontale geneigt sind. Als Belastung sind in Bild 14.4 nur zwei Einzelkräfte angegeben; sie kann jedoch aus beliebigen senkrechten Kräften bestehen.

Aus dem Gleichgewicht in horizontaler Richtung folgt zunächst die wichtige Tatsache

$$H_a \cos \beta = H_b \cos \beta.$$

Die beiden Horizontalschübe sind also einander gleich und es kann

$$H_a = H_b = H \tag{14.5}$$

gesetzt werden. Die Auflagerkräfte A und B können nun aus den Momentengleichgewichtsbedingungen für das linke und rechte Fußgelenk genauso wie bei einem Balken auf zwei Stützen berechnet werden, da bei senkrechten Lasten die Hebelarme bei Bogen und Balken gleich sind. Man kann auch ein Biegemoment M_0 eines Balkens von der Stützweite l definieren, das nur durch die Belastung und die Lagerkräfte A und B hervorgerufen wird. Für das Biegemoment des Bogens ist dann nur noch der Einfluß von H zu berücksichtigen. Man erhält

$$M = M_0 - H \eta. \tag{14.6}$$

Da M im Scheitelgelenk verschwinden muß, ergibt sich für den Horizontalschub (vgl. (7.2) für den Bogen von Bild 7.1)

$$H = \frac{M_{0g}}{f}. \tag{14.7}$$

Das Biegemoment läßt sich nach (6) sehr einfach ermitteln: Der Anteil M_0 folgt den einfachen Gesetzen des Balkens. Er kann z.B. bei komplizierten Belastungsfällen numerisch nach Abschnitt 11.2 und 11.3 berechnet werden. Die Überlagerung von M_0 und $-H\eta$ zeigt Bild 14.4. Das Biegemoment M ist durch die schraffierten Differenzordinaten gegeben. Wesentlich ist bei dieser Darstellung jedoch nicht nur die einfache Berechnungsmöglichkeit, sondern auch die Tatsache, daß die Gewölbewirkung des Bogens das Balkenbiegemoment so stark reduziert, daß nur noch verhältnismäßig kleine Differenzen übrigbleiben. Bedenkt man, daß das Biegemoment für die Tragfähigkeit entscheidend ist, so wird der Vorteil einer Gewölbewirkung deutlich.

15. Stützlinie und Seilkurve

Die Ergebnisse des vorigen Abschnittes führen zu der Frage, wann eine Lastübertragung ganz ohne Biegemomente stattfinden kann. Hiermit wäre eine sehr günstige Materialausnutzung erreicht, die grundsätzlich konstruktiv anzustreben ist. Nach (14.6) läßt sich sofort sagen, daß bei senkrechten Lasten die Bogenachse in ihrem Verlauf über ζ bis auf einen konstanten Faktor mit M_0 übereinstimmen muß. Folgende Bezeichnung ist üblich: *Die Bogenform, bei der nur Längskräfte, aber keine Biegemomente und Querkräfte auftreten, heißt Stützlinie.* Bei stetig verteilter Streckenlast ergibt sich für die Stützlinie eine stetige Kurve. Bei Einzellasten ist die Stützlinie aus geraden Linien zusammengesetzt.

Für das letztere ist der durch zwei Einzellasten beanspruchte Bogen von Bild 14.4 ein Beispiel: Die in positiver η-Richtung von der Bogensehne nach oben aufgetragene M_0-Linie gibt die Form des Stützliniengewölbes wieder. Für eine stetig verlaufende Stützlinie ist Bild 7.1 ein Beispiel. Die zugehörige M_0-Linie zeigt Bild 9.3. Die Stützlinie für konstante Streckenlast je Einheit der Bogensehne ist also eine quadratische Parabel. Als letztes Beispiel diene Bild 14.3. Hier zeigt sich, daß für konstante radiale Streckenlast der Kreisbogen die Stützlinie ist.

Kehrt man bei einem Stützliniengewölbe das Vorzeichen der Lasten um, so werden die Druckkräfte des Bogens zu Zugkräften. Man kann sich nun vorstellen, daß der Bogen überhaupt keine Fähigkeit besitzt, Biegemomente aufzunehmen, denn die Zugkräfte sorgen dafür, daß die angenommene Gleichgewichtsfigur erhalten bleibt. Aus dem Bogen wird dann ein biegeweiches Seil und die Stützlinie wird zur *Seilkurve* bzw. bei Einzellasten zum *Seileck*.

Der Bogen von Bild 14.4 ist in Bild 15.1a noch einmal als Seileck dargestellt, wobei er der Anschaulichkeit halber nach unten durchhängend gezeichnet ist, damit man sich die Lasten als Gewichte vorstellen kann. Außer dem Seileck ist in Bild 15.1b das zugehörige Krafteck angegeben. Die einzelnen Seilkräfte S und die Horizontalkraft H müssen dabei in einem Pol zusammenlaufen, da immer die Kräfte, die im Seileck durch einen Punkt gehen, im Krafteck aus Gleichgewichtsgründen ein Dreieck mit stetigem Umfahrungssinn bilden müssen. Das sind z.B. für den in Bild 15.1a eingezeichneten Schnitt die Kräfte S_1, P_1, S_2.

Man sieht im übrigen, daß eine derartige Seileckkonstruktion auch zur Ermittlung des Biegemomentes M_0 eines einfachen Balkens benutzt werden

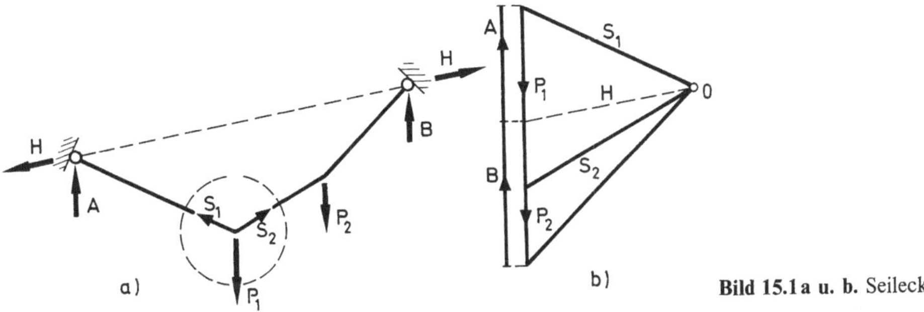

Bild 15.1 a u. b. Seileck

kann. Die Konstruktion ist also einer graphischen Doppelintegration der in Abschnitt 11.3 numerisch gelösten Aufgabe gleichwertig.

16. Fachwerke

16.1. Prinzip der Fachwerkstruktur

Die Betrachtungen des vorigen Abschnittes haben gezeigt, daß zu jeder Stützlinie eine bestimmte »Stützlinienbelastung« gehört. Hat man eine Bogenachse gewählt, so kann sie also nur für einen zugehörigen Lastfall biegungsfreies Gleichgewicht liefern. Ändert sich die Belastung, was praktisch immer gegeben ist, so treten wieder Biegemomente auf. Von dieser Regel gibt es jedoch auch Ausnahmen. Bild 16.1 a zeigt einen Dreigelenk-»Bogen«, der aus zwei geraden Stäben besteht. Die Stützlinienbelastung ist jetzt eine Einzelkraft im Scheitelgelenk. Diese darf jedoch eine beliebige Richtung haben, da in jedem Fall Gleichgewicht zwischen den Längskräften in den beiden Stäben und der Belastung möglich ist. Läßt man nach Bild 16.1 b den Horizontalschub des rechten Lagers durch einen weiteren Stab aufnehmen, so hat man bereits das einfachste Grundelement einer Struktur, die man als *Fachwerk* bezeichnet. Bild 16.1 c zeigt ein »einfaches Strebenfachwerk«, das ausgehend von der Grundfigur von Bild 16.1 b jeweils durch einen zweistäbigen Anschluß eines neuen Knotens entstanden ist.

Allgemein bezeichnet man als Fachwerk jedes unverschiebliche System, das aus geraden Stäben besteht, die in Knotenpunkten gelenkig miteinander verbunden sind. Solche Fachwerke haben Gleichgewichtszustände, die nur durch

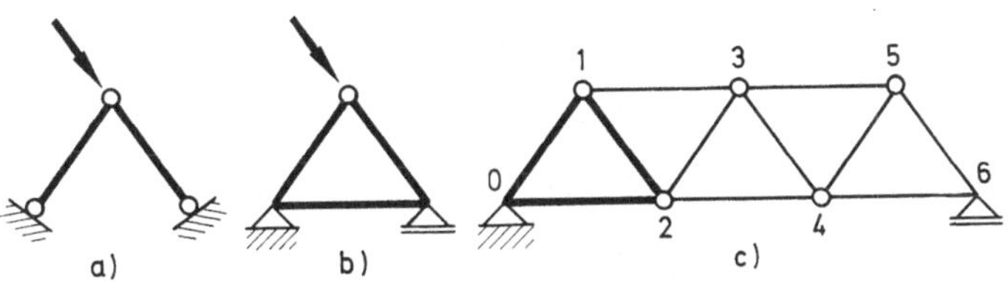

Bild 16.1 a–c. Zum Prinzip der Fachwerkstruktur

Bild 16.2. Darstellung der Stabkräfte

Längskräfte gebildet werden und damit eine sehr günstige Materialausnutzung liefern. Die Belastung ist beliebig; es ist nur erforderlich, daß sämtliche Kräfte — auch die Auflagerkräfte — in den Knotenpunkten angreifen. Wird ein Stab doch zwischen den Knoten belastet, so entstehen natürlich für diesen Stab Biegemomente und Querkräfte.

Zur gelenkigen Knotenausbildung ist noch folgendes zu sagen. Bei Gelenkträgern z.B. nach Bild 7.2, bei Rahmen mit Gelenken, bei Dreigelenkbögen usw. ist man in der Regel bemüht, die theoretisch vorausgesetzte Reibungsfreiheit der Gelenke auch in der Praxis möglichst gut zu erreichen. Wie weit das gelingt, ist eine Frage des konstruktiven Aufwandes und damit eine Kostenfrage. Bei Fachwerken ist es jedoch anders. Hier verzichtet man bewußt auf eine auch nur angenäherte Ausbildung der Gelenke. Vielmehr verbindet man die Stäbe durch Knotenbleche biegesteif miteinander. Trotzdem nimmt man für die statische Rechnung ideal reibungsfreie Gelenke an. Eine genaue Rechnung mit biegesteifen Knoten hat nämlich das Ergebnis, daß die Rechnung mit gelenkigen Knoten eine sehr gute Näherung für das wirkliche Verhalten ist. Diese merkwürdige Tatsache läßt sich durchaus einleuchtend begründen, was jedoch erst in einem späteren Abschnitt erfolgen kann. Will man den Unterschied zwischen Theorie und Praxis deutlich machen, so spricht man vom »idealen Gelenkfachwerk« im Gegensatz zum »wirklichen« Fachwerk. Im folgenden seien in den statischen Skizzen die Gelenke fortgelassen und kurz von »Fachwerken« gesprochen; es sei aber stets das ideale Gelenkfachwerk gemeint.

Die bei einem Fachwerk in den einzelnen Stäben auftretenden Längskräfte, die selbstverständlich über die Stablänge konstant sind, werden *Stabkräfte* genannt und im allgemeinen mit S bezeichnet. Ihre Darstellung erfolgt nach Bild 16.2 so, daß die Aktionen der Stabkräfte auf die Knoten angegeben werden. Zugkräfte sind grundsätzlich positiv. Die Stablänge wird in der Regel mit s bezeichnet.

16.2. Knotengleichgewichtsbedingungen

Schneidet man in einem Tragwerk jeden einzelnen Knoten für sich heraus und untersucht das Gleichgewicht, so ist wegen der reibungsfreien Gelenke das Momentengleichgewicht automatisch erfüllt, und es sind nur noch die beiden Kräftegleichgewichtsbedingungen zu betrachten. Ihre Erfüllung ist notwendig und hinreichend für das Gleichgewicht des ganzen Fachwerks. Das erste ist selbstverständlich, das zweite ergibt sich daraus, daß beim Herausschneiden sämtlicher Knoten keine Stabkraft ungeprüft bleibt.

Nach Bild 16.3 mögen in einem Knoten 0 eine Anzahl Stäbe zusammenstoßen, die durch die Endpunkte $1, 2, \ldots, i, \ldots, n$ gekennzeichnet seien. Die Belastungskomponenten seien P_x und P_z. Stablänge und Stabkraft eines Stabes $0{-}i$ seien s_i und S_i. Für s_i gilt dann, wenn x_0, z_0 und x_i, z_i die Knotenpunktskoordinaten sind,

$$s_i = \sqrt{(x_i - x_0)^2 + (z_i - z_0)^2}. \tag{16.1}$$

Die Richtungskosinus der Stabkraft S_i gegenüber der x- und z-Achse sind

$$\frac{1}{s_i}(x_i - x_0) \quad \text{bzw.} \quad \frac{1}{s_i}(z_i - z_0).$$

Die Gleichgewichtsbedingungen für die x- und z-Richtung ergeben sich damit zu

$$\sum_{i=1}^{i=n} \frac{S_i}{s_i}(x_i - x_0) + P_x = 0, \tag{16.2 a}$$

$$\sum_{i=1}^{i=n} \frac{S_i}{s_i}(z_i - z_0) + P_z = 0. \tag{16.2 b}$$

Die Anzahl der Knotengleichgewichtsbedingungen kann in praktischen Fällen sehr leicht die Größenordnung 100 erreichen. Auch bei elektronischer Rechnung ist es dann sinnvoll, einer zweckmäßigen Auflösung des Gleichungssystems (2) besondere Aufmerksamkeit zu schenken. Die folgenden Methoden zur Berechnung der Stabkräfte von Fachwerken können unter diesem Gesichtspunkt gesehen werden.

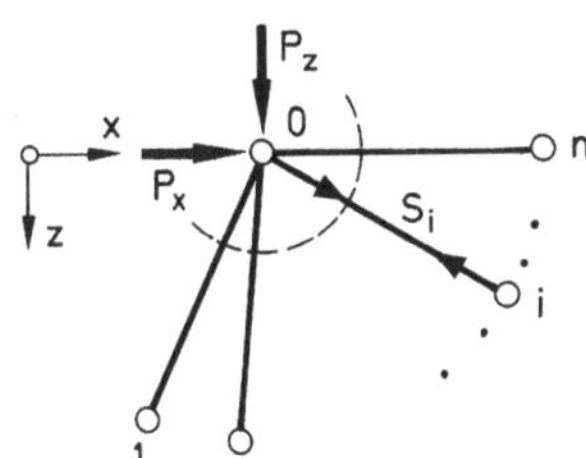

Bild 16.3. Fachwerkknoten

16.3. Cremonaplan

Bei vielen Fachwerkstrukturen ist es möglich, im Laufe der Rechnung immer einen Knoten zu finden, bei dem nur zwei Stabkräfte unbekannt sind. Man hat dann jeweils nur zwei Gleichungen mit zwei Unbekannten aufzulösen. Bei dem Fachwerk von Bild 16.1 c gelingt z.B. eine derartige Bestimmung der Stabkräfte, wenn man die Reihenfolge der Knotenpunkte, für die man die Gleichgewichtsbedingungen anschreibt, der Numerierung entsprechend wählt: Im Knoten 0 sind nur zwei Stäbe vorhanden. Ist dann die Stabkraft von 0–1 bekannt, so sind in 1 nur die Stabkräfte von 1–2 und 1–3 zu bestimmen usw.

Die Auflösung der beiden für jeden Knoten in Betracht kommenden Gleichungen kann numerisch, aber auch graphisch erfolgen. Im letzteren Fall

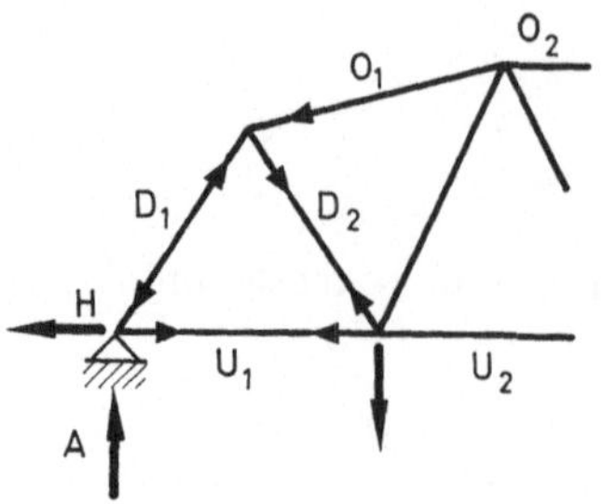
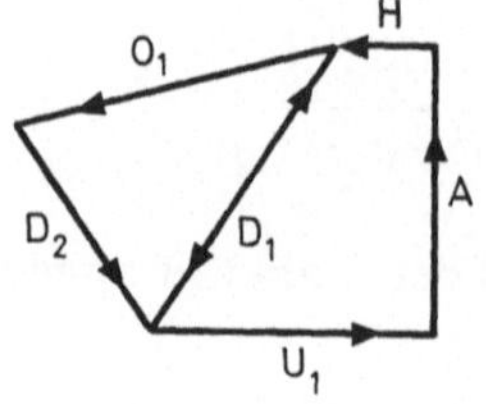

Bild 16.4. Cremonaplan

braucht man nur für jeden Knotenpunkt mit einem Krafteck die Resultierende der äußeren Kräfte und der bekannten Stabkräfte zu bestimmen und dann diese Resultierende nach den Richtungen der unbekannten Stabkräfte zu zerlegen. Jede Stabkraft kommt dabei zweimal vor — einmal bei jedem der beiden Knoten, die der Stab verbindet. Wenn man nun die Kraftecke der einzelnen Knoten nicht getrennt zeichnet, sondern sie so zusammensetzt, daß jede Stabkraft nur einmal gezeichnet zu werden braucht, so entsteht der Cremonaplan[2]. Bei seiner Konstruktion ist nur darauf zu achten, daß die Reihenfolge der Kräfte im Krafteck genauso ist, wie die Reihenfolge beim Umlauf um einen Knoten. Auch die äußeren Kräfte müssen innerhalb des Cremonaplans im Krafteck einander so folgen, wie es dem Umlaufsinn um das gesamte Fachwerk entspricht.

Bild 16.4 zeigt für ein einfaches System den Anfang eines Cremonaplans, was zur Erläuterung genügen dürfte. Zum Cremonaplan gilt im übrigen dasselbe wie zu jeder zeichnerischen Lösung einer statischen Aufgabe: Sie wird nur noch selten angewandt, da sie der Zahlenrechnung in Anbetracht der modernen Rechenhilfsmittel hinsichtlich Genauigkeit und Schnelligkeit unterlegen ist. Andererseits gilt aber für den Cremonaplan, daß er in Form einer einfachen Handskizze ohne Genauigkeitsansprüche hervorragend geeignet ist, das Tragverhalten des Systems zu verdeutlichen. Aus diesem Grunde sind in Bild 16.4 Obergurt- und Untergurt- und Diagonalstab mit O, U, D bezeichnet, so daß schon durch die Bezeichnungsweise die Funktion im System unterschieden werden kann. Zum Beispiel wird sofort deutlich, daß im Obergurt in der Regel Druck, im Untergurt Zug entsteht.

16.4. Culmannsches und Rittersches Schnittverfahren

Das Fachwerk von Bild 16.5 sei durch einen Schnitt I—I in zwei Teile zerlegt. An einem Trägerteil greifen dann außer den bekannten Lasten und Stützkräften nur drei unbekannte Stabkräfte an. Sie können aus den Gleichgewichtsbedingungen für den Trägerteil bestimmt werden. Führt man die Bestimmung graphisch

---

2   L. Cremona: *Le figure reciproche nella statica grafica.* Milano 1872.

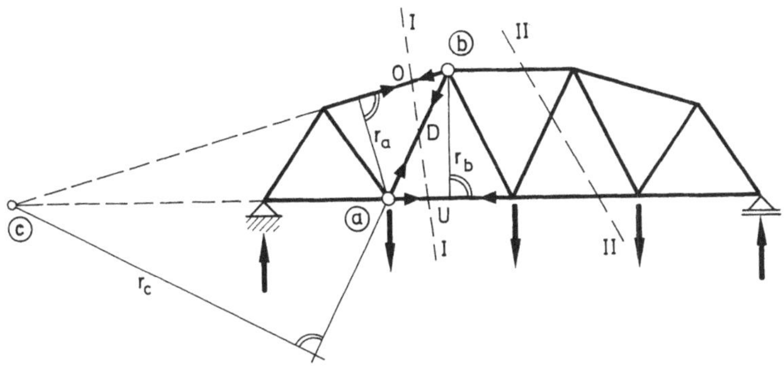

Bild 16.5. Zum Ritterschen Schnittverfahren

durch, so erhält man das Culmannsche Verfahren[3]. Man muß dazu die Resultierende der bekannten Kräfte ermitteln und dann diese nach den Richtungen der unbekannten Stabkräfte zerlegen. Wie diese graphischen Konstruktionen der Kräftezusammensetzung und -zerlegung durchzuführen sind, sei als bekannt vorausgesetzt, so daß das Culmannsche Verfahren nicht näher erläutert zu werden braucht.

Bestimmt man die Stabkräfte rechnerisch, so kommt man zum Ritterschen Verfahren[4]. Dabei ist es im allgemeinen zweckmäßig, die Stabkräfte aus drei Momentengleichgewichtsbedingungen für die »Ritterschen Bezugspunkte« zu ermitteln. Dieses sind die Schnittpunkte von je zwei der gesuchten Stabkräfte. In Bild 16.5 sind diese Punkte für den Schnitt I–I mit a, b, c bezeichnet. r_a, r_b, r_c sind die Hebelarme, die für die Momentenbedingungen gebraucht werden. Ferner seien M_a, M_b, M_c die Momente aller am betrachteten linken Trägerteil angreifenden Lasten und Lagerkräfte (also ohne Stabkraftanteile) in bezug auf die Punkte a, b, c positiv rechtsdrehend.

Das Momentengleichgewicht für die Punkte a, b, c verlangt dann

$$M_a + O\,r_a = 0, \qquad O = -\frac{M_a}{r_a}, \tag{16.3a}$$

$$M_b - U\,r_b = 0, \qquad U = \frac{M_b}{r_b}, \tag{16.3b}$$

$$M_c - D\,r_c = 0, \qquad D = \frac{M_c}{r_c}. \tag{16.3c}$$

Man erhält also jede der gesuchten Stabkräfte sofort aus einer Gleichung. Die Methode erlaubt es damit, die letzte Eliminationsstufe für die Unbekannten des Gleichungssystems (2) direkt unter Ausnutzung statischer Bedingungen anzuschreiben.

---

3 C. Culmann: *Die graphische Statik.* Zürich 1864.
4 A. Ritter: *Elementare Theorie und Berechnung eiserner Dach- und Brückenkonstruktionen.* Hannover 1863.

Laufen zwei der gesuchten Stabkräfte einander parallel, wie die Gurtkräfte beim Schnitt II–II in Bild 14.4, so liegt der Rittersche Bezugspunkt im Unendlichen. In diesem Fall ist das Gleichgewicht in senkrechter Richtung zu formulieren. Man erhält dann auch wieder eine Gleichung für die Diagonalstabkraft.

Die besprochenen Schnittverfahren lassen sich immer dann ohne Schwierigkeiten anwenden, wenn ein Schnitt durch das ganze Fachwerk nur drei Stäbe trifft. Die Struktur vieler Fachwerksysteme erfüllt diese Bedingung.

16.5. Methode der Stabvertauschung

Zur Stabkraftberechnung sei abschließend noch ein Verfahren besprochen, das es ermöglicht, ein kompliziertes Fachwerk auf ein einfach zu berechnendes zurückzuführen. Dies geschieht durch Vertauschung von Stäben[5]. In Bild 16.6a ist ein Fachwerk dargestellt, für das sich weder ein Cremonaplan zeichnen läßt, noch eine Stabkraftbestimmung durch Ritterschnitt möglich ist. Werden nun die beiden angegebenen Stäbe vertauscht, so entsteht nach Bild 16.6b ein Fachwerk, das sich nach Cremona oder Ritter behandeln läßt. Die Rückrechnung des neuen Systems auf das ursprüngliche geschieht dadurch, daß an Stelle der weggenommenen Stäbe entgegengesetzt gleiche äußere Kräfte angebracht werden, die so groß sein müssen, daß zusammen mit der Belastung die Stabkräfte in den vertauschten Stäben zu Null werden.

Im einzelnen ergibt sich folgender Rechengang, der gleich für beliebig viele zu vertauschende Stäbe formuliert sei. Diese Stäbe seien besonders gekennzeichnet. Im urprünglichen Fachwerk seien ihre Stabkräfte $1^{[K]} \cdot X_a$, $1^{[K]} \cdot X_b$, ... Die Eins hat dabei die Dimension einer Kraft, so daß die X reine Zahlenfaktoren sind. Insgesamt seien die Stabkräfte des wirklichen Fachwerks

$$S_1, S_2, ..., S_i, ...; \quad 1 \cdot X_a, 1 \cdot X_b, ...$$

Im Fachwerk mit den vertauschten Stäben seien die Stabkräfte durch einen Querstrich gekennzeichnet. Insbesondere mögen die Stabkräfte der vertauschten Stäbe, die im Endergebnis zu Null werden müssen, $\bar{S}_a, \bar{S}_b, ...$ heißen. Die Stabkräfte des geänderten Fachwerks werden nun, wie folgt, zusammengesetzt. Zunächst wird die gegebene Last auf das geänderte System aufgebracht. Die

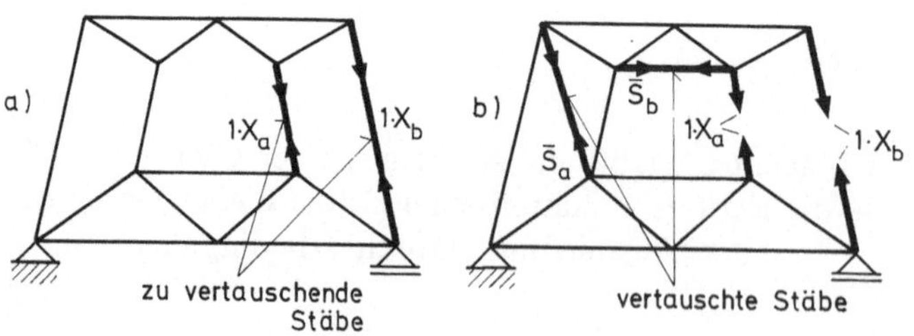

Bild 16.6a u. b. Zur Methode der Stabvertauschung

5 L. Henneberg: *Statik der starren Systeme.* Darmstadt 1886.

dabei entstehenden Stabkräfte seien

$$\bar{S}_{1,\mathrm{L}}, \bar{S}_{2,\mathrm{L}}, \ldots, \bar{S}_{i,\mathrm{L}}, \ldots; \qquad \bar{S}_{a,\mathrm{L}}, \bar{S}_{b,\mathrm{L}}, \ldots.$$

Sodann wird das System allein mit den beiden Kräften $1 \cdot X_a = 1$ belastet. Dabei mögen die Stabkräfte

$$\bar{S}_{1,a}, \bar{S}_{2,a}, \ldots, \bar{S}_{i,a}, \ldots; \qquad \bar{S}_{a,a}, \bar{S}_{b,a}, \ldots$$

entstehen und entsprechend bei Belastung mit $1 \cdot X_b = 1$

$$\bar{S}_{1,b}, \bar{S}_{2,b}, \ldots, \bar{S}_{i,b}, \ldots; \qquad \bar{S}_{a,b}, \bar{S}_{b,b}, \ldots$$

usw. bei mehr als zwei vertauschten Stäben. Bei diesen Bezeichnungen sind die Indizes so gewählt, daß der erste den Ort, der zweite die Ursache angibt[6].

Die Stabkräfte mit den Doppelindizes können ohne weiteres berechnet werden, da die Belastung bekannt ist und auch die Unbekannten den hier bekannten Wert $X = 1$ haben. Bei Superposition der verschiedenen Einflüsse erhält man nun für die Stabkräfte in den vertauschten Stäben, die im Endergebnis zu Null werden müssen,

$$\begin{aligned}
\bar{S}_a &= \bar{S}_{a,\mathrm{L}} + \bar{S}_{a,a} X_a + \bar{S}_{a,b} X_b + \cdots = 0, \\
\bar{S}_b &= \bar{S}_{b,\mathrm{L}} + \bar{S}_{b,a} X_a + \bar{S}_{b,b} X_b + \cdots = 0,
\end{aligned} \qquad (16.4)$$

$$\cdots\cdots\cdots\cdots\cdots\cdots\cdots\cdots\cdots\cdots$$

und hat damit so viel Gleichungen wie Unbekannte X. Nach Auflösung von (4) kann man eine beliebige Stabkraft S_i des ursprünglichen Fachwerks aus der Beziehung für das geänderte Fachwerk berechnen:

$$S_i = \bar{S}_{i,\mathrm{L}} + \bar{S}_{i,a} X_a + \bar{S}_{i,b} X_b + \cdots. \qquad (16.5)$$

Mit (4) und (5) ist die Aufgabe gelöst. Zweckmäßig wird das Verfahren nur, wenn wenige Stäbe, möglichst nur einer, zu vertauschen sind.

Bei Aufstellung von (4) und (5) kann man die Frage stellen, ob die lineare Überlagerung verschiedener Belastungszustände, d.h. die Anwendung des »Superpositionsgesetzes«, überhaupt erlaubt ist. Der Beweis für die Richtigkeit ergibt sich daraus, daß die Größe einer Stabkraft letzten Endes Ausdruck für das Gleichgewicht eines bestimmten Systemteils in einer Richtung ist. In der Mechanik wird aber gezeigt, daß bei der Vektoraddition die Komponenten in einer bestimmten Richtung algebraisch addiert, also superponiert, werden dürfen.

---

6 Als mnemotechnisches Hilfsmittel gilt: Von den Anfangsbuchstaben von Ort und Ursache kommt im Alphabet auch erst das O und dann das U.

D. Statisch bestimmte und unbestimmte Systeme

17. Abzählbedingungen beim Fachwerk

Zur Berechnung von Lagerreaktionen und Schnittgrößen sind bisher immer nur Gleichgewichtsbedingungen benutzt worden. Es ist selbstverständlich, daß deren Erfüllung notwendig ist. Wann sie jedoch zur eindeutigen Berechnung aller Kraftgrößen hinreichend ist, muß noch untersucht werden. In Abschnitt 6 sind bereits solche Tragwerke als »äußerlich statisch bestimmt« bezeichnet worden, bei denen die Berechnung der Lagerreaktionen allein mit den Gleichgewichtsbedingungen für das ganze System möglich ist. Es sei nun allgemein ein *Tragwerk als statisch bestimmt bezeichnet, wenn sich alle Kraftgrößen aus den Gleichgewichtsbedingungen eindeutig berechnen lassen.* Im anderen Fall heißt das Tragwerk *statisch unbestimmt.*

Am einfachen Beispiel des Fachwerks läßt sich der Unterschied zwischen statisch bestimmten und unbestimmten Systemen besonders leicht beschreiben. Es möge bedeuten

a Anzahl der voneinander unabhängigen Auflagerreaktionen,
r Anzahl der Stabkräfte,
k Anzahl der Knotenpunkte einschließlich der Auflagerknoten.

Mit »voneinander unabhängig« ist dabei gemeint, daß die Lagerkomponenten nicht durch konstruktive Bedingungen des Auflagers miteinander verknüpft sein sollen. In Bild 2.1a sind drei Auflagerkomponenten und in Bild 2.1b zwei voneinander unabhängig. Würde man beim verschieblichen Gelenklager von Bild 2.1c die Lagerkraft aus irgendwelchen Gründen nach zwei Richtungen in Komponenten zerlegen, so wären diese nicht mehr unabhängig voneinander.

Beim ebenen Fachwerk hat man nun für jeden Knoten zwei Gleichgewichtsbedingungen von der Form (16.2) zur Verfügung. Diese müssen zur Berechnung der Kraftgrößen, d.h. der a Lagerreaktionen und der r Stabkräfte, ausreichen, wenn das System statisch bestimmt sein soll. Man erhält also

$$a+r=2k \quad \text{statisch bestimmt,} \tag{17.1a}$$

$$a+r>2k \quad \text{statisch unbestimmt.} \tag{17.1b}$$

Ein System heißt dabei n-fach statisch unbestimmt, wenn $a+r-2k=n$ ist. Ist $a+r<2k$, so sind weniger Stabkräfte oder Lagerreaktionen vorhanden als notwendig sind, um das Gleichgewicht zu sichern. Ein solches System ist unbrauchbar. Inwieweit Gleichung (1a) hinreichend ist, um ein praktisch brauchbares statisch bestimmtes System zu kennzeichnen, muß später noch besonders betrachtet werden.

Als Beispiel mögen die Systeme von Bild 16.5 und 16.6 dienen. Beide sind statisch bestimmt. Für Bild 16.5 ergibt sich $3+15=2\cdot9$, für Bild 16.6: $3+17=2\cdot10$. Für das System von Bild 16.5 ist das »Abzählen« an sich überflüssig, da man bei dem einfachen aus Dreiecken aufgebauten Strebenfachwerk die statische

Bestimmtheit sofort erkennen kann. Bei dem System von Bild 16.6 ist die Nachprüfung von Formel (1a) schon eher sinnvoll. Im übrigen wird man stets versuchen, die statische Bestimmtheit oder Unbestimmtheit einer Struktur anschaulich zu erfassen. Die Abzählbedingung ist dann eine Kontrollmöglichkeit.

Raumfachwerke sollen hier noch nicht behandelt werden. Es ist aber leicht einzusehen, daß es in diesem Fall in den Gleichungen (1) statt $2k$ wegen der drei Kräftegleichgewichtsbedingungen des Raumes $3k$ heißen müßte.

18. Abzählbedingungen bei Rahmen und Bögen

Es sei nunmehr die Abzählbedingung für Stabwerke mit Querkräften und Biegemomenten besprochen. Wie beim Fachwerk wird das System durch Schnitte in Teilsysteme zerlegt, für die jetzt aber drei statt zwei Gleichgewichtsbedingungen gelten. Mit ihnen müssen die Auflagerkräfte und die an den Schnittstellen auftretenden Kräfte und Momente, die sog. *Zwischenreaktionen*, bestimmbar sein.

Bei diesem Vorgehen ist zunächst zu entscheiden, wo bei einem System überall Schnitte geführt werden müssen. Zuerst muß man alle Gelenke durchschneiden, um deutlich machen zu können, daß an diesen Stellen nur zwei Gelenkkräfte und kein Moment als Zwischenreaktionen auftreten. Darüber hinaus sind alle »mehrfach zusammenhängenden« Systemteile so oft zu zerschneiden, bis nur noch einfach zusammenhängende Teile vorhanden sind. Das letztere sind Systemteile, bei denen an jeder Stelle die Schnittgrößen aus Gleichgewichtsbedingungen berechnet werden können, wenn ihre Auflagerreaktionen und Zwischenreaktionen bekannt sind. Zwei Beispiele hierzu zeigt Bild 18.1 a, b mit den erforderlichen Schnitten. Führt man zuwenig Schnitte, so übersieht man statische Unbestimmtheiten. Zuviel Schnitte verursachen zwar unnötige Zählarbeit, beeinflussen aber nicht die Richtigkeit des Ergebnisses.

Es sei nun

a die Anzahl der voneinander unabhängigen Auflagerreaktionen,
z die Anzahl der Zwischenreaktionen,
p die Anzahl der einfach zusammenhängenden Systemteile.

Es gilt dann:

$$a+z=3p \quad \text{statisch bestimmt,} \tag{18.1a}$$

$$a+z>3p \quad \text{statisch unbestimmt.} \tag{18.1b}$$

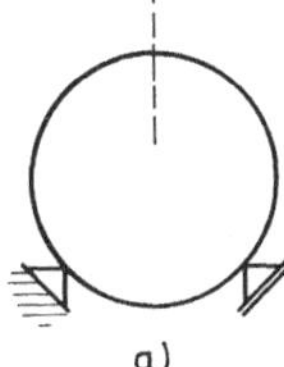
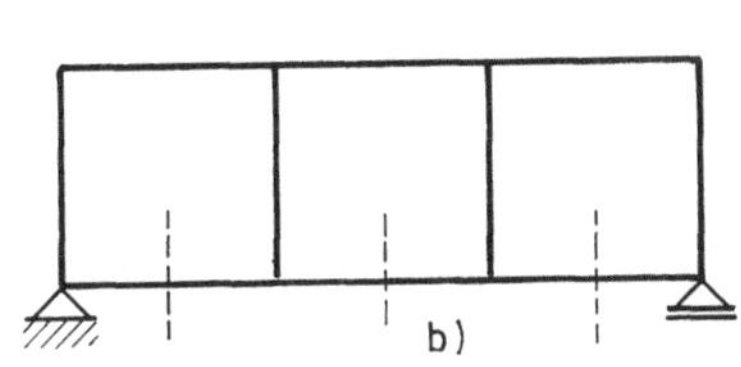

Bild 18.1 a u. b. Mehrfach zusammenhängende Systeme mit den erforderlichen Schnitten

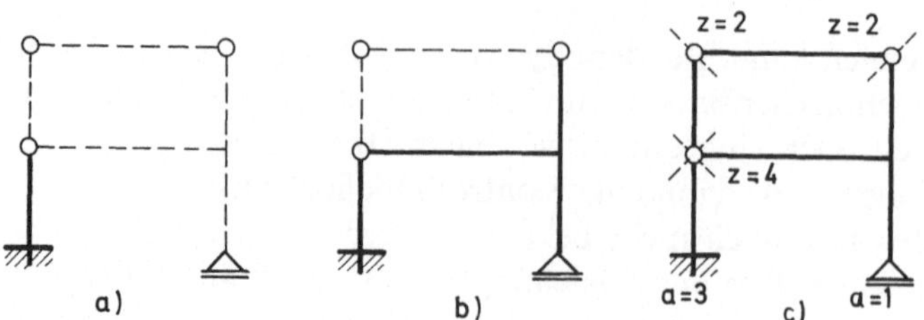

Bild 18.2 a–c. Statisch bestimmtes Rahmentragwerk

Ein System heißt wieder n-fach statisch unbestimmt, wenn $a+z-3p=n$ ist. Systeme, für die $a+z<3p$ ist, sind kinematisch verschieblich und unbrauchbar. Bei räumlichen Systemen müßte es statt $3p$ den sechs Gleichgewichtsbedingungen des Raumes entsprechend $6p$ heißen.

Als Beispiele seien zuerst die Systeme von Bild 18.1 a, b betrachtet. An den eingezeichneten Schnittstellen sind jeweils die Schnittgrößen — Längskraft, Querkraft und Biegemoment — als Zwischenreaktionen vorhanden. Bei beiden Systemen ist ferner $a=3$ und $p=1$. Es folgt dann für Bild 18.1a dreifache und für Bild 18.1b neunfache statische Unbestimmtheit.

Als weiteres Beispiel möge Bild 18.2c dienen, in der die zu führenden Schnitte und die Größen a und z für die verschiedenen Systemstellen angegeben sind. In jedem Gelenk, in dem nur zwei Stäbe zusammenstoßen, treten zwei Zwischenreaktionen auf. Bei dem Gelenk im linken Stiel kommen noch zwei Schnittgrößen des Riegels hinzu, so daß dort insgesamt vier Zwischenreaktionen zu berücksichtigen sind. Die Abzählbedingung (1) liefert dann $4+8=3\cdot4$. Das System ist also statisch bestimmt.

Wie beim Fachwerk ist es auch bei biegesteifen Systemen wichtig, den Grad der statischen Unbestimmtheit nicht nur abzuzählen, sondern auch anschaulich zu erfassen. Das kann z.B. so geschehen, daß man nach Bild 18.2a von einem einfachen Teilsystem ausgeht und dann nach Bild 18.2b und c weitere statisch klare Teile bis zum endgültigen System hinzufügt. Bei diesem Vorgehen wird vielfach von einem »Aufbaukriterium« gesprochen.

E. Kinematische Methode

19. Grundgedanken des Verfahrens

Bisher wurden zur Berechnung von Lagerreaktionen und Schnittgrößen stets Gleichgewichtsbedingungen benutzt, die für das ganze System oder Teile davon angeschrieben wurden. Jede dieser Aufgaben läßt sich aber auch noch auf andere Weise mit der »kinematischen Methode« lösen. In manchen Fällen ist dieses Verfahren der »Gleichgewichtsmethode« klar überlegen. Außerdem hat es den Vorteil, sehr anschaulich zu sein.

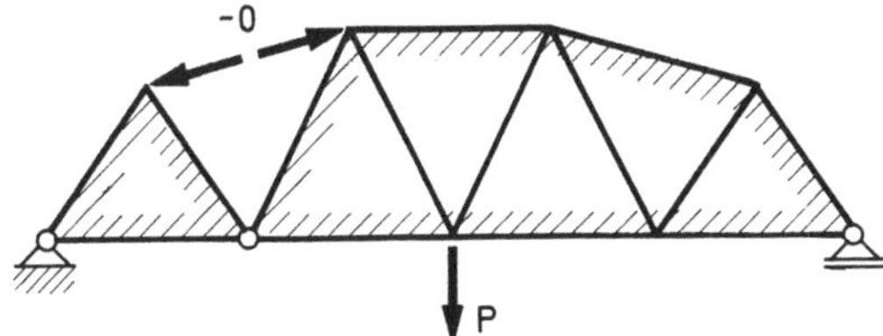

Bild 19.1. Zur Anschaulichkeit der kinematischen Methode

Stellt man sich z.B. die Frage, welches Vorzeichen die Obergurtkraft O bei dem Fachwerk von Bild 19.1 unter der Belastung P hat, so wird man etwa folgendermaßen schließen: Würde der Obergurtstab fehlen, so hätte man ein System mit zwei beweglichen Teilen. Es müßte unter Wirkung von P derart »zusammenklappen«, daß eine Annäherung der Endpunkte des Obergurtstabes stattfände. Um diese Bewegung zu verhindern, muß O eine Druckkraft sein, wie in Bild 19.1 dargestellt. Damit ist bereits die Grundidee der kinematischen Methode angedeutet. Das Verfahren ist anschaulich, weil man sich Bewegungen leichter vorstellen kann als Kräfte, die man ja nicht sehen kann.

Die Aufgabe wird im folgenden darin bestehen, den angedeuteten Grundgedanken zu einer Methode zu entwickeln, nach der auch die quantitative Bestimmung von Kraftgrößen möglich wird. Dabei wird zweckmäßig zuerst nur der Bewegungsmechanismus der Systeme betrachtet. Danach sei erst der Zusammenhang zwischen Bewegungen und Kräften untersucht.

20. Kinematik ebener Systeme

20.1. Definitionen

In Bild 19.1 ist das System dadurch beweglich gemacht, daß die Kraftgröße entfernt wurde, über die eine Auskunft gewünscht wird (»Prinzip der Befreiung« von Lagrange). Entsprechend wird man stets vorgehen und dabei jeweils nur eine Bindung in dem System lösen. Man erhält so immer ein verschiebliches System von einem Freiheitsgrad oder eine *zwangläufige kinematische Kette*. Nach Abschnitt 17 und 18 ist dann zu verlangen

$$\text{beim Fachwerk} \qquad 2k-(a+r)=1,$$
$$\text{bei Rahmen und Bögen} \quad 3p-(a+z)=1.$$

Die zu untersuchenden Bewegungsabläufe werden damit stark eingeschränkt.

Aber noch in anderer Hinsicht ist eine Beschränkung und damit Vereinfachung möglich. Da sich das System in Wirklichkeit überhaupt nicht bewegt, interessiert nicht der gesamte Bewegungsablauf, sondern nur seine Tendenz im Ausgangszustand. Anders ausgedrückt: Es interessieren nur hinreichend kleine Bewegungen, bei denen die Verschiebungen beliebig wenig von der Anfangstangente der gesamten Bewegung abweichen. Diese Verschiebungen seien im folgenden *kinematische Verschiebungen* genannt, wenn eine Verwechslungsgefahr mit anderen Verschiebungen, z.B. elastischen Verformungen, besteht.

Die einzelnen Systemteile einer zwangläufigen kinematischen Kette werden als *Scheiben* bezeichnet. Es sei zunächst nur der Verschiebungszustand einer einzelnen Scheibe untersucht.

20.2. Kinematik einer Scheibe

Bei der ebenen Bewegung starrer Körper ist die Unterscheidung von Translation und Rotation von Bedeutung. Bei hinreichend kleinen Verschiebungen besteht die reine Translation darin, daß alle Körperpunkte einander parallele Verschiebungsvektoren gleicher Größe haben. In Bild 20.1 verschiebt sich dabei eine Gerade 0–1 z.B. nach 0''–1''. Findet außerdem noch eine Rotation um 1'' mit dem Winkel ϑ statt, so wandert der Punkt 0'' nach 0 zurück. Dabei müssen wieder die Verschiebungen so klein sein, daß bei der Drehung die Verschiebung auf einem Kreisbogen durch die Verschiebung längs der Tangente ersetzt werden kann. Finden Translation und Rotation gleichzeitig statt, so bleibt der Punkt 0 in Ruhe und der gesamte Verschiebungszustand kann als reine Drehung um 0 aufgefaßt werden.

Bei kleinen Verschiebungen ergibt sich so ein *augenblicklicher Drehpol* oder *Momentanpol*. Bei »endlichen« d.h. nicht mehr »unendlich kleinen« Verschiebungen ändert der Pol im allgemeinen seine Lage in jedem Augenblick und es entsteht eine Polbahn. Da dieser Fall hier nicht in Betracht kommt, *kann die Verschiebung einer Scheibe stets als Drehung um ihren Momentanpol dargestellt werden*. Bei reiner Translation liegt der Momentanpol im Unendlichen.

Der vom Pol zu einem Punkt gehende Strahl heißt *Polstrahl* des betreffenden Punktes. Unter Länge eines Polstrahls versteht man die Länge der Strecke zwischen Pol und Punkt. Diese Ausdrucksweise ist nicht exakt, da ein Strahl keine Strecke ist. Nach Bild 20.1 ist selbstverständlich, daß die *Verschiebung eines Punktes stets senkrecht auf dessen Polstrahl steht*. Es gilt also, wenn δ_i der Verschiebungsvektor eines Punktes i und r_i dessen Polstrahllänge ist,

$$\delta_i = r_i\,\vartheta. \tag{20.1}$$

Sind die Lage des Poles und ϑ bekannt, so können die Verschiebungen eines beliebigen Punktes i berechnet werden.

Statt einer solchen Rechnung gilt auch eine einfache graphische Konstruktion, die als *kinematischer Verschiebungsplan* bezeichnet sei. In Bild 20.2 sind für zwei Punkte 1, 2 die Polstrahlen und die Verschiebungen angegeben. Die letzteren werden nun um 90° im Uhrzeigersinn gedreht, so daß ihre Endpunkte 1', 2' auf den Polstrahlen zu liegen kommen. Die Drehrichtung hätte auch

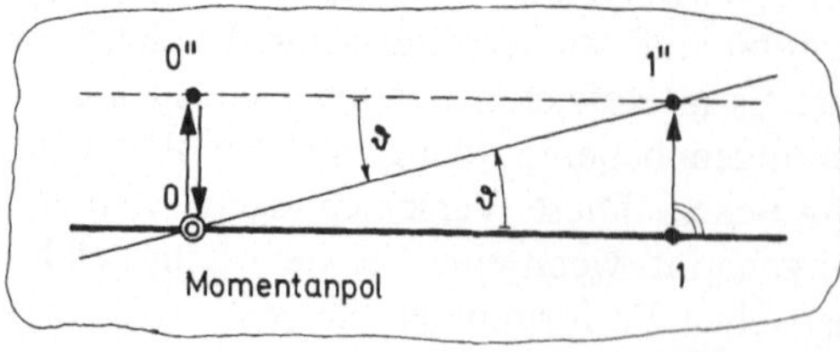

Bild 20.1.
Zur Definition des Momentanpoles

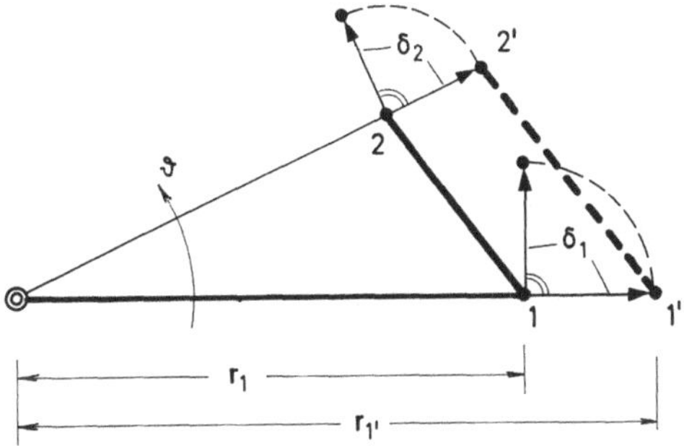

Bild 20.2. Kinematischer Verschiebungsplan

anders herum festgesetzt werden können; die hier gewählte sei im folgenden stets beibehalten. Gehört zu einem Punkt i die Polstrahllänge r_i, so möge zum Endpunkt der gedrehten Verschiebung die Strecke $r_{i'}$ gehören (vgl. Punkt 1 in Bild 20.2). Es ist dann unter Beachtung von (1)

$$r_{i'} = r_i + \delta_i = r_i + r_i \vartheta = r_i (1 + \vartheta)$$

$$\frac{r_{i'}}{r_i} = 1 + \vartheta. \tag{20.2}$$

Im speziellen Fall von Bild 20.2, wo es sich nur um zwei Punkte und ihre Verbindungslinie handelt, wird

$$\frac{r_{1'}}{r_1} = \frac{r_{2'}}{r_2}.$$

Dieser Strahlensatz sagt aus, daß die Gerade 1'–2' der Geraden 1–2 parallel ist. *Die Verbindungslinie zweier Punkte einer Scheibe ist parallel zur Verbindungslinie der Endpunkte der um 90° gedrehten Verschiebungen der beiden Punkte.*

Diese Parallelität ist für die praktische Anwendung am wichtigsten. Gleichung (2) liefert darüber hinaus noch folgendes. Wird auf der Scheibe eine beliebige Figur F beschrieben, *so liefert der Verschiebungsplan eine Abbildung F', die F ähnlich ist und in bezug auf den Momentanpol ähnlich liegt* (orientierungstreue ähnliche Abbildung). Dies folgt einfach daraus, daß für alle Punkte i das Verhältnis $r_{i'}/r_i$ nach (2) gleich groß ist und r_i und $r_{i'}$ in derselben Richtung gemessen werden.

Die beliebige Figur F kann natürlich auch durch die Systemlinien einer Konstruktion gegeben sein. Zwei Beispiele zeigt Bild 20.3. Hierzu ist noch folgendes zu bemerken. In Bild 20.3a ist der feste Drehpunkt des Auslegers nicht nur Momentanpol, sondern zugleich auch Drehpol für endliche Zeiten bzw. Verschiebungen des Fachwerks. Die Verschiebung des Punktes 1 sei gewählt, wobei ihre Richtung senkrecht auf dem Polstrahl 0–1 stehen muß. Nach Drehung um 90° ergibt sich 1'. Die übrigen Punkte der Figur F' folgen durch Parallelenkonstruktion. In Bild 20.3b ist der Momentanpol durch die beiden Lagerführungen festgelegt: Die Verschiebung muß in Richtung der Lagerbeweglichkeit vor sich gehen, der Polstrahl muß darauf senkrecht stehen. Bei diesem Beispiel ist die Verschiebung des Punktes 1 in ihrer Größe willkürlich gewählt.

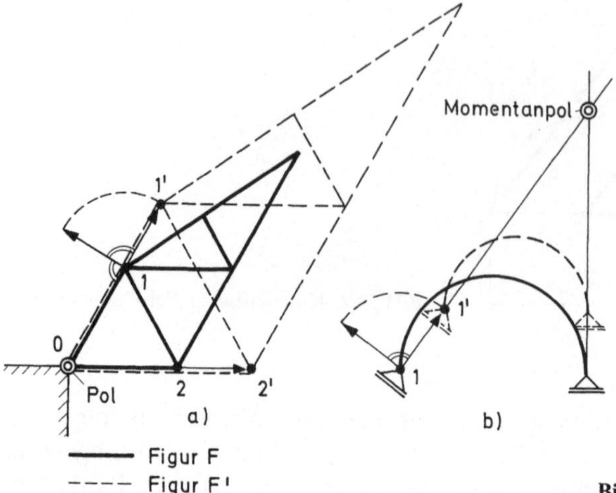

Bild 20.3a u. b. Beispiele zur F'-Figur

20.3. Polpläne mehrerer Scheiben

Es sei jetzt eine aus mehreren Scheiben bestehende kinematische Kette betrachtet. Die einzelnen Scheiben seien mit I, II, …, ihre Momentanpole mit (I), (II), … bezeichnet (vgl. Bild 20.4). Die letzteren seien in Zukunft *Absolutpole* genannt. Die Bezeichnung ist sinnvoll, weil es bei mehreren Scheiben einer Kette auch Punkte gibt, um die sich eine Scheibe gegenüber einer anderen dreht, und die dann zweckmäßig *Relativpole* genannt werden[7]. Diese Punkte, die häufig Gelenke zwischen zwei Scheiben sind, mögen mit (I, II), (I, III), (II, III), … bezeichnet werden. Es gelten nun folgende Sätze:

Die beiden Absolutpunkte und der Relativpol zweier Scheiben liegen auf einer Geraden.
Die drei Relativpole dreier Scheiben liegen auf einer Geraden.

Der erste Satz läßt sich leicht durch Bild 20.4 beweisen: Für jeden Punkt einer Scheibe muß der Verschiebungsvektor senkrecht auf dem zugehörigen Polstrahl stehen. Das gilt auch für den Relativpol (I, II), der beiden Scheiben angehört. Für den Verschiebungsvektor von (I, II) sind also zwei Bedingungen zu erfüllen, was nur möglich ist, wenn alle drei Punkte (I), (I, II) und (II) auf einer Geraden liegen.

Der zweite Satz sei für das System von Bild 20.5 bewiesen. Hier ist ein aus vier Scheiben bestehendes Gelenkviereck dargestellt. Das System ist keine

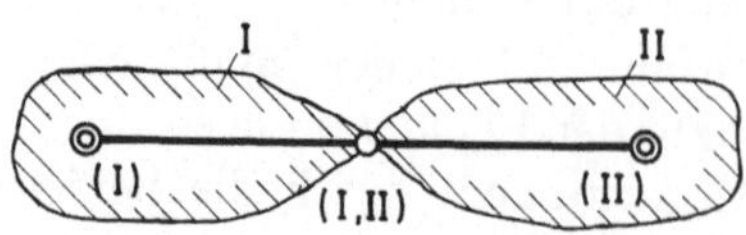

Bild 20.4. Kinematische Kette aus zwei Scheiben

---

7 Absolut- und Relativpole werden auch als Haupt- und Nebenpole bezeichnet.

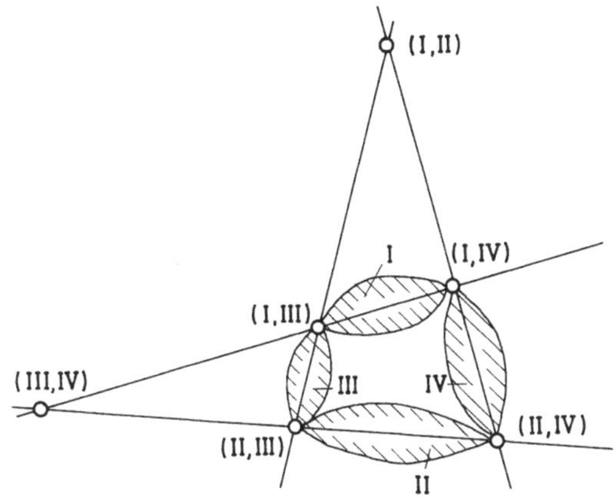

Bild 20.5.
Lage der Relativpole mehrerer Scheiben

zwangläufige Kette, sondern hat vier Freiheitsgrade. Würde man nämlich in das Gelenkviereck eine Diagonale einziehen, so würde zwar eine in sich unverschiebliche Scheibe entstehen, bei der die Relativbewegungen der Scheiben in den Gelenken verhindert wären. Die Absolutverschiebungen des Gesamtsystems müßten aber noch durch drei Lagerreaktionen ausgeschlossen werden, wenn ein statisch bestimmtes System entstehen sollte. Da es jedoch hier darauf ankommt, eine Aussage über Relativverschiebungen zu machen, braucht die Stützung durch Lagerreaktionen nicht betrachtet zu werden. Sie ist in Bild 20.5 fortgelassen.

In dieser Abbildung stellen die Gelenke selbstverständlich die Relativpole zwischen direkt benachbarten Scheiben dar. Um den Relativpol für zwei nicht benachbarte Scheiben zu finden, braucht man sich nur klar zu machen, daß ein Relativpol zwischen zwei Scheiben zum Absolutpol für eine der Scheiben werden muß, wenn man die andere unverschieblich festhält. Würde man also in Bild 20.5 Scheibe II festhalten, so würden (II, III) und (II, IV) zu Absolutpunkten der Scheiben III und IV und der Absolutpol von I würde nach dem ersten der beiden obigen Sätze im Schnittpunkt der Geraden (II, III)−(I, III) und (II, IV)−(I, IV) liegen. Dieser Punkt wird dann zum Relativpol (I, II), wenn die Scheibe II nicht mehr unverschieblich gelagert ist. Zu demselben Ergebnis kommt man, wenn man Scheibe I vorübergehend festhält. Entsprechende Überlegungen führen zum Relativpol (III, IV). Der zweite der obigen Sätze ist damit ebenfalls bestätigt.

In Bild 20.6 sind die Polpläne für drei Beispiele angeführt. Um die Skizzen übersichtlich zu halten, sind nicht mehr Bezeichnungen als unbedingt erforderlich angegeben. In Bild 20.6a ist ein Dreigelenkbogen dargestellt, bei dem durch Anordnung eines verschieblichen Gelenklagers der Horizontalschub entfernt ist. Der Polstrahl dieses Lagerpunktes muß senkrecht zur Lagerführung stehen. Zusammen mit dem Satz über zwei Absolutpole und ihren Relativpol ergibt sich dann die Lage von (II).

Mit demselben Satz kommt man auch bei dem Beispiel von Bild 20.6b aus, wo bei einem Dreigelenkbogen durch Einführung eines »Querkraftgelenkes« die Schnittgröße Querkraft entfernt ist. Die beiden Scheiben I und II können sich

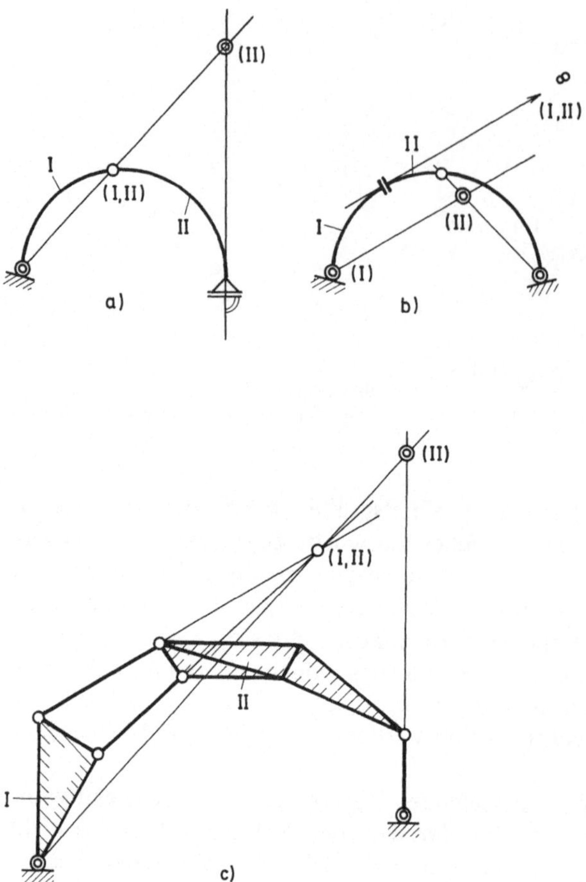

Bild 20.6 a–c. Beispiele für Polpläne

dann an dieser Stelle nur senkrecht zur Stabachse relativ gegeneinander verschieben, aber nicht verdrehen. Daraus folgt, daß der Relativpol (I, II) in Richtung der Tangente an die Stabachse im Unendlichen liegt. Eine Parallele zu dieser Tangente durch (I) ist dann ein geometrischer Ort für (II). Ein zweiter wird durch den Satz über zwei Absolutpole und den zugehörigen Relativpol geliefert.

Bei dem dritten Beispiel, wo durch die Entfernung einer Diagonale ein Gelenkviereck entstanden ist, braucht man den Satz über die Relativpole dreier Scheiben, um den Relativpol (I, II) finden zu können. Dabei ist es zweckmäßig, sich diesen Relativpol anschaulich als ein »imaginäres« Gelenk zwischen den Scheiben I und II vorzustellen.

Es sei noch erwähnt, daß es Systeme gibt, bei denen zur Konstruktion der Pole die beiden oben angeführten Sätze nicht ausreichen, sondern weitere Sätze benötigt werden. Da jedoch in solchen Fällen die Anwendung der Methode der Kinematik gegenüber anderen Methoden kaum noch zweckmäßig ist, sei verzichtet, hierauf einzugehen.

21. Prinzip der virtuellen Verrückungen

21.1. Zur Ableitung

Der Zusammenhang zwischen den kinematischen Verschiebungen und den Kräften wird durch das »Prinzip der virtuellen Verrückungen« geliefert. Dieses Prinzip wird in der Mechanik allgemein abgeleitet. Es gestaltet sich aber für das Gleichgewicht der zwangläufigen kinematischen Ketten so einfach, daß seine Ableitung für diesen Spezialfall kurz besprochen sei.

Nach Bild 21.1 sei ein Massenpunkt betrachtet, der sich auf einer Bahnkurve bewegen kann. Man hat es also nur mit der zwangläufigen Bewegung einer Scheibe zu tun, die auf einen Punkt zusammengeschrumpft ist. δ sei eine Verschiebung in dem bisher besprochenen Sinne, d.h. sie muß hinreichend klein sein, so daß sie sich beliebig wenig von einer Verschiebung in Richtung der Bahntangente unterscheidet. Im übrigen ist sie nicht festgelegt; insbesondere ist das Vorzeichen in Bild 21.1 willkürlich.

Der Massenpunkt sei nun durch eine Anzahl von Kräften $K_1, K_2, \ldots,$ $K_i, \ldots, K_n$ belastet, unter denen er sich im *Gleichgewicht* befindet. Es gilt also die Gleichgewichtsbedingung

$$K_1 + K_2 + \ldots + K_i + \ldots + K_n = 0 \tag{21.1}$$

Multipliziert man diese Vektorgleichung skalar mit δ, so wird

$$(K_1 + K_2 + \ldots + K_i + \ldots + K_n) \cdot \delta = 0,$$

$$K_1 \cdot \delta + K_2 \cdot \delta + \ldots + K_i \cdot \delta + \ldots + K_n \cdot \delta = 0. \tag{21.2}$$

Das skalare Vektorprodukt hat die mechanische Bedeutung einer Arbeit. Man kann dementsprechend (2) mit

$$A_{v_i} = K_i \cdot \delta, \tag{21.3}$$

wobei der Index v schon auf »virtuell« hindeuten soll, in folgender Form schreiben:

$$A_{v_1} + A_{v_2} + \ldots + A_{v_i} + \ldots + A_{v_n} = 0,$$

$$\sum_{i=1}^{i=n} A_{v_i} = 0. \tag{21.4}$$

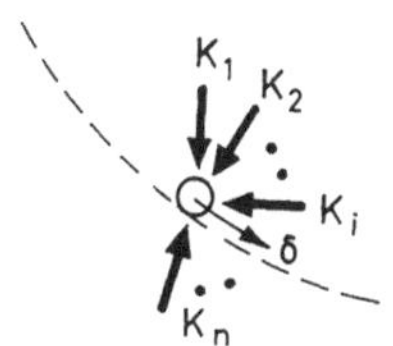

Bild 21.1. Massenpunkt mit Bahnkurve

Diese zunächst nur für den Massenpunkt begründete Gleichung gilt nun allgemeiner auch für eine aus mehreren Scheiben bestehende zwangläufige Kette. Um das einzusehen, braucht man sich nur einen starren Körper als einen Punkthaufen mit unendlich vielen Massenpunkten vorzustellen, wobei die Punkte ihren gegenseitigen Abstand nicht ändern. Die inneren Kräfte dieses Punkthaufens leisten keine Arbeit, und bei Summation aller Arbeiten bleiben nur die Arbeiten der äußeren Kräfte übrig. Die Summation über mehrere zusammenhängende starre Scheiben liefert schließlich das Ergebnis, daß (4) auch für eine beliebige zwangläufige kinematische Kette gilt. Unter Hinweis auf die Mechanik sei hier darauf verzichtet, diesen Gedankengang ausführlicher zu begründen.

Gleichung (4) ist nun mit der besprochenen Verallgemeinerung das *Prinzip der virtuellen Verrückungen* für das Gleichgewicht kinematischer Ketten. Werden die kinematischen Verschiebungen als *virtuelle Verrückungen* bezeichnet, das skalare Produkt aus einem Kraftvektor und einem Verschiebungsvektor als *virtuelle Arbeit*, so lautet das Prinzip in Worten:

Bei Gleichgewicht ist die Summe der virtuellen Arbeiten gleich Null.

Hierzu ist noch verschiedenes zu ergänzen. Zunächst seien die Eigenschaften einer virtuellen Verrückung noch etwas genauer betrachtet. Sie wird gewöhnlich so definiert, daß sie vier Eigenschaften haben muß:

(1) infinitesimal klein,
(2) den Zwangsbedingungen des Systems genügend,
(3) im übrigen willkürlich,
(4) nur gedacht.

Diese Eigenschaften seien für das vorliegende Problem besprochen.

Die vierte Bedingung ist zunächst selbstverständlich, da ein im Gleichgewicht befindliches System untersucht wird, das sich in Wirklichkeit nicht bewegt. Leicht einzusehen ist auch Forderung 2: Die Verrückungen müssen den Bewegungsmöglichkeiten einer zwangläufigen kinematischen Kette entsprechen. Sie müssen also den Sätzen über Absolut- und Relativpole und den Bedingungen des kinematischen Verschiebungsplans genügen. In allgemeineren Fällen, z.B. bei elastisch verformbaren Stabwerken, ist jedoch die Formulierung der hinreichenden bzw. notwendigen Zwangsbedingungen nicht einfach.

Auf die erste Bedingung wurde schon verschiedentlich hingewiesen. Es ist aber wichtig zu beachten, daß ihre Erfüllung nicht nur erlaubt, sondern notwendig ist. Hierzu diene Bild 21.2 als Beispiel. Ein Massenpunkt kann sich unter Wirkung des Eigengewichtes reibungsfrei auf einer Kurve bewegen, die die Form einer quadratischen Parabel hat. Im tiefsten Punkt der Kurve befindet sich der Massenpunkt zweifellos im Gleichgewicht. Die bei einer Verrückung

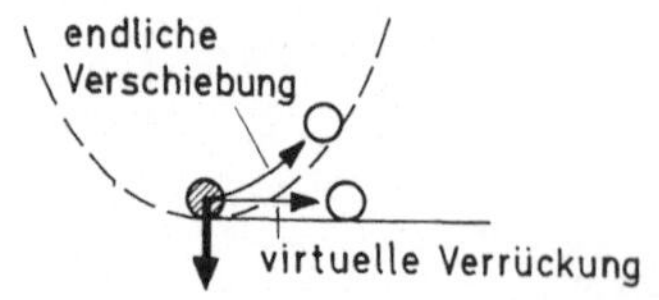

Bild 21.2. Unterschied zwischen virtueller Verrückung und endlicher Verschiebung

geleistete Arbeit wird nun in der Tat nur dann zu Null, wenn die Verschiebung in Richtung der Tangente an die Kurve stattfindet. Bei einer »endlichen« Verschiebung würde man Arbeit in das System hineinstecken müssen.

Zuletzt wäre noch die dritte Forderung zu begründen. Es darf danach $\Sigma A_\mathrm{v} = 0$ nicht durch eine spezielle Wahl von δ zustande kommen. Diese Forderung ist bei zwangläufigen Ketten, die ja nur einen Freiheitsgrad besitzen, einfach dadurch zu erfüllen, daß es ohne Einfluß sein muß, welche absolute Größe und welches Vorzeichen der gewählte Wert von δ hat.

Gewisse Schwierigkeiten in der Anschauung entstehen bei der Anwendung des Prinzips der virtuellen Verrückungen dadurch, daß man die infinitesimal kleinen Größen nur als endliche Größen zeichnen kann. Zum Beispiel widerspricht in Bild 21.2 auf den ersten Blick die Lage des Massenpunktes nach der virtuellen Verrückung scheinbar den Zwangsbedingungen, nach denen der Punkt auf der Bahn bleiben muß. Diese Schwierigkeit kann man dadurch beseitigen, daß man die virtuelle Verrückung noch durch ein Zeitelement dividiert und dann von virtuellen Geschwindigkeiten spricht. Diese Vorstellung ist bei der Einführung des Prinzips der virtuellen Verrückungen auch benutzt worden[8]. Im folgenden soll hiervon jedoch kein Gebrauch gemacht werden.

Die Gleichung $\Sigma A_\mathrm{v} = 0$ sagt in gedanklich komplizierterer Form dasselbe aus wie die Gleichgewichtsbedingungen. Man wird daher nach dem praktischen Wert des Prinzips der virtuellen Verrückungen fragen. Über die Zweckmäßigkeit seiner Anwendung müssen natürlich letzten Endes Beispiele entscheiden; eines läßt sich aber schon jetzt sagen: In der Gleichung $\Sigma A_\mathrm{v} = 0$ kommen weniger Kräfte vor als in den entsprechenden Gleichgewichtsbedingungen. Es müssen nämlich alle die Kräfte herausfallen, deren Angriffspunkt sich nicht verschiebt oder deren Verschiebungsvektor senkrecht zum Kraftvektor steht. Das ist mindestens der Fall bei allen Lagerkräften der zwangläufigen Kette.

21.2. Virtuelle Arbeit als Moment

Werden die Verschiebungen einer Kette durch Parallelenkonstruktion mit dem kinematischen Verschiebungsplan ermittelt, so wird eine einfache Berechnung der virtuellen Arbeit von Einzelkräften möglich. Für Momente ist sie nicht anwendbar.

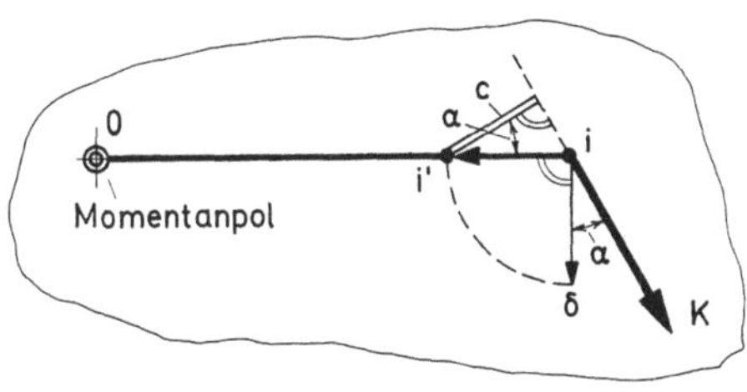

Bild 21.3. Virtuelle Arbeit als Moment

---

8 Nach H. Straub, *Geschichte der Bauingenieurkunst* (Basel 1949), S. 78, benutzt Johann Bernoulli in einem Brief von 26. Januar 1717 an Varignon den Ausdruck »vîtesses virtuelles«.

In Bild 21.3 ist eine beliebige Scheibe mit dem Pol 0 und einem Punkt i dargestellt. Der Winkel zwischen der in i angreifenden Kraft K und der virtuellen Verrückung δ sei α. Dann ist die virtuelle Arbeit von K auf δ

$$A_v = K\,\delta \cos\alpha = K\,c. \tag{21.5}$$

c ist dabei die Senkrechte von i' auf die Richtung von K. Es kann als Hebelarm von K in bezug auf i' aufgefaßt werden, d.h. *die virtuelle Arbeit einer Kraft ist gleich dem Moment der Kraft in bezug auf den Endpunkt der um 90° gedrehten Verschiebung.* Einer positiven Arbeit entspricht dabei ein rechtsdrehendes Moment.

Es ist selbstverständlich, daß diese Möglichkeit der Darstellung von A_v nicht mit einer Momentengleichgewichtsbedingung verwechselt werden darf. Das ergibt sich schon daraus, daß bei mehreren an einem System angreifenden Kräften zu jeder Kraft ein anderer Hebelarm gehört.

22. Beispiel zur Anwendung der kinematischen Methode

Zunächst sei ein Beispiel behandelt, das die Anwendung aller besprochenen Regeln erkennen läßt. Es ist allerdings noch kein Beispiel, bei dem die kinematische Methode zweckmäßiger als die bisherigen Gleichgewichtsmethoden ist.

Für das einfache Strebenfachwerk von Bild 22.1, das schon in Bild 16.5 und 19.1 behandelt wurde, sei die Obergurtstabkraft O bei einer Last P am Untergurt zu bestimmen. Nach Entfernung des Stabes sind in den Knoten 3 und 5 zwei Kräfte O anzubringen, damit wieder Gleichgewicht herrscht. Die kinematische Kette besteht aus zwei Scheiben I und II, deren Absolutpole in den Lagerpunkten liegen. Als virtuelle Verrückung wird eine Verschiebung von 1 angenommen. Nach Drehung um 90° erhält man 1'. Die Punkte 3' und 5' ergeben sich einerseits durch Parallelkonstruktion innerhalb der Scheiben I und II, andererseits durch die zu 3 und 5 gehörenden Polstrahlen (I)-3 und (II)-5. Entsprechend erhält man 2'. Damit sind alle benötigten Verschiebungen bekannt.

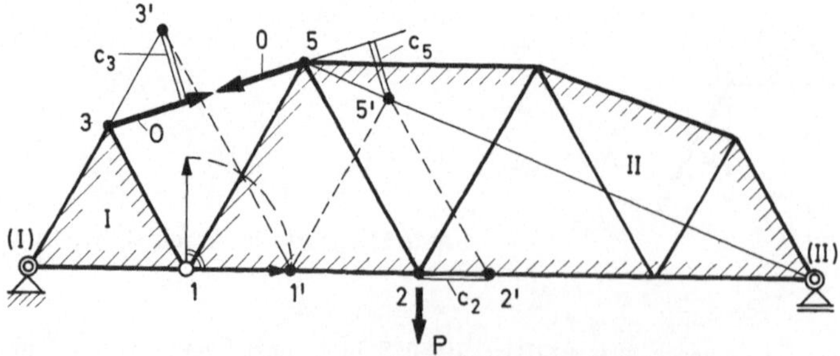

Bild 22.1. Anwendungsbeispiel für die kinematische Methode

Die virtuelle Arbeit der Last P und der beiden Kräfte O ergibt sich mit den Hebelarmen c_2, c_3, c_5 nach (21.5) zu

$$\Sigma A_v = 0 = -P c_2 - O c_3 - O c_5,$$

$$O = -\frac{c_2}{c_3+c_5} P. \tag{22.1}$$

Der Vorteil der kinematischen Methode ist aus dem obigen Beispiel klar ersichtlich: $\Sigma A_v = 0$ liefert direkt eine Beziehung, in der nur die Last P und die gesuchte Stabkraft vorkommen. Beim Ritterschen Schnittverfahren würde sich eine Gleichung ergeben, in der auch die Lagerkräfte enthalten wären. Sie müßten dann noch gesondert berechnet werden.

Trotz dieser Vorteile hat das kinematische Verfahren einen entscheidenden Nachteil, der an dem obigen Beispiel ebenfalls deutlich wird: Es ist ein graphisches Verfahren, das heute in der praktischen Anwendung numerischen Methoden unterlegen ist. Die Benutzung der Methode wird sich daher auf solche Sonderfälle beschränken, wo ihr Nachteil nicht zum Tragen kommt. Diese Fälle seien nunmehr behandelt.

23. Einflußlinien für Kraftgrößen statisch bestimmter Systeme

23.1. Definition der Einflußlinie

Die kinematische Methode ist bei der Ermittlung von Einflußlinien in der Regel allen anderen Verfahren überlegen. Die Einflußlinien seien daher als Beispiel für die praktische Anwendung der Kinematik als nächstes behandelt. Dabei sei zuerst eine Definition der Einflußlinie gegeben, die zugleich für statisch unbestimmte Systeme gilt. Die Anwendung muß sich aber vorläufig auf bestimmte Systeme beschränken.

Einflußlinien dürfen nicht mit Zustandslinien verwechselt werden. Die letzteren gelten für ruhende Lasten. Die Einflußlinien dienen jedoch der Erfassung wandernder Lasten. Damit ist nicht die Berücksichtigung kinetischer Effekte gemeint, sondern die Tatsache, daß z.B. der Einfluß des über eine Eisenbahnbrücke fahrenden Lastenzuges in jeder Stellung statisch untersucht werden muß. Diese Aufgabe kann man natürlich dadurch lösen, daß man die Brücke für hinreichend viele Laststellungen immer neu berechnet. Bei elektronischen Rechnungen ist dieser Weg durchaus diskutabel. Vielfach ist es aber wünschenswert, die allgemeine Gesetzmäßigkeit kennenzulernen, nach der sich eine statische Größe bei wandernder Last ändert. Hierzu ist die Ermittlung von Einflußlinien erforderlich.

Nach Bild 23.1 sei ein auf der linken Seite eingespannter Balken mit einem weiteren verschieblichen Lager und einem überkragenden Ende betrachtet. Über dieses statisch unbestimmte System wandere eine konstante Last P. Die Veränderlichkeit der Laststellung wird in der Skizze durch Punkte angedeutet und ferner dadurch gekennzeichnet, daß der Lastort stets die Veränderliche x hat. Gesucht sei die Auflagerkraft A in Abhängigkeit von P und x.

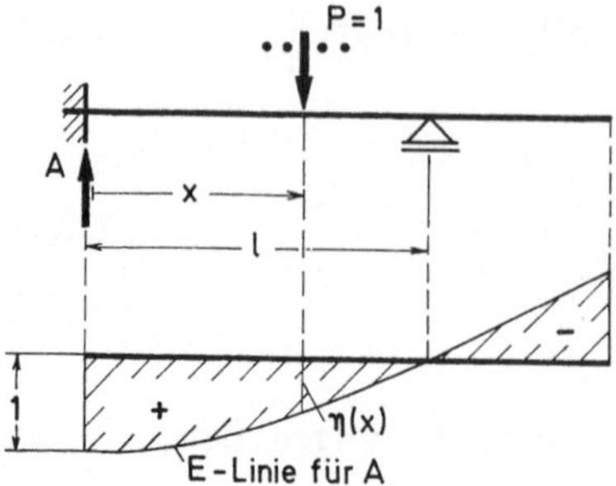

Bild 23.1. Zur Definition der Einflußlinie

Es sei zuerst die Abhängigkeit von P betrachtet. Im Abschnitt 16.5 war bereits das Superpositionsgesetz erwähnt und darauf hingewiesen worden, daß es für die statischen Größen starrer Systeme stets gilt. In diesem Fall genügt es daher, wenn man die Rechnung für irgendein P, z.B. für $P = 1$, durchführt. Für andere Werte von P braucht das Ergebnis dann nur proportional umgerechnet zu werden. Man erhält

$$A = A(P, x) = P\frac{A(1, x)}{1} = P\eta_A(x), \tag{23.1}$$

wobei $\eta_A(x)$ nur noch eine Funktion von x ist. Diese einfache Umrechnung ist auch bei statisch unbestimmten Systemen möglich, falls für sie ebenfalls das Superpositionsgesetz gilt. Es wird sich später zeigen, daß dies in der üblichen »linearen« Theorie statisch unbestimmter Systeme der Fall ist.

Die Funktion

$$\eta_A(x) = \frac{A(1, x)}{1}$$

ist nun bereits die Einflußlinie für die Auflagerkraft A. Hat man sie ermittelt, so liegt es nahe, sie unter der Systemskizze so aufzutragen, wie man es von den Zustandslinien her gewohnt ist, und wie es Bild 23.1 zeigt. Die Einflußlinie ist dort kurz als E-Linie bezeichnet. Positive Ordinaten werden wieder nach unten aufgetragen. Die Kurve wird durch eine seitliche Schraffur besonders hervorgehoben. Es ist leicht einzusehen, daß die Einflußlinie für A qualitativ etwa so aussehen muß, wie in Bild 23.1 dargestellt: Steht die Last bei $x = 0$, so muß A gleich der vollen Last sein. Bei $x = l$ muß $A = 0$ werden, da dann die Last ganz von dem verschieblichen Lager aufgenommen wird. Das Vorzeichen der Einflußlinie ist ebenfalls leicht verständlich. Die Berechnung im einzelnen ist hier zunächst ohne Interesse.

Allgemein sei $\eta(x)$ die Ordinate der Einflußlinie einer beliebigen statischen Kraftgröße F. Dann gelte als Definition

$$F = P\eta(x) \tag{23.2}$$

oder in Worten etwas anders ausgedrückt

$$\text{Einflußlinienordinate} = \frac{\text{Statische Größe für die Last Eins}}{\text{Last Eins}}$$

Die Einflußlinie liefert also den Wert einer statischen Größe für eine wandernde Einheitslast, wenn man die Dimension der Definition entsprechend berücksichtigt. Für eine Lagerkraft, eine Längskraft und eine Querkraft wird η dimensionslos; für ein Einspannmoment oder ein Biegemoment hat η die Dimension einer Länge.

Liegt die Einflußlinie für eine Größe F vor, so kann damit nicht nur für eine wandernde Einzellast, sondern auch für einen aus mehreren Lasten bestehenden Lastenzug die Größe F durch Superposition leicht gefunden werden. Es ist für eine bestimmte Stellung des Lastenzuges

$$F = P_1\,\eta_1 + P_2\,\eta_2 + \ldots = \Sigma P\eta. \tag{23.3}$$

Bei einer Streckenlast p, wie sie z.B. zur Erfassung der Güterwagen eines Lastenzuges in Betracht kommt, ist $P = p\,dx$ zu setzen und zu integrieren. Erstreckt sich p über einen Bereich zwischen den Grenzen a und b, so gilt[9]

$$F = \int_a^b p\eta\,dx. \tag{23.4}$$

Anwendungsbeispiele folgen, sobald einige Einflußlinien ermittelt sind.

23.2. Methoden zur Ermittlung von Einflußlinien

Die folgenden Betrachtungen des Abschnittes E beziehen sich nur auf statisch bestimmte Systeme.

Die Einflußlinien sind in manchen Fällen so einfach, daß eine besondere Methode zu ihrer Berechnung nicht benötigt wird. Ein Beispiel zeigt Bild 23.2,

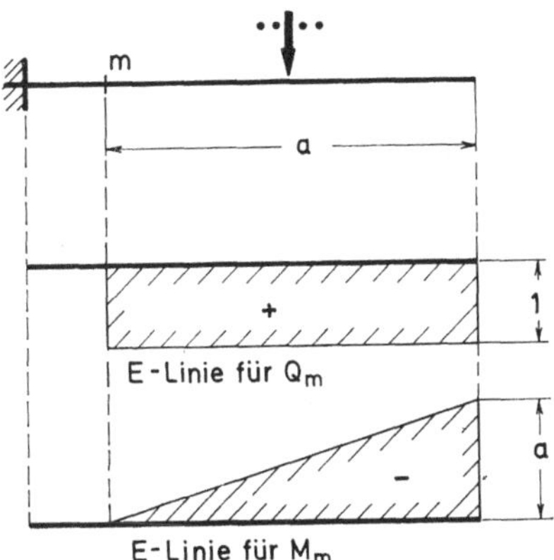

Bild 23.2. Einflußlinien für einen einseitig eingespannten Träger

---

9 In der Theorie der Integralgleichungen wird η als Greensche Funktion bezeichnet.

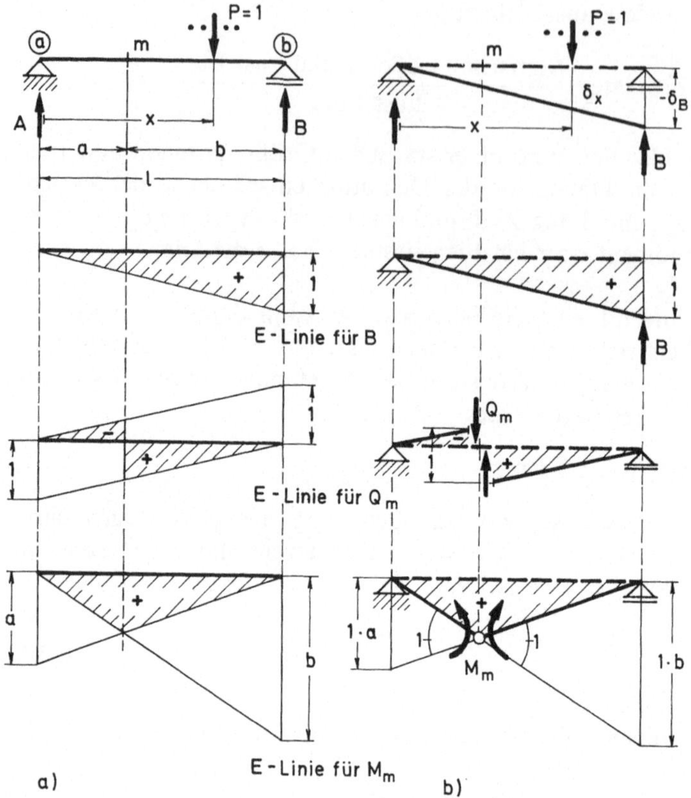

Bild 23.3a u. b. Einflußlinien eines Balkons auf zwei Stützen

wo für einen eingespannten Balken die Einflußlinien für Querkraft und Biegemoment an einer Stelle m dargestellt sind. Man bestätigt sofort, daß bei jeder Laststellung rechts von m die Querkraft Q_m konstant und das Biegemoment M_m proportional dem Abstand von m ist. Wenn die Last links von m steht, erzeugt sie in m überhaupt keine Beanspruchung.

Bei einem Balken auf zwei Stützen kann man die Einflußlinien wie folgt aus den Gleichgewichtsbedingungen ausrechnen. Das Ergebnis der Rechnung ist dann in Bild 23.3a dargestellt. Für die Auflagerkraft A erhält man aus $\Sigma M_{ⓑ}=0$

$$A = 1 \cdot \frac{l-x}{l}, \qquad \eta_A = 1 - \frac{x}{l} \qquad\qquad (23.5\,\text{a, b})$$

und entsprechend für B aus $\Sigma M_{ⓐ}=0$

$$B = 1 \cdot \frac{x}{l}, \qquad \eta_B = \frac{x}{l}. \qquad\qquad (23.6\,\text{a, b})$$

Die beiden Ausdrücke für η_A und η_B ergeben gerade Linien. In Bild 23.3a ist nur die Einflußlinie für B aufgetragen.

Zur Bestimmung von η für die Querkraft Q_m wird ein Schnitt an der Stelle m gelegt und das Gleichgewicht am rechten oder linken Trägerteil betrachtet, je nachdem, ob die Last links oder rechts von m steht. Man erhält für eine Laststellung links von m

$$x \leqq a: \quad Q_m = -B = -1 \cdot \frac{x}{l},$$

$$\eta_Q = -\frac{x}{l} \tag{23.7 a}$$

und für eine Laststellung rechts von m

$$x \geqq a: \quad Q_m = A = 1 \cdot \left(1 - \frac{x}{l}\right),$$

$$\eta_Q = 1 - \frac{x}{l}. \tag{23.7 b}$$

Es ergeben sich so die beiden in Bild 23.3 a aufgetragenen Parallelen, wobei die Einflußlinie an der Stelle m sprunghaft von einer Geraden zur anderen überwechselt.

Ganz entsprechend erhält man für die Einflußlinie des Biegemomentes M_m folgende Ausdrücke

$$x \leqq a: \quad M_m = Bb = 1 \cdot \frac{x}{l} b,$$

$$\eta_M = b \frac{x}{l}, \tag{23.8 a}$$

$$x \geqq a: \quad M_m = A a = 1 \cdot \frac{l-x}{l} a,$$

$$\eta_M = a \left(1 - \frac{x}{l}\right). \tag{23.8 b}$$

Die Auftragung nach Bild 23.3 a ergibt für die Einflußlinie ein Dreieck, dessen Spitze unter der Stelle m liegt.

Der hier beschriebene Weg zur Berechnung der Einflußlinien aus Gleichgewichtsbedingungen an geeigneten Schnitten sei als »Gleichgewichtsmethode« bezeichnet. Zweckmäßiger ist jedoch die kinematische Methode, die von jetzt ab allein benutzt sei.

In der obersten Skizze von Bild 23.3 b ist der Balken im verschobenen Zustand so dargestellt, wie es zur Anwendung des Prinzips der virtuellen Verrückungen bei Berechnung der Auflagerkraft B erforderlich ist; d.h. der Zusammenhang zwischen Balken und Lager wird gelöst, so daß sich der Balken um das linke Lager frei drehen kann. Die Verschiebung an der Stelle x sei δ_x, am rechten Auflager δ_B. Beide Verschiebungen seien positiv, wenn sie dieselbe Richtung wie die zugehörigen Kräfte haben. Bei der in Abb. 23.3 b skizzierten Balkendrehung ist dann δ_x positiv, δ_B negativ.

Nach dem Prinzip der virtuellen Verrückungen wird nun

$$1 \cdot \delta_x - B(-\delta_B) = 0, \qquad B = 1 \cdot \frac{\delta_x}{-\delta_B}.$$

Hierdurch ist bereits B als Funktion von x und damit die Einflußlinienordinate gegeben zu

$$\eta_B = \frac{\delta_x}{-\delta_B}. \tag{23.9}$$

Der Maßstab für die virtuellen Verrückungen ist beliebig. Er kann also auch so gewählt werden, daß $\delta_B = -1$ wird. Man erhält dann aus (9)

$$\eta_B = \frac{\delta_x}{1}. \tag{23.10}$$

Die im allgemeinen dimensionsbehaftete Eins wird zweckmäßig mitgeschrieben, um Dimensionsfehler zu vermeiden.

Versteht man nun allgemein unter δ_F die virtuelle Verrückung am Ort und in Richtung einer beliebigen statischen Kraftgröße F bei der »zugehörigen« kinematischen Kette, die durch Entfernung der zu F gehörigen Bindung entsteht, so gilt entsprechend (10)

$$\delta_F = -1, \qquad \eta = \frac{\delta_x}{1}. \tag{23.11 a, b}$$

Dieses Ergebnis ist außerordentlich anschaulich: *Das Bild des verschobenen Systems stellt unmittelbar die Einflußlinie dar, wenn der Verschiebung in Richtung der statischen Größe der Wert -1 erteilt wird.* Die Dimension ist dabei besonders zu beachten: Der Faktor Eins im Nenner der rechten Seite von (11 b) hat bei Lagerkräften und Schnittkräften die Dimension L und ist nur bei Einspannmomenten und Biegemomenten dimensionslos.

Die kinematische Darstellung der Einflußlinien für Lagerkraft, Querkraft und Biegemoment des Balkens auf zwei Stützen zeigt Bild 23.3 b. Die Übereinstimmung mit den nach der Gleichgewichtsmethode erhaltenen Ergebnissen nach Bild 23.3 a ist offensichtlich. Bei der Querkrafteinflußlinie ist $\delta_F = \delta_Q$ die gegenseitige Verschiebung der beiden Stabteile, die sich parallel zueinander verschieben müssen. Beim Biegemoment ist $\delta_F = \delta_M$ die gegenseitige Verdrehung der im Gelenk zusammenstoßenden Stabteile.

Aus der kinematischen Darstellung der Einflußlinien ergibt sich sofort folgender Tatbestand: *Bei statisch bestimmten Systemen setzen sich die Einflußli-*

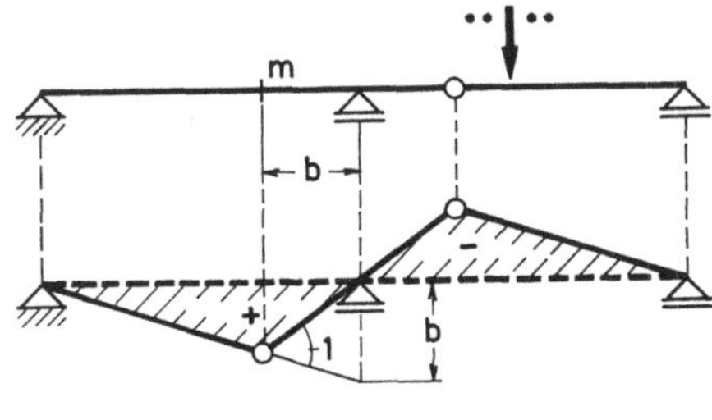

Bild 23.4. Einflußlinie für einen Gelenkträger

nien aus geraden Linien zusammen, da die Verschiebungen jeder Scheibe geradlinig mit dem Abstand von ihrem Absolutpol anwachsen. Daraus folgt auch, daß jede der Geraden, aus denen sich eine Einflußlinie zusammensetzt, im Absolutpol der zugehörigen Scheibe einen Nullpunkt hat, und daß zwei Geraden sich im Relativpol der zugehörigen Scheiben schneiden. Ein Beispiel, das dieses noch einmal deutlich macht, zeigt Bild 23.4.

23.3. Weiteres zur kinematischen Methode für die Ermittlung von Einflußlinien

Die Erkenntnisse des vorigen Abschnitts, insbesondere die Gleichungen (11), wurden an den Beispielen von Bild 23.3 und 23.4 gewonnen bzw. bestätigt. Dieses sind jedoch sehr einfache Beispiele gerader Balken, wo z.B. Absolut- und Relativpole, ferner der Angriffspunkt von P und der Ort der statischen Größe, für welche die Einflußlinie gesucht wurde, sämtlich auf der Balkenachse lagen. Ist das nicht mehr der Fall, so können folgende Änderungen notwendig werden.

In Bild 23.5 ist eine beliebige Scheibe angedeutet, die sich um den Momentanpol 0 dreht. Die Punkte A und B sind die Angriffspunkte der wandernden Last und der statischen Größe F, die man sich etwa als Lagerkraft vorstellen kann. A, B und 0 liegen nicht auf einer Geraden. Die Ordinaten der Einflußlinie für F seien von einer Geraden aus aufgetragen, die senkrecht zur Richtung der Last steht. Die Einflußlinie wird also nicht mehr in die Systemskizze hineingezeichnet.

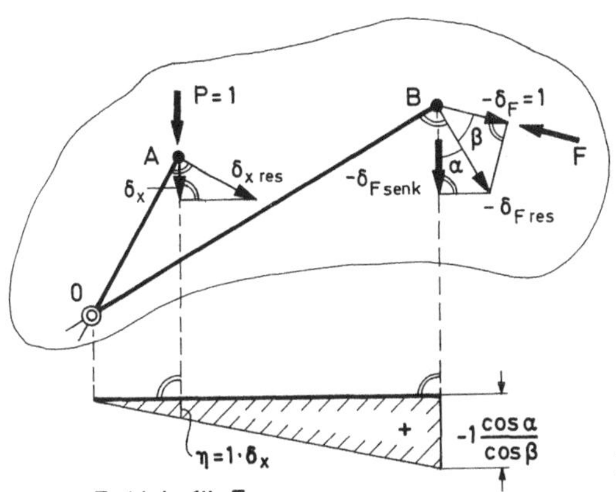

Bild 23.5. Einflußlinie bei beliebiger Lage von Lastangriffspunkt und statischer Größe

Es sei zunächst der Punkt A betrachtet. Seine Verschiebung steht senkrecht zum Polstrahl und sei als resultierende Verschiebung $\delta_{x\,res}$ bezeichnet. Bei Berechnung der virtuellen Arbeit ist nur die Komponente von $\delta_{x\,res}$ in Richtung von P zu nehmen. Bezeichnet man sie wie bisher mit δ_x, so ist die virtuelle Arbeit der Last P nach (11b) richtig erfaßt und Änderungen infolge der unterschiedlichen Höhenlage von 0 und A sind nicht erforderlich.

Anders liegen die Verhältnisse im Punkte B. Hier sind drei Richtungen zu unterscheiden: Die Richtung der auf dem Polstrahl senkrecht stehenden Verschiebung $\delta_{F\,res}$, die ihrer Komponente δ_F in Richtung von F und schließlich die Richtung der Komponente $\delta_{F\,senk}$ senkrecht zur Nullinie der Einflußlinie, d.h. parallel zu P. Die virtuelle Arbeit von F ist dann $F\delta_F$ wie im Abschnitt 23.2, so daß auch (11a) gültig bleibt. Es muß aber noch beachtet werden, daß die Einflußordinate in B in Richtung von $\delta_{F\,senk}$ gemessen wird. Man erhält nach Bild 23.5

$$\delta_{F\,res}\cos\alpha = \delta_{F\,senk}, \qquad \delta_{F\,res}\cos\beta = \delta_F,$$

$$\delta_{F\,senk} = \delta_F \frac{\cos\alpha}{\cos\beta}.$$

Soll $\delta_F = -1$ werden, so muß also

$$\delta_{F\,senk} = -1 \cdot \frac{\cos\alpha}{\cos\beta} \tag{23.12}$$

sein. Die Gleichungen (11) bleiben demnach gültig; es ist nur zusätzlich (12) zu berücksichtigen.

Die bereits gewonnenen Aussagen über Nullpunkte und Knickpunkte der Einflußlinien bedürfen ebenfalls keiner Änderung, wenn man nur beachtet, daß z.B. ein Einflußliniennullpunkt »unter dem« statt »im« Absolutpol liegt.

Handelt es sich bei δ_F nicht um eine Verschiebung, sondern eine Verdrehung — wie in Bild 23.3 bei M_m —, so ist die obige Betrachtung, die zu (12) führte, gegenstandslos und braucht nicht weiter beachtet zu werden.

Zur Erläuterung möge das Beispiel von Bild 23.6 dienen, wo die Einflußlinie für die Querkraft eines Dreigelenkbogens dargestellt ist. Die Ermittlung der Pole war bereits in Bild 20.6 gezeigt worden. Für die Einflußlinie ist wichtig, daß die resultierende Relativverschiebung zwischen den Scheiben I und II senkrecht zur Stabachse steht und mit der Verschiebung in Richtung Q_m zusammenfällt. Es gilt also

$$\delta_{Q\,res} = \delta_Q, \qquad \beta = 0.$$

Der Winkel α ist aber nicht gleich Null, so daß bei der Einflußlinie die beiden Parallelen, die zu den Scheiben I und II gehören, den Abstand $1\cdot\cos\alpha$ voneinander haben müssen.

Als nächstes Beispiel sei der Fachwerkträger betrachtet, der schon mehrfach untersucht wurde. Nach Bild 23.7 sei die Einflußlinie für die angegebene Unter-

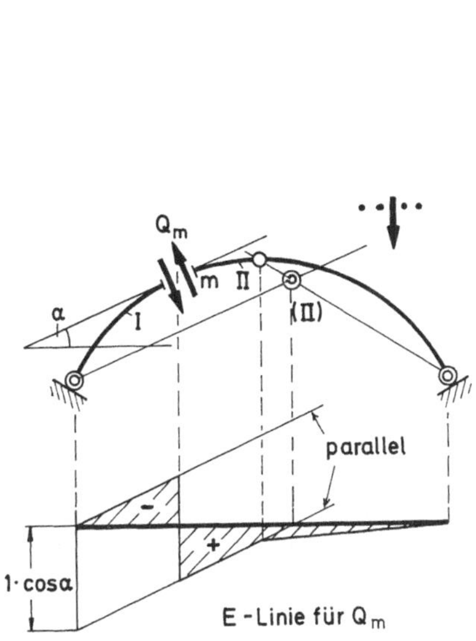

Bild 23.6. Einflußlinie für die Querkraft eines Dreigelenkbogens

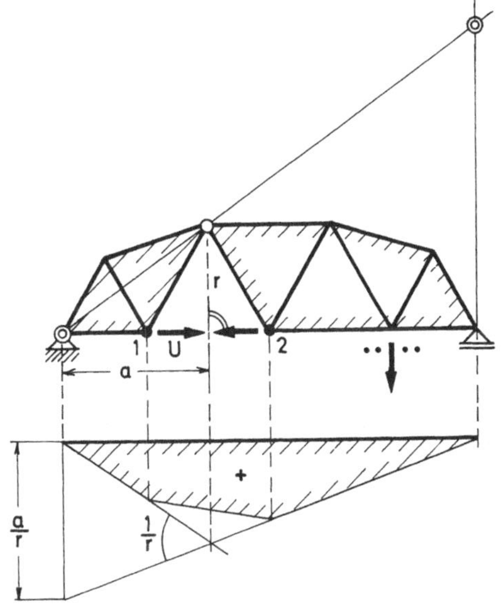

Bild 23.7. Einflußlinie für die Untergurtstabkraft eines Fachwerkträgers

gurtstabkraft U ermittelt. Der Polplan bereitet keine Schwierigkeiten. Der anzunehmende Verschiebungszustand ist ebenfalls sehr einfach und für die Stabkräfte aller Fachwerke einheitlich: *Die Querschnittsufer des durchschnittenen Stabes müssen um den Betrag Eins auseinander gedrückt werden.* Es ergibt sich damit die in Bild 23.7 dargestellte Einflußlinie als Verschiebungslinie des Untergurtes. Die gegenseitige Verdrehung der beiden Scheiben der Kette ist $1/r$, wobei r der Abstand des Relativpols vom Untergurtstab ist. Den Winkel $1/r$ müssen dann auch die beiden zugehörigen Geraden der Einflußlinie miteinander bilden. Multipliziert man diesen Winkel mit dem Abstand a, so kann man durch die unter dem linken Auflager aufgetragene Ordinate a/r die Einflußlinie bequem festlegen.

Eine zusätzliche Betrachtung ist allerdings noch erforderlich, um die Einflußlinie zwischen den Punkten 1 und 2 zu ermitteln. Da ein Fachwerk nur in den Knotenpunkten belastet werden kann, hat die ganze Einflußlinie zunächst sowieso nur in einzelnen Punkten Gültigkeit und der Übergang zwischen zwei Knotenpunkten erfordert noch eine besondere Verabredung. Man nimmt an, daß die Verbindung zweier Knoten jeweils durch einen Längsträger hergestellt wird, der als biegesteifer Balken auf zwei Stützen die Last — über Querträger — in die Knoten einleitet. Da bei einer Einflußlinie stets die Verschiebung δ_x derjenigen Systemteile in Frage kommt, an denen die wandernde Last angreift, ist hier die von den Längsträgern gebildete Verschiebungslinie aufzutragen. Zwischen zwei benachbarten Knoten muß danach die Einflußlinie ohne Knick verlaufen. In Bild 23.7 äußert sich diese Forderung so, daß die Ordinaten an den Stellen 1 und 2 geradlinig zu verbinden sind, um die Einflußlinie im Zwischenbereich zu bekommen. Diese Annahme über eine »indirekte Lasteinleitung« kann allerdings für die Praxis nur der Ausgangspunkt einer Rechnung sein, bei der die Einzelheiten der Konstruktion berücksichtigt werden müssen.

Es sei noch erwähnt, daß die Einflußlinie von Bild 23.7 auch nach der Gleichgewichtsmethode leicht zu bestätigen ist, wenn man die Darstellung der Untergurtstabkraft nach dem Ritterschen Schnittverfahren heranzieht (Bild 16.5 und Gleichung (16.3 b)). Der Relativpol in Bild 23.7 wird dabei zum Ritterschen Bezugspunkt und die Einflußlinie für U wird bis auf den Faktor $1/r$ — bzw. $1/r_b$ in (16.3 b) — zur Einflußlinie für das Biegemoment eines Balkens auf zwei Stützen. Die indirekte Lastübertragung muß natürlich wieder gesondert berücksichtigt werden.

23.4. Auswertung von Einflußlinien

Zum Abschluß der Betrachtungen über die Einflußlinien statisch bestimmter Systeme seien zwei Beispiele für die Auswertung von Einflußlinien angegeben. Sie sind sehr einfach, so daß sich die Richtigkeit des Ergebnisses sofort bestätigen läßt.

Nach Bild 23.8 a ist für zwei gleich große, symmetrisch zur Mitte eines Balkens auf zwei Stützen angeordnete Einzellasten die Querkraft im Bereich zwischen den beiden Lasten

$$\text{für}\quad a < x < (l-a)\!: \quad Q_m = P\,\eta_1 + P\,\eta_2 = 0,$$

da $\eta_1 = -\eta_2$ ist.

Nach Bild 23.8 b gilt für das Biegemoment in Balkenmitte bei gleichmäßig verteilter Belastung p

$$\text{für}\quad x = l/2\!: \quad M_m = 2 \int_0^{l/2} p\,\eta\,\mathrm{d}x$$

$$\text{und mit}\quad \eta = \frac{l/2}{l}\,x = \frac{x}{2}$$

$$M_m = 2p \int_0^{l/2} \frac{x}{2}\,\mathrm{d}x = \frac{p\,l^2}{8}.$$

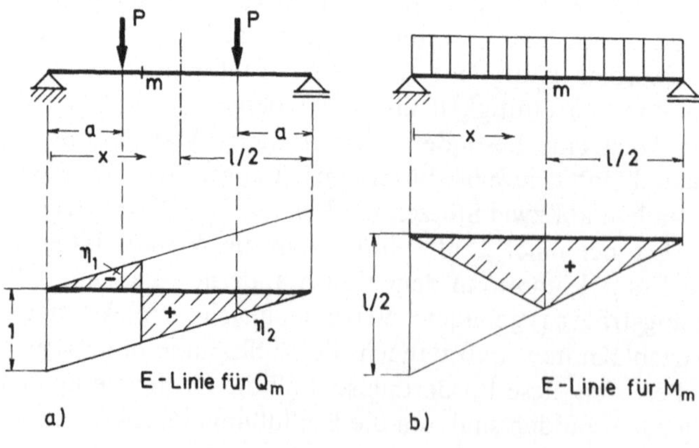

Bild 23.8 a u. b.
Zur Auswertung
der Einflußlinien

F. Ausnahmefall der Statik

24. Erläuterung der Problemstellung. Nennerdeterminante

Neben den Einflußlinien gibt es noch einen anderen Problemkreis, in dem die Kinematik gute Dienste leistet. Allerdings können auch andere Methoden zweckmäßig sein.

In Abschnitt D waren die Abzählbedingungen aufgestellt worden, die aussagen, wieviel Auflagerreaktionen a und Zwischenreaktionen z bzw. Stabkräfte r mindestens erforderlich sind, um ein System unverschieblich und damit praktisch brauchbar zu machen. Diese Angabe der erforderlichen Anzahl liefert selbstverständlich keine Auskunft darüber, ob die $a+z$ bzw. $a+r$ Größen innerhalb des Systems auch zweckmäßig angeordnet sind. Es kann in der Tat der Fall eintreten, daß ein System verschieblich und damit unbrauchbar ist, obwohl die Abzählbedingung für statische Bestimmtheit oder Unbestimmtheit erfüllt ist. Dieser Fall wird als *Ausnahmefall der Statik* bezeichnet.

Ein einfaches Beispiel zeigt Bild 24.1. Ein in sich unverschiebliches Fachwerk, das durch die Kräfte P und W belastet wird, sei durch drei Stabkräfte S_1, S_2, S_3 gestützt. S_1 und S_2 verlaufen senkrecht, S_3 bildet den Winkel α mit der Senkrechten. Man sieht anschaulich sofort ein, daß für $\alpha = 0$ ein verschiebliches System entsteht, das seitlich »umklappen« kann und für W nicht im Gleichgewicht ist. Dieser Grenzübergang $\alpha \to 0$ sei nun an den Gleichgewichtsbedingungen im einzelnen nachvollzogen.

Für das von den Stützen abgeschnittene Fachwerk ergibt sich als Gleichgewichtsbedingung in horizontaler und vertikaler Richtung und für das Momentengleichgewicht um den Anschlußpunkt der mittleren Stütze

$$0 + 0 \ + \ \sin\alpha\, S_3 + W = 0,$$

$$S_1 + S_2 + \ \cos\alpha\, S_3 + P \ = 0,$$

$$a\,S_1 + 0 \ - a\cos\alpha\, S_3 + 0 \ = 0.$$

Die Gleichgewichtsbedingungen sind dabei so geschrieben, daß sich ihre Auflösung durch Determinanten anbietet. Wird die Nennerdeterminante mit N und

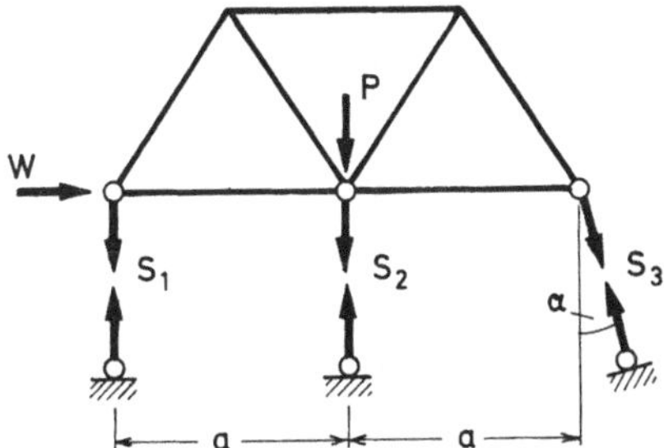

Bild 24.1. Zum Ausnahmefall der Statik

die Zählerdeterminante für S_3 mit Z_3 bezeichnet, so gilt

$$N = \begin{vmatrix} 0 & 0 & \sin\alpha \\ 1 & 1 & \cos\alpha \\ a & 0 & -a\cos\alpha \end{vmatrix} = -a\sin\alpha,$$

$$Z_3 = \begin{vmatrix} 0 & 0 & -W \\ 1 & 1 & -P \\ a & 0 & 0 \end{vmatrix} = Wa,$$

$$S_3 = \frac{Z_3}{N} = -\frac{W}{\sin\alpha}. \tag{24.1}$$

Dieses Ergebnis, daß die negative Horizontalkomponente von S_3 die Kraft W aufnehmen muß, hätte man natürlich auch bekommen können, ohne die Determinantentheorie zu bemühen. Bei der Darstellung, die zu Gleichung (1) führt, wird jedoch deutlich, *daß für den Ausnahmefall das Verschwinden der Nennerdeterminante als Kennzeichen angesehen werden kann.* Soll dieses Kriterium hinreichend sein, so muß allerdings das Gleichungssystem aller Unbekannten — beim Fachwerk der $a+r$ Größen — betrachtet werden. Bei dem System von Bild 24.1 ist vorausgesetzt, daß das Strebenfachwerk in sich unverschieblich ist und daher nur die Stützkräfte untersucht zu werden brauchen.

Gleichung (1) kann noch einige weitere Erkenntnisse liefern. Wenn die Horizontalkomponente $-S_3\sin\alpha$ gleich der konstanten Kraft W sein soll, so muß bei kleiner werdendem α die Stabkraft S_3 größer werden und in der Grenze nach unendlich gehen. Stellt man also bei einer Rechnung fest, *daß einzelne Kraftgrößen unendlich groß werden, so ist das ebenfalls ein Kennzeichen für den Ausnahmefall.*

Hierbei muß vorausgesetzt werden, daß die Belastung hinreichend allgemein ist und nicht gerade die Lastanteile fehlen, die im Grenzfall für das Unendlichwerden verantwortlich sind. Bei dem System von Bild 24.1 ist das letztere der Fall, wenn $W=0$ ist. Das Gleichgewicht ist dann zwar in horizontaler Richtung nicht gestört, das System aber trotzdem unbrauchbar. Die Rechnung liefert dabei nach (1) das Ergebnis $S_3 = 0/0$. Aus den Gleichgewichtsbedingungen ist also S_3 nicht bestimmbar. Man müßte zur Ermittlung von S_3 eine statisch unbestimmte Rechnung durchführen, da das Fachwerk in senkrechter Richtung durch eine Stabkraft zuviel gestützt wäre, um alle Stützkräfte stereostatisch bestimmt berechnen zu können. *Wenn also bei einem System, das den Abzählbedingungen nach statisch bestimmt ist, einzelne Kraftgrößen statisch unbestimmt werden, so ist auch damit der Ausnahmefall gekennzeichnet.*

25. Benutzung der Stabvertauschung

Die Untersuchung der Nennerdeterminante kann sehr aufwendig werden. Auch bei elektronischen Rechnungen ist nicht leicht zu entscheiden, ob ein Programmierfehler, ein Fehler im Rechenverfahren oder ein Strukturfehler des Systems

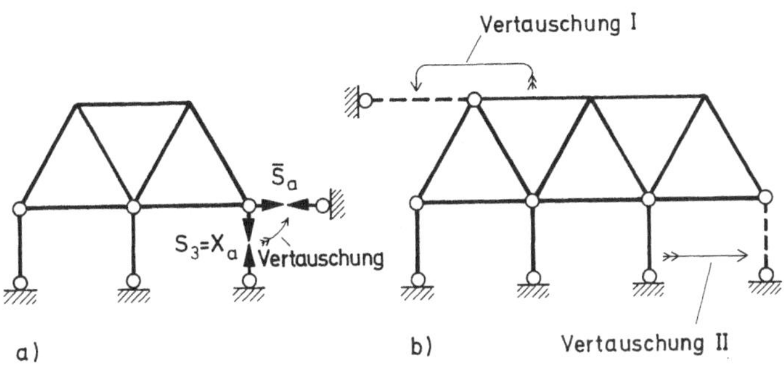

Bild 25.1a u. b. Methode der Stabvertauschung bei Verschieblichkeitsuntersuchungen

vorliegt, wenn ein Nullwerden oder ein »Fast-zu-Null-werden« der Nennerdeterminante auftritt. Bei einem Strukturfehler genügt es natürlich nicht zu wissen, daß ein solcher Fehler vorliegt; man muß auch angeben können, wo der Fehler liegt, und wie er konstruktiv beseitigt werden kann.

Die Methode der Stabvertauschung ist nun ein Verfahren, bei dem ein bestimmtes Konstruktionsglied eines Fachwerks gezielt geprüft werden kann, ob es richtig oder falsch angeordnet ist.

In Bild 25.1 ist dasselbe Fachwerk wie in Bild 24.1 skizziert. Der Stab mit der Stabkraft S_3, die jetzt mit X_a bezeichnet sei, möge in der angegebenen Weise vertauscht werden. Für die Stabkraft $\bar{S}_a$ im vertauschten Stab gilt dann nach Gl. (16.4a) mit $X_b = 0$, $X_c = 0, \dots$

$$\bar{S}_a = \bar{S}_{a,\mathrm{L}} + \bar{S}_{a,a} X_a = 0,$$

$$X_a = -\frac{\bar{S}_{a,\mathrm{L}}}{\bar{S}_{a,a}}.$$

(24.2)

Man erkennt daraus, daß X_a unendlich wird, wenn $\bar{S}_{a,a}$ nach Null geht. *Der Ausnahmefall liegt also vor, wenn die Stabkraft im vertauschten Stab bei Belastung des Systems mit X_a zu Null wird.* Daß bei dem System von Bild 25.1a in der Tat $\bar{S}_{a,a} = 0$ wird, erkennt man sofort aus der Betrachtung des Gleichgewichtes für das ganze System in horizontaler Richtung.

Da die Gleichung (2) nur über *einen* Stab etwas aussagt, *ist die Bedingung $\bar{S}_{a,a} \neq 0$ nur notwendig aber nicht hinreichend für eine Unverschieblichkeit des Systems.* Führt man z.B. in Bild 25.1b die mit I bezeichnete Vertauschung durch, so hat man damit nur einen Systemteil geprüft, der nicht verschieblich ist; entsprechend wird $\bar{S}_{a,a} \neq 0$.

Selbstverständlich kann man auch mehr als einen Stab gleichzeitig vertauschen und damit mehrere Stäbe zusammen auf brauchbare Anordnung untersuchen. Man müßte dann die Nennerdeterminante des zugehörigen Gleichungssystems (16.4) betrachten. Hierbei würde aber der Vorteil der Einfachheit und Übersichtlichkeit der Methode verloren gehen.

Es muß noch erwähnt werden, daß man auch einen für die Verschieblichkeit verantwortlichen Stab vertauschen kann und trotzdem $\bar{S}_{a,a} \neq 0$ bekommt. Eine

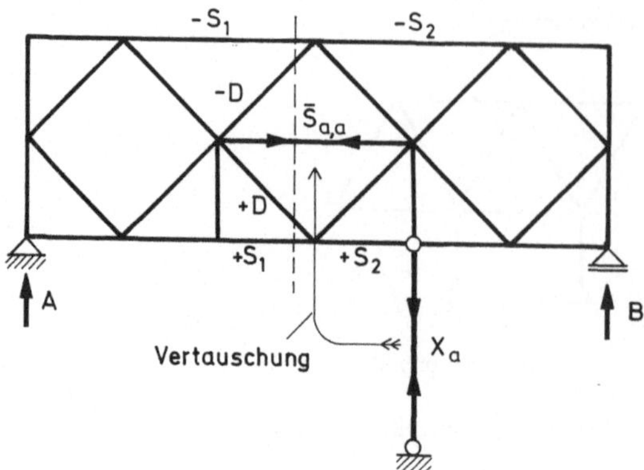

Bild 25.2. Methode der Stabvertauschung bei einem Rautenfachwerk

derartige unbrauchbare Vertauschung ist in Bild 25.1 b mit II bezeichnet. Dieser Sonderfall ist dadurch gekennzeichnet, daß nach der Vertauschung wieder ein verschiebliches System entstanden ist und die Berechnung von $\bar{S}_{a,a}$ nur statisch unbestimmt möglich wäre. Man erkennt auch hieraus, daß die Bedingung $\bar{S}_{a,a} \neq 0$ nur als notwendig für die Unverschieblichkeit angesehen werden kann.

Als Beispiel für die Methode der Stabvertauschung sei das in Bild 25.2 dargestellte Rautenfachwerk behandelt. Es ist den Abzählbedingungen nach statisch bestimmt:

$$a + r = 2k \quad \text{mit} \quad a = 5, \quad r = 29, \quad k = 17.$$

Denkt man sich die Stabkräfte des Fachwerks nach der angegebenen Stabvertauschung durch einen Cremonaplan ermittelt, so läßt sich leicht $\bar{S}_{a,a}$ angeben, wenn die Belastung aus X_a besteht. Von den Auflagern ausgehend kommt man dann zunächst zu dem Ergebnis, daß die Ober- und Untergurtstabkräfte einander entgegengesetzt gleich sind, wie es Bild 25.2 zeigt. Dabei ist $S_2 > S_1$, weil $B > A$ ist. Die Differenz $S_2 - S_1$ am Untergurt bzw. $(-S_2) - (-S_1)$ am Obergurt erzeugt dann die Diagonalstabkräfte $+D$ bzw. $-D$. Durchschneidet man nun das Tragwerk, wie angegeben, so folgt aus dem Gleichgewicht für einen Trägerteil, daß $\bar{S}_{a,a} = 0$ wird und das Fachwerk verschieblich ist.

26. Benutzung der Kinematik

Am anschaulichsten ist für die Entscheidung, ob der Ausnahmefall vorliegt oder nicht, die kinematische Methode, die für Fachwerke und biegesteife Tragwerke gleich gut anwendbar ist. Als Kriterium gilt hier einfach, *daß ein Tragwerk verschieblich ist, wenn sich ohne Entfernung einer statischen Größe widerspruchsfrei ein Polplan oder eine Figur F' zeichnen läßt.*

Als Beispiele für die Benutzung von Polplänen mögen die Systeme von Bild 26.1 a, b dienen. Das erste System ist verschieblich, weil sich die Absolutpole der drei Scheiben, insbesondere der von Scheibe II, widerspruchsfrei ergeben.

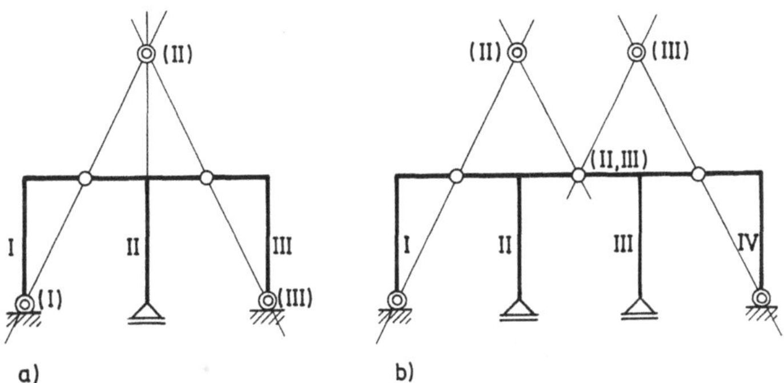

Bild 26.1 a u. b. Kinematische Methode bei Verschieblichkeitsuntersuchungen

Das Tragwerk von Bild 26.1 b ist dagegen unverschieblich, weil die Pole (II), (II, III) und (III) nicht auf einer Geraden liegen.

Ein Beispiel, bei dem die Figur F' zur Verschieblichkeitsuntersuchung benutzt wird, folgt im nächsten Abschnitt.

G. Räumliche Systeme

27. Räumliche Fachwerke

Bisher wurden nur ebene Systeme mit einer Belastung in der Systemebene untersucht. Es seien jetzt auch räumliche Systeme und zwar zunächst räumliche Fachwerke betrachtet.

Denkt man sich bei einem derartigen Fachwerk die einzelnen Stäbe an den Knotenpunkten völlig reibungsfrei miteinander verbunden, so entsteht wieder ein ideales Gelenkfachwerk. Für die Knoten eines solchen Fachwerks sind die drei Momentengleichgewichtsbedingungen des Raumes stets erfüllt und es verbleiben nur die drei Kräftegleichgewichtsbedingungen. Die Abzählbedingungen eines räumlichen Fachwerks für statische Bestimmtheit oder Unbestimmtheit ergeben sich dann mit denselben Bezeichnungen wie in Abschnitt 17 zu

$$a + r = 3k \quad \text{statisch bestimmt,}$$
$$a + r > 3k \quad \text{statisch unbestimmt.} \tag{27.1 a, b}$$

Die Gleichgewichtsbedingungen für die in einem Knoten zusammenstoßenden Stabkräfte lassen sich ebenfalls leicht aus den für das ebene Fachwerk gültigen Gleichungen (16.1) und (16.2) gewinnen. Man hat nur zu beachten, daß zur Festlegung eines Stabes im Raum jetzt ein dreiachsiges Koordinatensystem x, y, z benötigt wird und eine Gleichgewichtsbedingung in y-Richtung mit einer Lastkomponente P_y hinzukommt (vgl. Bild 16.3). Für die Stablängen erhält man dann

$$s_i = \sqrt{(x_i - x_0)^2 + (y_i - y_0)^2 + (z_i - z_0)^2} \tag{27.2}$$

und für die Gleichgewichtsbedingungen

$$\sum_{i=1}^{i=n} \frac{S_i}{s_i}(x_i - x_0) + P_x = 0, \tag{27.3 a}$$

$$\sum_{i=1}^{i=n} \frac{S_i}{s_i}(y_i - y_0) + P_y = 0, \tag{27.3 b}$$

$$\sum_{i=1}^{i=n} \frac{S_i}{s_i}(z_i - z_0) + P_z = 0. \tag{27.3 c}$$

Bild 27.1 a u. b. Fünfseitige Schwedler- und Netzwerkkuppel

Es seien nun noch einige Fachwerksysteme besprochen, die für Kuppelkonstruktionen in Betracht kommen können. Bild 27.1 a zeigt eine »Schwedler-Kuppel«, Bild 27.1 b eine »Netzwerkkuppel«. Bei der Schwedler-Kuppel[10] liegen drei fünfeckige (dick gezeichnete) »Ringe« in verschiedenen Ebenen übereinander. Sie sind durch Stäbe miteinander verbunden, die im Grundriß radial verlaufen, aber im Aufriß an jedem Ring einen Knick haben können. Die durch Radialstäbe und Ringstäbe gebildeten Trapeze sind durch Diagonalen ausgesteift. Die Zahl der Ringe und ihrer Ebenen ist grundsätzlich beliebig. Die Lagerung besteht darin, daß der Fußring in jeder Ecke in senkrechter Richtung unverschieblich und in horizontaler Richtung quer zu einer Fußringseite verschieblich ist. Jedes Lager hat damit zwei Auflagerkomponenten. Die Netzwerkkuppel geht aus der Schwedler-Kuppel dadurch hervor, daß immer ein Ring gegenüber seinen beiden Nachbarringen so verdreht ist, daß seine Eckpunkte der Mitte der Seiten der Nachbarringe gegenüber liegen.

Die beiden Systeme sind den Abzählbedingungen nach statisch bestimmt. Es ist nämlich

$$a + r = 3k \quad \text{mit} \quad a = 5 \cdot 2, \quad r = 35, \quad k = 15.$$

---

10 W. Schwedler: *Zeitschrift für Bauwesen* 16 (1866) 7.

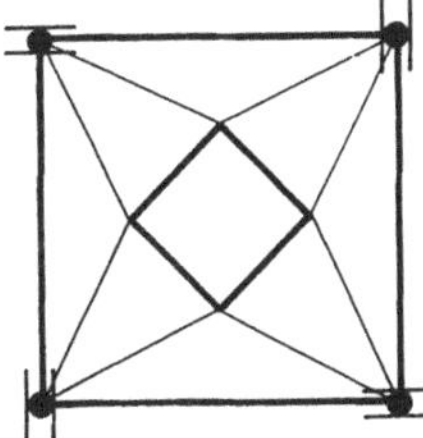

Bild 27.2. Netzwerkkuppel mit quadratischen »Ringen«

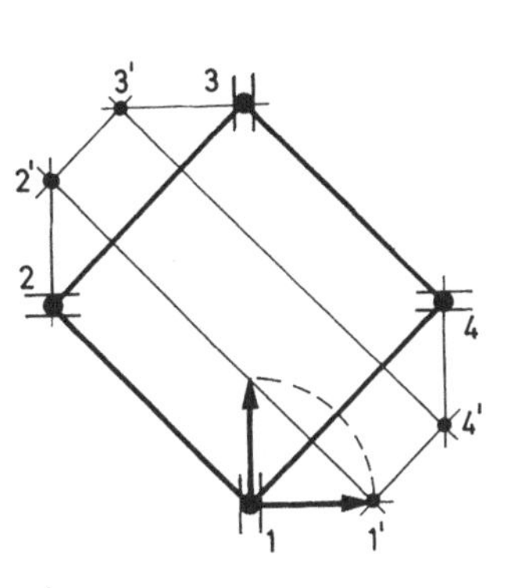

a)

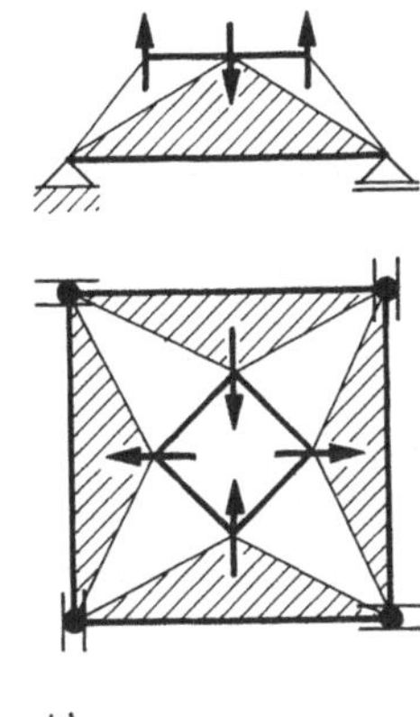

b)

Bild 27.3 a u. b.
Verschieblichkeitsuntersuchung
des Systems von Bild 27.2

Wie bei allen räumlichen Systemen ist jedoch die Untersuchung des Ausnahmefalles noch wichtig, weil die Anschauung hier vielfach versagt. Als Beispiel sei nach Bild 27.2 eine Netzwerkkuppel betrachtet, die — der Einfachheit halber — nur zwei quadratische Ringe hat.

Für den obersten Ring sei nun eine Verschieblichkeitsuntersuchung zunächst unter der Voraussetzung durchgeführt, daß der Ring als ebenes System in seiner Ebene »radial«, d.h. zum Quadratmittelpunkt hin, verschieblich gelagert ist. Dieses in Bild 27.3 a dargestellte System, das den Abzählbedingungen nach statisch bestimmt ist, sei mit der F'-Figur auf Verschieblichkeit untersucht. Damit ist zugleich ein Beispiel zur Ergänzung der Betrachtungen von Abschnitt 26 gegeben. Nimmt man den Verschiebungsvektor des Punktes 1 der Lagerführung entsprechend an und dreht ihn um 90°, so ist damit 1' festgelegt. Die Parallele zu 1–2 und die Lagerführung von 2 liefern 2'. Entsprechend folgen 3' und 4'. Die Verbindungslinie von 4' und 1' ist nun parallel zu 4–1. Für die Figur F' ergibt sich also kein Widerspruch und das System ist damit verschieblich.

Der obere Ring der Netzwerkkuppel ist nun nach Bild 27.3 b durch die schraffierten Seitenflächen gerade so gestützt, daß seine Eckpunkte eine radiale Verschiebung ausführen können. Man muß sich nur noch klarmachen, daß die zwangläufig auftretenden senkrechten Verschiebungen der Spitzen der Seitenteile vom Ring auch mitgemacht werden können. Die Vertikalverschiebung besteht darin, daß sich zwei gegenüberliegende Eckpunkte des Ringes nach oben, die

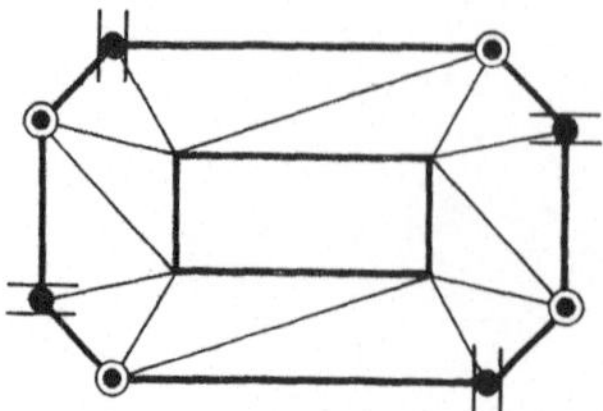

⊙ allseitig horizontal verschiebliches Lager

⧑ einseitig horizontal verschiebliches Lager

Bild 27.4. Zimmermann-Kuppel

beiden anderen nach unten bewegen; das kann der Ring aber zweifellos mitmachen. Die Netzwerkkuppel von Bild 27.2 ist also verschieblich.

Es zeigt sich nun, daß dasselbe allgemein auch bei mehreren Ringen und bei größerer Seitenzahl gilt. Ohne weiteren Beweis sei hier angeführt: *Eine regelmäßige Netzwerkkuppel mit gerader Eckenzahl der Ringe ist verschieblich.*

Als letztes Beispiel für ein räumliches Fachwerk sei eine »Zimmermann-Kuppel«[11] betrachtet, die in ihrer einfachsten Form in Bild 27.4 dargestellt ist. Sie ist zur Überdachung auch langgestreckter Grundrisse geeignet. Das Kennzeichen dieser eingeschossigen Kuppel besteht darin, daß der Fußring doppelt so viel Ecken hat, wie der darüber liegende. In Bild 27.4 ist der obere Ring ein Rechteck, der untere ein Achteck. Die Lagerung besteht abwechselnd aus horizontal einseitig und horizontal allseitig verschieblichen Lagern. Damit ergibt sich

$$a = 4 \cdot 1 + 4 \cdot 2, \quad r = 24, \quad k = 12,$$

also wieder ein statisch bestimmtes System, da $a + r = 3k$ ist.

Zur Berechnung der Zimmermannkuppel ist zu sagen, daß eine Umtauschung der vier Stäbe des oberen Ringes in Lagerkräfte zum Festhalten der einseitig verschieblichen Lager im Sinne der Methode der Stabvertauschung zweckmäßig sein kann. Die Stabkräfte lassen sich dann durch Zerlegung der in einem Knoten des oberen Ringes angreifenden Lasten in jeweils nur drei Stabkräfte bestimmen.

28. Abzählbedingungen räumlicher biegesteifer Stabwerke

Wird ein biegesteifes räumliches Stabwerk in p Teile zerschnitten, so lassen sich für jeden Teil sechs Gleichgewichtsbedingungen aufstellen. Die Abzählbedingungen ergeben sich dann entsprechend Gleichung (18.1) zu

$$a + z = 6p \quad \text{statisch bestimmt,} \qquad (28.1\,\text{a})$$

$$a + z > 6p \quad \text{statisch unbestimmt.} \qquad (28.1\,\text{b})$$

---

11 H. Zimmermann: *Über Raumfachwerke.* Berlin 1901.

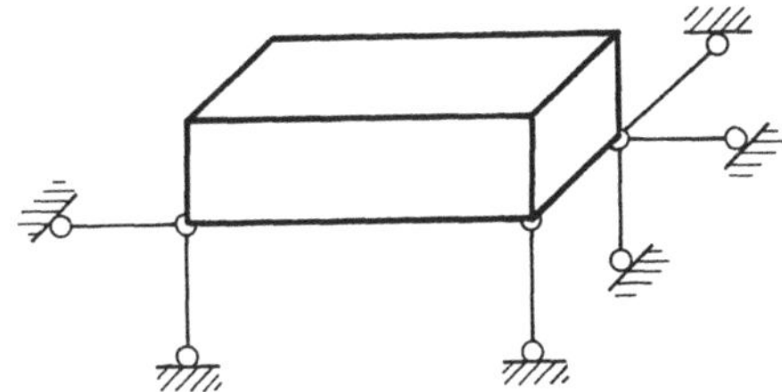

Bild 28.1. Statisch bestimmte Lagerung eines Körpers durch Pendelstützen

Ist $z = 0$, $p = 1$, liegt also ein in sich unverschieblicher Systemteil vor, so muß für äußerliche statische Bestimmtheit $a = 6$ sein. Will man daher nach Bild 28.1 ein beliebiges räumliches System durch Pendelstützen statisch bestimmt lagern, so sind dafür genau sechs Stützen erforderlich. An diesem Beispiel läßt sich die Möglichkeit des Ausnahmefalls leicht überblicken. Er tritt z.B. ein, wenn

— mehr als drei Stäbe durch einen Punkt gehen,
— mehr als drei Stäbe parallel sind,
— alle Stäbe eine Gerade schneiden.

Da bereits drei Stäbe genügen, um einen Punkt des Systems festzuhalten, ist der vierte und jeder weitere Stab an dieser Stelle überflüssig und fehlt dafür an anderer Stelle. Dasselbe gilt, wenn der Systempunkt im Unendlichen liegt, die Stäbe also parallel sind. Wenn alle Stäbe eine Gerade schneiden, kann sich das System um diese Gerade drehen.

29. Räumliche Beanspruchung ebener biegesteifer Stabwerke

Im folgenden soll nur die Beanspruchung, nicht das System räumlich sein. Das heißt, es sollen jetzt nur Stabwerke betrachtet werden, deren Stabachsen nach wie vor ebene Kurven sind, die im übrigen in der x, z-Ebene verlaufen sollen; die Beanspruchung soll aber senkrecht zu dieser Ebene wirken. Eine Behandlung allgemeinerer Systeme mit doppelt gekrümmter Stabachse würde einen erheblichen mathematischen Aufwand erfordern.

29.1. Gerade Stäbe

Vorerst sei nur ein gerader Stab betrachtet, für den zunächst die Festlegung der Bezeichnungen und die Definition der Schnittgrößen erfolgen möge. In Bild 29.1 sind Belastungen und Schnittgrößen für ein räumlich beanspruchtes Stabelement zusammengestellt. Der Querschnitt ist nur der Anschaulichkeit halber als Rechteck gezeichnet und kann an sich beliebig sein. Die Belastungen seien q_x, q_y, q_z. Neu ist dabei nur die Komponente q_y, die eine »seitliche« Belastung, d.h. eine Belastung in der x, y-Ebene erzeugt. Hierdurch entstehen neue Querkräfte und Biegemomente, die entsprechend der Richtungen ihrer Vektoren Q_y und M_z heißen mögen. Zum Unterschied hierzu werden die bisherigen, bei der Belastung in »senkrechter« Richtung, d.h. in der x, z-Ebene auftretenden Größen zweckmäßig Q_z und M_y genannt.

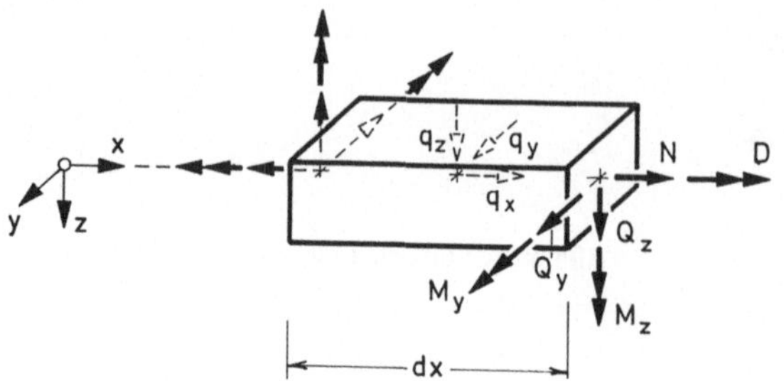

Bild 29.1. Schnittgrößen am räumlich beanspruchten Element eines geraden Stabes

Bild 29.2a u. b. Gleichgewicht am Element eines geraden Stabes. **a** bei »senkrechter« Belastung in der x, z-Ebene; **b** bei »seitlicher« Belastung in der x, y-Ebene

Bei räumlicher Beanspruchung muß nun noch eine weitere Schnittgröße, das *Torsionsmoment* oder *Drillmoment D*, berücksichtigt werden. Es wird auch »Verdrehmoment« genannt, ist dann aber deutlich von einem »Drehmoment« zu unterscheiden. Das letztere ist keine Schnittgröße, sondern ein Einzelmoment, das als äußeres Moment (Lastmoment oder Lagermoment) auftritt.

Zur Aufstellung des Gleichgewichts am Stabelement sind in Bild 29.2 noch einmal die Schnittgrößen mit ihrem Zuwachs dargestellt. Bild 29.2 a enthält die schon in Bild 10.1 dargestellten Schnittgrößen, Bild 29.2 b die neuen Schnittgrößen. In dieser Darstellung wird ein Unterschied im Vorzeichen der Biegemomente M_y und M_z deutlich, der aber durch die — konsequente — Vorzeichenfestsetzung von Bild 29.1 zwangläufig gegeben ist. Man erhält als Gleichgewichtsbedingungen, wobei zur Betonung des Vorzeichens die Gleichungen für senkrechte Belastung noch einmal wiederholt sind, entsprechend (10.1) und (10.2), jedoch mit $q_x \neq 0$:

in der x, z-Ebene

$$\frac{dN}{dx} = -q_x,$$

$$\frac{dQ_z}{dx} = -q_z,$$

$$\frac{dM_y}{dx} = +Q_z;$$

in der x, y-Ebene

$$\frac{dD}{dx} = 0,$$

$$\frac{dQ_y}{dx} = -q_y$$

$$\frac{dM_z}{dx} = -Q_z.$$

$$(29.1\,\text{a}-\text{f})$$

Nach Elimination der Querkräfte aus (1 b, c) und (1 e, f) bekommt man

$$\frac{\mathrm{d}^2 M_y}{\mathrm{d}x^2} = -q_z, \qquad \frac{\mathrm{d}^2 M_z}{\mathrm{d}x^2} = +q_y, \qquad\qquad (29.2\,\mathrm{a, b})$$

wobei noch einmal der Vorzeichenunterschied betont ist.

29.2. Stabwerke aus geraden Stäben

Werden aus mehreren geraden Stäben Tragwerke gebildet, die dann senkrecht zur Systemebene belastet werden, so ist vor allem die Umleitung der Schnittgrößen um eine Ecke interessant (vgl. Bild 12.4 für Belastung in der Systemebene). In Bild 29.3 ist ein Eckelement in Grund- und Aufriß mit den entsprechenden Schnittgrößen und einer Einzellast P_y dargestellt. Auf die Berücksichtigung von in der Ebene eingeleiteten Lastmomenten sei verzichtet. Im Grundriß sind in Bild 29.3 nur die seitlich wirkenden Kräfte P_y, Q_{y_1} und Q_{y_2} eingetragen. Man erhält als Gleichgewichtsbedingungen

$$Q_{y_2} = Q_{y_1} - P_y, \qquad\qquad (29.3\,\mathrm{a})$$

$$M_{z_2} = M_{z_1} \cos \alpha - D_1 \sin \alpha, \qquad\qquad (29.3\,\mathrm{b})$$

$$D_2 = D_1 \cos \alpha + M_{z_1} \sin \alpha. \qquad\qquad (29.3\,\mathrm{c})$$

(3 a) ist das Kräftegleichgewicht in y-Richtung. (3 b) und (3 c) sind die Momentengleichgewichtsbedingungen um die x_2-und z_2-Achse. Diese erscheinen bekanntlich formal als Kräftegleichgewichtsbedingungen, wenn man die Momentenvektoren als Kräfte auffaßt.

Ein einfaches Beispiel eines im rechten Winkel abgeknickten Freiträgers mit einer Einzellast am freien Ende zeigt Bild 29.4. Das Beispiel soll vor allem das Umsetzen des Biegemomentes in ein Drillmoment zeigen.

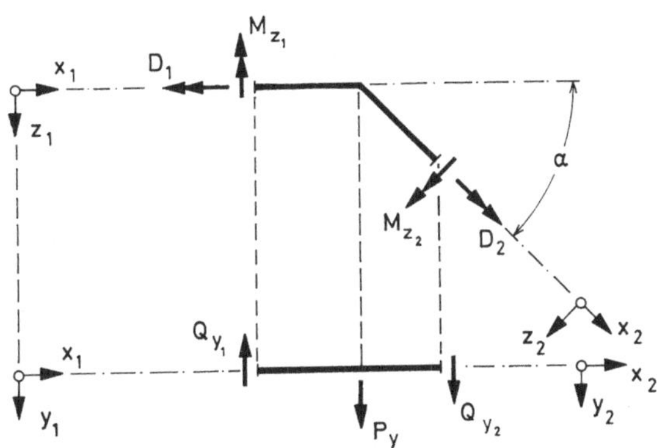

Bild 29.3. Eckelement bei seitlicher Beanspruchung

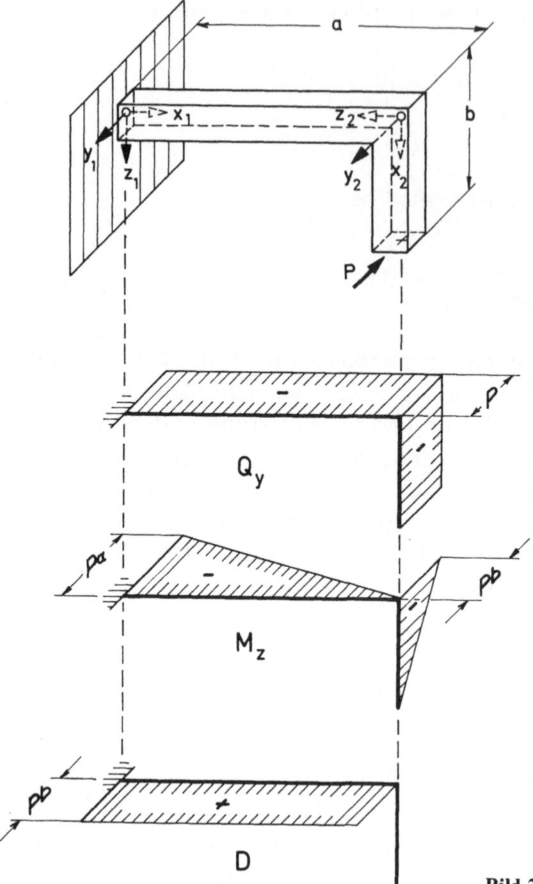

Bild 29.4. Geknickter Freiträger mit Einzellast

29.3. Gekrümmte Stäbe

Es seien zunächst die Gleichgewichtsbedingungen für das Element eines gekrümmten Stabes unter seitlicher Belastung ermittelt. Bild 29.5 zeigt dasselbe Element wie Bild 14.2 a, aber mit der Belastung und den Schnittgrößen, die zur Beanspruchung in der x, y-Ebene gehören. Die Vektoren der Streckenlast q_y und der Querkraft Q_y stehen senkrecht zur Zeichenebene. Sie sind als Kreis mit einem Kreuz oder einem Punkt gekennzeichnet, je nachdem, ob der Blick in Pfeilrichtung oder gegen die Pfeilspitze geht.

Man erhält als Gleichgewichtsbedingungen entsprechend den ausführlich abgeleiteten Gleichungen (14.1)

$$\frac{\mathrm{d}Q_y}{\mathrm{d}s} + q_y = 0, \tag{29.4 a}$$

$$\frac{\mathrm{d}M_z}{\mathrm{d}s} - D\frac{\mathrm{d}\alpha}{\mathrm{d}s} + Q_y = 0, \tag{29.4 b}$$

$$\frac{\mathrm{d}D}{\mathrm{d}s} + M_z\frac{\mathrm{d}\alpha}{\mathrm{d}s} = 0. \tag{29.4 c}$$

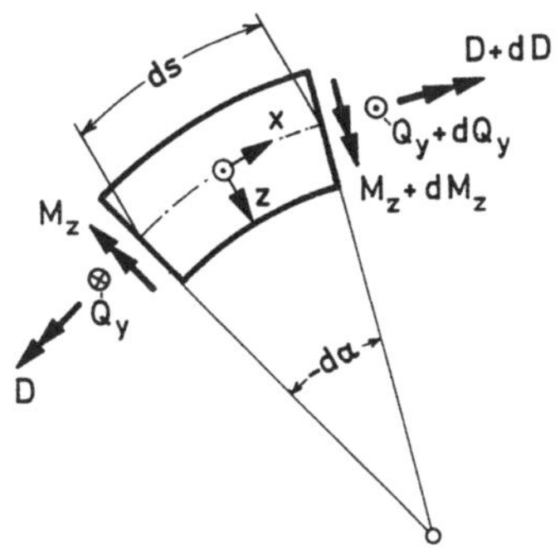

Bild 29.5. Gekrümmtes Stabelement bei seitlicher Beanspruchung

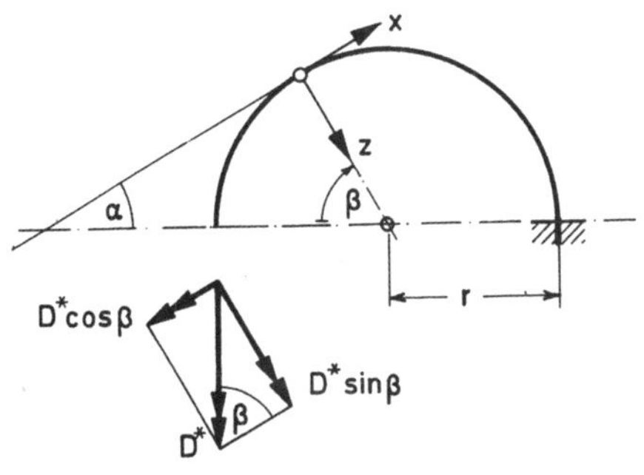

Bild 29.6. Eingespannter Halbkreisträger

In diesen Gleichungen kommt die Kopplung zwischen Biege- und Torsionsmoment wieder klar zum Ausdruck. Gleichung (4 b) zeigt im übrigen, daß jetzt die Ableitung des Biegemomentes der Querkraft nicht mehr proportional ist.

Dasselbe zeigt auch das Beispiel von Bild 29.6, wo ein einseitig eingespannter Halbkreisträger am freien Ende durch ein Drehmoment D^* belastet wird. Ein beliebiger Punkt des Bogens läßt sich durch den Winkel $\beta = \frac{1}{2}\pi - \alpha$ festlegen (vgl. Bild 14.1). Für einen Schnitt an einer Stelle β ergibt sich aus den Gleichgewichtsbedingungen für den linken Trägerteil, an dem das Lastmoment angreift,

$$Q_y = 0, \qquad M_z = -D^* \sin\beta, \qquad D = D^* \cos\beta. \qquad (29.5\,\text{a, b, c})$$

Es entsteht also ein Biegemoment, obwohl die Querkraft im ganzen Bereich Null ist.

Das Ergebnis (5) kann man auch aus den Differentialgleichungen (4) erhalten. Setzt man in (4)

$$ds = r\,d\beta, \qquad d\alpha = -d\beta, \qquad q_y = 0,$$

so wird

$$\frac{dQ_y}{d\beta} = 0, \qquad Q_y = \text{const.}$$

Wegen der Randbedingung bei $\beta = 0$ muß $Q_y = 0$ sein. Damit folgt aus (4 b, c)

$$\frac{dM_z}{d\beta} + D = 0, \qquad\qquad (29.6\,\text{a})$$

$$\frac{dD}{d\beta} - M_z = 0. \qquad\qquad (29.6\,\text{b})$$

Differenziert man (6b) nach β und setzt $dM_z/d\beta$ aus Gleichung (6a) ein, so erhält man

$$\frac{d^2D}{d\beta^2} + D = 0$$

mit der Lösung

$$D = A \sin \beta + B \cos \beta,$$

wobei A und B Integrationskonstanten sind. Wegen der Randbedingungen bei $\beta = 0$ folgt $B = D^*$ und nach Einsetzen der Lösung in (6b) die Konstante $A = 0$. In Übereinstimmung mit (6c) wird dann $D = D^* \cos \beta$. Für das Biegemoment ergibt sich nach (6a) wie in (6c)

$$\frac{dM_z}{d\beta} + D^* \cos \beta = 0, \qquad M_z = -D^* \sin \beta,$$

wobei eine weitere Integrationskonstante der Randbedingung wegen verschwinden muß.

Wenn auch im vorliegenden Fall die Aufstellung der Gleichungen (5) wesentlich einfacher ist als die Lösung der Differentialgleichungen, so ist doch das letztere bei Kreisbögen mit anderen Last- und anderen Lagerfällen häufig sehr zweckmäßig.

H. Spannungen

30. Gleichgewichtsbedingungen

Auf die Untersuchung einer räumlichen Beanspruchung sei jetzt wieder verzichtet und ein ebenes System vorausgesetzt, das nur in seiner Ebene beansprucht wird. Dieses muß im folgenden noch — was bisher nicht erforderlich war — dahingehend präzisiert werden, daß der Querschnitt zur Systemebene (x, z-Ebene) symmetrisch sein soll (vgl. Bild 30.1). Es sei im übrigen daran erinnert, daß bereits in Abschnitt 1 definiert wurde, daß die Stabachse (x-Achse) stets durch den Schwerpunkt des Querschnitts hindurch gehen soll. Bezeichnet man nach Bild 30.1 a ein Element der Querschnittsfläche F mit dF, so muß also sein

$$\int\limits_{(F)} y\,dF = 0, \qquad \int\limits_{(F)} z\,dF = 0. \tag{30.1 a, b}$$

Die Forderung (1 a) ist durch die Voraussetzung eines zur x, z-Ebene symmetrischen Querschnitts erfüllt.

Durch die Ermittlung von Schnittgrößen sind für den Querschnitt lediglich Integralwerte gewonnen, die noch nichts über die Beanspruchung des Werkstoffes in jedem einzelnen Querschnittspunkt aussagen. Für solche Aussagen muß man noch die Verteilung der *Spannungen* über den Querschnitt kennen. Der Begriff einer Spannung als Grenzwert von Flächenkraft durch Flächenelement sei als bekannt vorausgesetzt. In einem Querschnitt treten *Längsspannungen* (oder auch Normalspannungen) und *Schubspannungen* auf. Die ersteren müssen mit der Längskraft und dem Biegemoment, die letzteren mit der Querkraft im Gleichgewicht stehen.

Die Längsspannungen seien σ, positiv als Zugspannungen, und es möge gelten

$$\sigma = \sigma_N + \sigma_M, \tag{30.2}$$

wobei σ_N infolge N, σ_M infolge M entstehen mögen. Das Gleichgewicht erfordert

$$\int\limits_{(F)} \sigma_N \, dF = N, \qquad \int\limits_{(F)} \sigma_N z \, dF = 0. \tag{30.3a, b}$$

(3a) ist das Gleichgewicht in x-Richtung, (3b) sagt aus, daß infolge σ_N kein Biegemoment um die y-Achse entstehen soll. Für das Biegemoment ergibt sich entsprechend, wobei jetzt σ_M keine Längskraft erzeugen darf,

$$\int\limits_{(F)} \sigma_M \, dF = 0, \qquad \int\limits_{(F)} \sigma_M z \, dF = M. \tag{30.4a, b}$$

Bezeichnet man nach Bild 30.1 die Komponenten der im Querschnitt in z-Richtung auftretenden Schubspannungen mit τ_{xz}, so muß für die Querkraft die Gleichgewichtsbedingung

$$\int\limits_{(F)} \tau_{xz} \, dF = Q \tag{30.5}$$

gelten. Von den Doppelindizes xz bei τ bedeutet dabei der erste, x, daß es sich um eine Schubspannung in einer Ebene handelt, die senkrecht auf der x-Achse steht. Der zweite Index, z, gibt die Richtung der Schubspannung an.

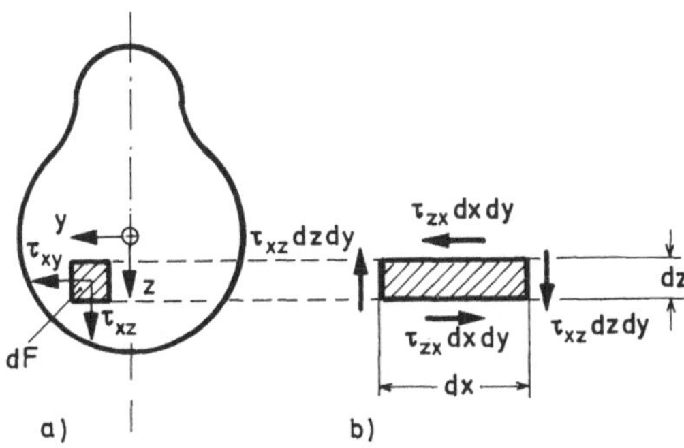

Bild 30.1a u. b. Querschnitt und Element dx dy dz mit Schubkräften

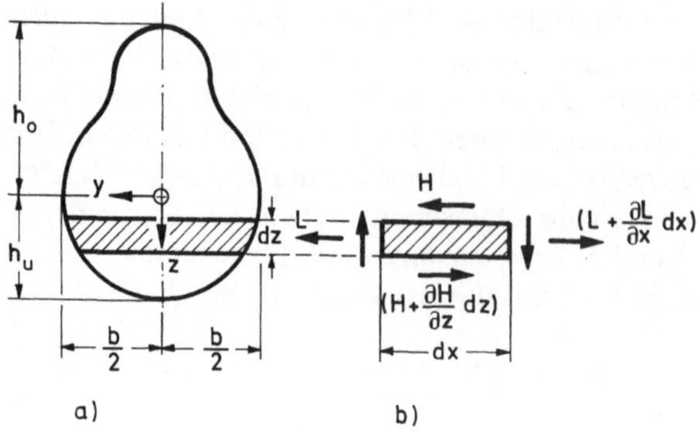

Bild 30.2a u. b. Gleichgewicht am Element $b\,\mathrm{d}x\,\mathrm{d}z$

Neben Gleichung (5) läßt sich noch eine weitere Gleichgewichtsbedingung für die Schubspannung τ_{xz} aufstellen. Hierfür ist zunächst die »Gleichheit der einander zugeordneten Schubspannungen« von Bedeutung. Diese folgt sofort nach Bild 30.1 b aus dem Momentengleichgewicht für ein Element $\mathrm{d}x\,\mathrm{d}y\,\mathrm{d}z$, an dem die in Frage kommenden Schubkräfte (d.h. Schubspannungen mal Fläche) eingetragen sind. Man erhält.

$$\tau_{xz}\,\mathrm{d}z\,\mathrm{d}y\cdot\mathrm{d}x - \tau_{zx}\,\mathrm{d}x\,\mathrm{d}y\cdot\mathrm{d}z = 0,$$

$$\tau_{xz} = \tau_{zx}. \tag{30.6}$$

Die Änderung von τ_{zx} und damit von τ_{xz} steht nun im Zusammenhang mit der Änderung der Längsspannungen σ_M. Hieraus ergibt sich eine für die Spannungsermittlung brauchbare Bedingung auf folgende Weise.

Die Biegespannungen σ_M und die Schubspannungen τ_{zx} werden zunächst über die Querschnittsbreite b, die eine Funktion von z ist, integriert (vgl. Bild 30.2). Es sei

$$L = \int_{-b/2}^{+b/2} \sigma_M\,\mathrm{d}y, \qquad H = \int_{-b/2}^{+b/2} \tau_{zx}\,\mathrm{d}y. \tag{30.7a, b}$$

Nach Bild 30.2 b wird nun ein Element $b\,\mathrm{d}x\,\mathrm{d}z$ betrachtet. Für das Gleichgewicht in x-Richtung gilt dann

$$\frac{\partial H}{\partial z}\,\mathrm{d}z\,\mathrm{d}x + \frac{\partial L}{\partial x}\,\mathrm{d}x\,\mathrm{d}z = 0,$$

$$\frac{\partial H}{\partial z} = -\frac{\partial L}{\partial x}. \tag{30.8}$$

Mit den Gleichungen (3), (4), (5) und (8) sind alle die Gleichgewichtsbedingungen gewonnen, die im folgenden benötigt werden.

31. Spannungsermittlung bei ebenen Systemen

Leider reichen die Gleichgewichtsbedingungen nicht aus, um die Spannungsverteilung statisch bestimmt zu berechnen. An dem in Bild 30.1 dargestellten Element sind nur die Schubspannungen τ_{xz} und τ_{zx} eingezeichnet. Am räumlich beanspruchten Element wirken jedoch sechs Schubspannungskomponenten und drei Längsspannungen. Diesen neun Unbekannten stehen nur sechs Gleichgewichtsbedingungen gegenüber. Das Problem ist also statisch unbestimmt und zu seiner exakten Lösung wäre es notwendig, die Fiktion des starren Körpers zu verlassen und auf den Verformungszustand des Elementes einzugehen.

Diese aufwendige Rechnung kann jedoch mit guter Genauigkeit durch einfache Näherungsannahmen ersetzt werden. Da es sich um Schätzungen statisch unbestimmter Zustände handelt, ist es zweckmäßig, von anschaulichen Vorstellungen über den Verformungszustand auszugehen.

Bei einem nur durch eine Längskraft beanspruchten Zugstab sei durch passende Einspannung an den Stabenden dafür gesorgt, daß sich alle Fasern des Stabes um das gleiche Stück verlängern. Die Dehnung als Quotient von Längenänderung durch ursprüngliche Länge ist dann ebenfalls für alle Fasern gleich. Da schließlich nach dem Hookeschen Gesetz Dehnung und Spannung einander proportional sind, wird man fast zwangsläufig zu dem Ansatz

$$\sigma_N = \text{const}$$

geführt. Aus (30.3a) folgt dann, da

$$\int\limits_{(F)} \mathrm{d}F = F$$

ist,

$$\sigma_N = \frac{N}{F}. \tag{31.1}$$

Gleichung (30.3b) wird jetzt mit (30.1b) identisch und ist damit ebenfalls erfüllt.

Bei einem Ansatz für σ_M wird man davon ausgehen, daß bei einem positiven Biegemoment ein gerader Stab so gekrümmt wird, daß die oberen Fasern verkürzt, die unteren verlängert werden. Dazwischen kann als einfachste Interpolation ein geradliniger Verlauf für die Dehnungen der einzelnen Fasern angenommen werden, wobei dann der Querschnitt eben bleibt (Annahme von Jakob Bernoulli). Unter Beachtung des Hookeschen Gesetzes kommt man dann zu dem Ansatz

$$\sigma_M = A + Bz, \tag{31.2}$$

wobei A und B aus den Gleichgewichtsbedingungen zu bestimmende Konstanten sind. Es ergibt sich mit (2) und (30.4a)

$$\int\limits_{(F)} (A + Bz)\,\mathrm{d}F = A \int\limits_{(F)} \mathrm{d}F + B \int\limits_{(F)} z\,\mathrm{d}F = 0$$

Mit (30.1b) folgt $A = 0$.

Aus Gleichung (30.4b) wird

$$M = \int\limits_{(F)} B z^2 \, \mathrm{d}F, \qquad B = \frac{M}{\int\limits_{(F)} z^2 \, \mathrm{d}F} = \frac{M}{I},$$

wenn mit

$$I = \int\limits_{(F)} z^2 \, \mathrm{d}F$$

das axiale Trägheitsmoment in bezug auf die y-Achse, im folgenden kurz Trägheitsmoment, bezeichnet wird. Es ergibt sich dann

$$\sigma_M = \frac{M}{I} z. \tag{31.3}$$

Die Biegespannungen verschwinden in der »neutralen Ebene« $z = 0$.

Die maximalen positiven und negativen Spannungen treten für die untere und obere Faser $z = h_u$ bzw. $z = -h_o$ (vgl. Bild 30.2a) auf. Bezeichnet man wie üblich die Größen

$$W_u = \frac{I}{h_u}, \qquad W_o = \frac{I}{h_o}$$

als *Widerstandsmomente* für die untere und obere Faser, so gilt für die Randspannungen

$$\sigma_{M_u} = \frac{M}{W_u}, \qquad \sigma_{M_o} = -\frac{M}{W_o}. \tag{31.4a, b}$$

Für die Längsspannungen gilt insgesamt die wichtige Formel

$$\sigma = \frac{N}{F} + \frac{M}{I} z. \tag{31.5}$$

Zur Berechnung der Schubspannungen führt folgende Betrachtung. Mit (3) wird aus (30.7a), da sich jetzt σ_M gleichmäßig über die Breite b verteilt,

$$L = \sigma_M \int\limits_{-b/2}^{+b/2} \mathrm{d}y = \sigma_M b = \frac{M}{I} z b.$$

Aus (30.8) wird dann

$$\frac{\partial H}{\partial z} = -\frac{\partial}{\partial x}\left(\frac{M}{I} z b\right). \tag{31.6}$$

Es sei nun die später etwas ausführlicher zu besprechende Annahme gemacht, daß
der Stab über seine ganze Länge einen konstanten Querschnitt hat. Auf der rechten
Seite von (6) ist dann nur M mit x veränderlich und man erhält aus (6)

$$\frac{\partial H}{\partial z} = -\frac{z\,b}{I}\,\frac{\partial M}{\partial x} = -\frac{Q}{I}\,z\,b,$$

da die Ableitung des Biegemomentes nach x gleich der Querkraft ist. Nach Integration wird

$$H = -\frac{Q}{I}\left(\int_0^z b\,z\,\mathrm{d}z + C\right).$$

Zur Bestimmung der Integrationskonstanten C dient die Bedingung, daß am unteren Querschnittsrand, d.h. für $z = h_\mathrm{u}$, die Größe

$$H = \int_{-b/2}^{+b/2} \tau_{zx}\,\mathrm{d}y$$

verschwinden muß, da von außen keine Schubspannungen τ_{zx} angreifen. Daher
folgt

$$O = -\frac{Q}{I}\left(\int_0^{h_\mathrm{u}} b\,z\,\mathrm{d}z + C\right), \qquad C = -\int_0^{h_\mathrm{u}} b\,z\,\mathrm{d}z,$$

$$H = \frac{Q}{I}\left(-\int_0^z b\,z\,\mathrm{d}z + \int_0^{h_\mathrm{u}} b\,z\,\mathrm{d}z\right),$$

$$H = \frac{Q}{I}\int_z^{h_\mathrm{u}} b\,z\,\mathrm{d}z. \tag{31.7}$$

Selbstverständlich müssen auch am oberen Querschnittsrand für $z = -h_\mathrm{o}$ die
Schubspannungen τ_{zx} und damit H verschwinden. Diese Forderung wird von (7)
erfüllt, da

$$\int_{-h_\mathrm{o}}^{h_\mathrm{u}} b\,z\,\mathrm{d}z = \int_{(F)} z\,\mathrm{d}F = 0$$

wird entsprechend Gl. (30.1).

Es ist im übrigen üblich, noch die Abkürzung

$$S^* = \int_z^{h_\mathrm{u}} b\,z\,\mathrm{d}z \tag{31.8}$$

einzuführen, die das statische Moment des Querschnittsteiles unter der Geraden
$z = $ const (schraffierte Fläche in Bild 31.1) darstellt. Die Gleichung (7) erscheint dann

in der Form

$$H = \frac{Q \cdot S^*}{I}.$$ (31.9)

Die Größe H als Integral der Schubspannungen über die Breite b ist für manche Untersuchungen direkt verwendbar, z.B. bei Berechnung der Verdübelungen im Holzbau oder den im Schubbereich notwendigen Bewehrungen des Stahlbetonbaus. Für Stäbe aus homogenem Werkstoff braucht man die Schubspannungen selbst. Dabei ist es fast immer ausreichend, wenn man mit einer mittleren Schubspannung

$$\tau = \frac{H}{b} = \frac{QS^*}{Ib}.$$ (31.10)

rechnet.

In Bild 31.1 sind für einen Rechteckquerschnitt die Längs- und Schubspannungen in ihrer Verteilung über die Querschnittshöhe dargestellt. Dabei ist

$$I = \int\limits_{(F)} z^2\,\mathrm{d}F = \int\limits_{-h/2}^{+h/2} z^2\,b\,\mathrm{d}z = \frac{b}{3}[z^3]_{-h/2}^{+h/2} = \frac{bh^3}{12},$$

$$S^* = \int\limits_{z}^{h/2} b\,z\,\mathrm{d}z = \frac{b}{2}[z^2]_z^{h/2} = \frac{b}{2}\left[\left(\frac{h}{2}\right)^2 - z^2\right],$$

$$\tau = \frac{QS^*}{Ib} = \frac{Q}{\frac{bh^3}{12}b}\frac{b}{2}\left[\left(\frac{h}{2}\right)^2 - z^2\right] = \frac{Q}{bh}\frac{3}{2}\left[1 - \frac{z^2}{\left(\frac{h}{2}\right)^2}\right].$$

Da die Spannungsermittlung auf Annahmen beruht, dürften einige Worte über deren Brauchbarkeit von Interesse sein. Diese kann durch exakte Rechnungen oder Messungen nachgeprüft werden. Dabei ergibt sich — was hier ohne Beweis angeführt werden muß —, daß die Längsspannungen bei *geraden* Stäben durch Gleichung (5) immer mit guter Genauigkeit wiedergegeben werden, solange mit Recht von einem »Stab« gesprochen werden kann, bei dem die Querschnittsabmessungen klein gegenüber der Stablänge sind. Bei gekrümmten Stäben bleibt Formel (5) ebenfalls brauchbar, wenn es sich um »schwach gekrümmte Stäbe« handelt.

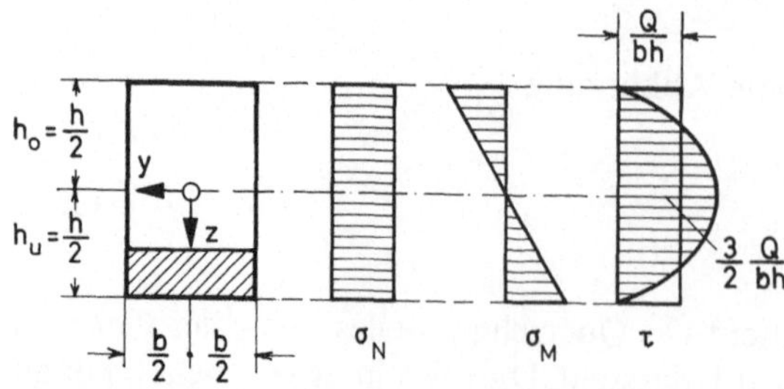

Bild 31.1. Spannungsverteilung für den Rechteckquerschnitt

Hierzu gehören alle in den vorstehenden Abschnitten behandelten Bogenträger. Nur bei »stark gekrümmten Stäben«, bei denen der Krümmungsradius die Größenordnung der Querschnittshöhe annimmt, wie es z.B. bei einem Lasthaken der Fall ist, sind Korrekturen erforderlich.

Bei Berechnung der Schubspannung wurde angenommen, daß der Stab einen über die Stablänge konstanten Querschnitt besitzt. Ist der Querschnitt veränderlich, so ist es eine plausible Näherung, den Stab an jeder Stelle x durch einen Stab konstanten Querschnitts zu ersetzen. Praktisch bedeutet das, daß man sich um die Querschnittsänderung überhaupt nicht kümmert. Es zeigt sich, daß dieses Vorgehen bei »vollwandigen« Querschnitten hinreichend genaue Ergebnisse liefert, bei »dünnwandigen Hohlquerschnitten« aber zu erheblichen Fehlern führen kann. Diese letztgenannten Querschnitte erfordern auch bei konstantem Verlauf eine besondere Betrachtung, da sich die Formel (10) dann nicht mehr unmittelbar anwenden läßt.

32. Spannungsermittlung bei räumlich beanspruchten ebenen Systemen

In Abschnitt 29 wurden die Schnittgrößen für räumlich beanspruchte Stäbe ermittelt. Es soll daher auch zur Spannungsermittlung derartiger Tragwerke einiges gesagt werden, wobei sich allerdings die Betrachtung auf die einfachsten Fälle beschränken möge.

Es sei vorausgesetzt, daß der Querschnitt doppelt symmetrisch ist, d.h. nicht nur die z-Achse, sondern auch die y-Achse sollen Symmetrielinien sein. Rechteckquerschnitt, Kreisquerschnitt und I-Querschnitt erfüllen z.B. diese Bedingungen. Für die nun in zwei Ebenen stattfindende Beanspruchung gelten dann im Prinzip dieselben Formeln wie bisher. Es ist nur auf unterschiedliche Bezeichnungen und das Vorzeichen bei den Biegemomenten zu achten. Es gilt für Beanspruchung in der

$$x, z\text{-Ebene:} \quad \sigma_{(x,z)} = \frac{N}{F} + \frac{M_y}{I_y}\, z, \quad \tau_z = \frac{Q_z S_y^*}{I_y b_y};$$

$$x, y\text{-Ebene:} \quad \sigma_{(x,y)} = -\frac{M_z}{I_z}\, y, \quad \tau_y = \frac{Q_y S_z^*}{I_z b_z}.$$

Eine Erläuterung der benutzten Indizes dürfte überflüssig sein.

In den Formeln sind noch keine Spannungen infolge eines Drillmomentes enthalten. Die Torsionstheorie von Stäben ist ein besonderes und umfangreiches Gebiet der Festigkeitslehre, das hier nicht behandelt werden kann. Es zeigt sich, daß mit ähnlichen einfachen Annahmen und Formeln wie bisher nicht mehr auszukommen ist. Lediglich in einem Ausnahmefall wird eine entsprechende Rechnung wie beim Biegeproblem möglich: das ist beim Kreisringquerschnitt mit dem Sonderfall des Kreisquerschnitts.

Für den letztgenannten gilt Bild 32.1. Es sei angenommen, daß infolge eines Drillmomentes D nur Schubspannungen τ_D entstehen, die senkrecht zum Radius r gerichtet sind und für $r = \text{const}$ ebenfalls konstanten Betrag haben. Aus Gleichge-

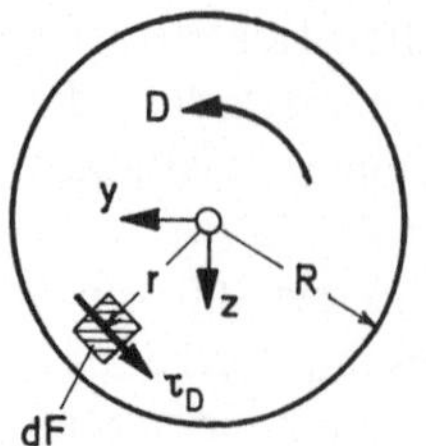

Bild 32.1. Kreisquerschnitt bei Torsion

wichtsgründen ist dann

$$\int\limits_{(F)} \tau_D\, r\, dF = D. \tag{32.1}$$

Weiter sei die entscheidende Annahme gemacht, daß τ_D von innen nach außen proportional r anwächst. Setzt man dementsprechend $\tau_D = Cr$, so folgt für die Konstante C

$$C = \frac{D}{\int\limits_{(F)} r^2\, dF} = \frac{D}{I_p},$$

wobei I_p das *polare* Flächenträgheitsmoment in bezug auf den Kreismittelpunkt ist. Für die Schubspannung erhält man

$$\tau_D = \frac{D}{I_p}\, r. \tag{32.2}$$

Dabei gilt für das Trägheitsmoment

$$I_p = \int\limits_0^R 2\pi r\, r^2\, dr = \frac{\pi}{2} R^4.$$

Die genaue Rechnung zeigt, daß die getroffenen Annahmen und damit Gleichung (2) — bei entsprechenden Randbedingungen des Stabes — exakt richtig sind. Sie zeigt aber auch, daß für alle anderen Querschnittsformen, z.B. für ein Rechteck, (2) *völlig falsche* Ergebnisse liefert und selbst als grobe Näherung unbrauchbar ist.

Nach Kenntnis der Spannungen läßt sich häufig die Tragfähigkeit eines Systems angeben. Für den Nachweis einer richtigen Bemessung des Tragwerks sind natürlich noch Verabredungen über zulässige Spannungen bzw. über Sicherheitsfaktoren erforderlich. Eine Besprechung dieser Fragen, die sich ausführlich mit dem Werkstoff beschäftigen müßte, gehört jedoch in die Festigkeitslehre und soll im Rahmen dieses Buches nicht erfolgen.

Teil **II** Lineare Statik

A. Grundlagen der Verformungsrechnung

33. Lineare und nichtlineare Statik

Im vorstehenden wurde bereits bei verschiedenen Gelegenheiten, besonders aber in den Abschnitten 17 und 18 darauf hingewiesen, daß es zur Berechnung statisch unbestimmter Systeme erforderlich ist, die Fiktion eines starren Körpers aufzugeben und den Verformungszustand eines Tragwerks in die Betrachtung einzubeziehen. Die Verformungen können aber auch einfach deswegen von Interesse sein, weil nachzuweisen ist, daß sie nicht unzulässig groß sind. Denn bei fast allen Bauwerken ist es eine selbstverständliche Forderung, daß die Verformungen mit dem bloßen Auge nicht sichtbar sein dürfen.

Die exakte Berechnung ist im allgemeinen außerordentlich schwierig und für die Praxis zu umständlich. Es ist daher besonders wichtig, ein geeignetes Näherungsverfahren an der Hand zu haben. Die einfachste Näherung ergibt sich durch Linearisierung der Zusammenhänge zwischen Kräften und Verformungen. Eine derartige *lineare Statik* sei jetzt entwickelt. Die leider zahlreichen Fälle, in denen diese Näherung nicht ausreicht, werden im Teil III behandelt.

In Bild 33.1a ist ein sehr einfaches und daher ohne Schwierigkeiten exakt zu berechnendes System im verformten Zustand dargestellt. Es handelt sich um einen starren Stab, der mit einer Drehfeder elastisch eingespannt ist. Er wird belastet durch zwei Kräfte P und H, die bei der Systemverformung ihren Angriffspunkt am Stab und ihre Richtung im Raum beibehalten.

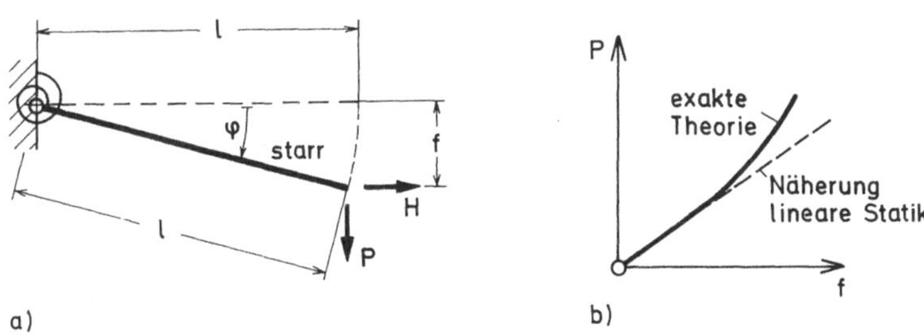

Bild 33.1a u. b. Starrer Stab mit elastischer Einspannung

Mit den Bezeichnungen von Bild 33.1 a ergibt sich zunächst als *Gleichgewichts-bedingung* für das Einspannmoment

$$M_E = P\,l\cos\varphi - H\,l\sin\varphi. \tag{33.1}$$

Der Zusammenhang zwischen der Durchsenkung f und dem Winkel φ ergibt sich als *geometrische Beziehung* zu

$$f = l\sin\varphi. \tag{33.2}$$

Das Verhalten der Feder wird schließlich durch ein *Elastizitätsgesetz* beschrieben, das die Form

$$M_E = c_1\,\varphi + c_2\,\varphi^2 \tag{33.3}$$

haben möge, wobei c_1 und c_2 Konstanten sind.

Nach den Gleichungen (1), (2) und (3) läßt sich der Zusammenhang zwischen Belastung und Durchsenkung f folgendermaßen schreiben

$$P = \frac{c_1\,\varphi + c_2\,\varphi^2}{l\left(\cos\varphi - \dfrac{H}{P}\sin\varphi\right)} \quad \text{mit} \quad \varphi = \arcsin\frac{f}{l}. \tag{33.4}$$

Dabei ist vorausgesetzt, daß bei der Laststeigerung H/P eine Konstante ist. P kann nun als eine »charakteristische Lastgröße«, f als eine »charakteristische Verformungsgröße« angesehen werden. Die Funktion $P = P(f)$ ist dann das sog. *Kraft-Verformungs-Diagramm*. Sein qualitativer Verlauf in der Nähe des Nullpunktes ist für positive Werte von c_1 und c_2 in Bild 33.1 b dargestellt. Man bestätigt nach (4) sofort, daß $P = P(f)$ eine gekrümmte Kurve sein muß, die umso steiler verläuft, je größer f wird.

In der linearen Statik wird nun die Kurve $P = P(f)$ durch ihre Tangente im Nullpunkt ersetzt. Aus (4) erhält man durch Differentiation

$$\frac{dP}{df} = \frac{dP}{d\varphi}\,\frac{1}{\dfrac{df}{d\varphi}}$$

$$= \frac{(c_1 + 2c_2\,\varphi)\left(\cos\varphi - \dfrac{H}{P}\sin\varphi\right) + \left(\sin\varphi + \dfrac{H}{P}\cos\varphi\right)(c_1\,\varphi + c_2\,\varphi^2)}{l\left(\cos\varphi - \dfrac{H}{P}\sin\varphi\right)^2}\,\frac{1}{l\cos\varphi}.$$

Für $f = 0$ wird auch $\varphi = 0$. Damit ergibt sich die Ableitung im Nullpunkt des Kraft-Verformungsdiagramms zu

$$\left(\frac{dP}{df}\right)_{f=0} = \frac{c_1}{l^2}$$

und die Näherung der linearen Statik zu

$$P \approx \frac{c_1}{l} \frac{f}{l}. \tag{33.5}$$

Diese Näherung wird dann beliebig genau, wenn die Verformungen im Vergleich zu den Systemabmessungen — hier das Verhältnis f/l — hinreichend klein sind. Die Näherung wird deshalb auch »Theorie kleiner Verformungen« oder »Theorie erster Ordnung« genannt. Ferner ist der Name »klassische Statik« im Gebrauch. Die Berechtigung für die Näherung ergibt sich daraus, daß in der Baustatik die Verformungen stets sehr klein gegenüber den Stablängen sein müssen, da sonst das Bauwerk unbrauchbar ist.

Für die Anwendung der Näherungstheorie ist es wesentlich, daß man nicht erst die exakte Lösung aufstellen muß, um daraus den Differentialquotienten im Nullpunkt zu finden, sondern daß man schon im Laufe der Rechnung die mit der Linearisierung verknüpften Vereinfachungen vornehmen kann. Diese Vereinfachungen bestehen im einzelnen darin, daß bei den Verformungen quadratische Glieder und solche höheren Grades gegenüber linearen Gliedern vernachlässigt werden können. Ferner können die linearen Glieder gegenüber den Systemabmessungen gestrichen werden. Eine derartige Linearisierung kann in den Gleichungen (1), (2) und (3) getrennt durchgeführt werden. Diese Gleichungen erfassen das Gleichgewicht, geometrische Beziehungen und das Werkstoffverhalten. Sie kommen damit im Prinzip bei jedem Problem der Statik vor.

Es sei zunächst die Linearisierung geometrischer Beziehungen am Beispiel von Gleichung (2) betrachtet. Man bekommt

$$\varphi = \arcsin \frac{f}{l} = \frac{f}{l} + \frac{1}{2 \cdot 3} \left(\frac{f}{l} \right)^3 + \dots$$

und mit $f/l \ll 1$

$$\varphi \approx \frac{f}{l}. \tag{33.6}$$

Statt f/l kann nunmehr auch $\varphi \ll 1$ gesetzt werden. Aus (1) folgt dann bei einer Entwicklung von $\cos \varphi$ und $\sin \varphi$ nach Potenzen von φ

$$M_E = P l \left[1 - \frac{1}{2} \varphi^2 + \dots - \frac{H}{P} \left(\varphi - \frac{1}{3!} \varphi^3 + \dots \right) \right],$$

$$M_E \approx P l. \tag{33.7}$$

Das heißt man darf M_E so berechnen, als ob sich das System überhaupt nicht verformt hätte. Allgemein gilt: *Für Gleichgewichtsbetrachtungen darf ein System als starr angesehen werden.*

Das Elastizitätsgesetz muß, wie folgt, vereinfacht werden:

$$M_E = c_1\,\varphi + c_2\,\varphi^2 \approx c_1\,\varphi. \tag{33.8}$$

Der Anteil $c_2\,\varphi^2$ kann also überhaupt nicht berücksichtigt werden. Aus den Gleichungen (6) bis (8) bekommt man nun sofort (5). Die gewonnene Rechenvereinfachung ist erheblich. Viele Probleme der Statik sind nur im Rahmen der linearen Näherung mit ertragbarem Rechenaufwand lösbar.

Für die praktische Rechnung ist die Tatsache besonders wichtig, *daß in der linearen Statik das Superpositionsgesetz seine Gültigkeit behält.* Dabei dürfen nicht nur — wie schon beim starren Körper — Lagerreaktionen, Schnittgrößen und Spannungen verschiedener Lastfälle überlagert werden, sondern auch die Verformungen. Die Theorie der Einflußlinien, die ja die Gültigkeit des Superpositionsgesetzes zur Voraussetzung hat, bleibt damit anwendbar.

34. Hookesches Gesetz. Bezeichnungen

In der Regel wird man nicht das Elastizitätsgesetz für eine Lagerfeder benötigen, sondern den Zusammenhang zwischen Spannungen und Verzerrungen bei einem Stabelement. Man muß hierbei die durch Festigkeitsversuche gewonnenen Werkstoffgesetze linearisieren und kommt dann zum *Hookeschen Gesetz.* Die ausführliche Darstellung dieses Gesetzes ist eine Aufgabe der Festigkeitslehre. Hier sei nur das erwähnt, was für das Folgende gebraucht wird.

In Bild 34.1 ist für gewöhnlichen Baustahl das *Spannungs-Dehnungs-Diagramm* im Prinzip dargestellt. Es wird beim Zugversuch in einer Prüfmaschine gewonnen und liefert die Längsspannung σ in Abhängigkeit von der Dehnung ε, die als Verhältnis von Längenänderung zur ursprünglichen Länge des Stabes definiert ist. Man unterscheidet die Spannungen σ_P, σ_E, σ_F und σ_B; sie kennzeichnen die Proportionalitäts-, Elastizitäts-, Fließ- und Bruchgrenze. Die Linearisierung liefert das Hookesche Gesetz

$$\sigma = E\,\varepsilon, \tag{34.1}$$

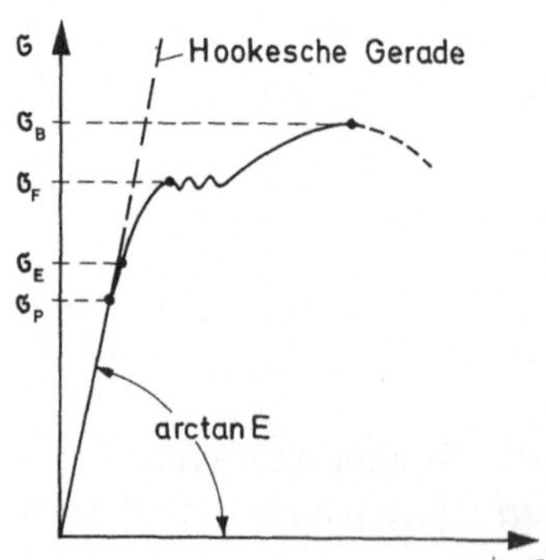

Bild 34.1. Spannungs-Dehnungs-Diagramm für Baustahl

wobei $E[K/L^2]$ der *Elastizitätsmodul* ist. Es wird nun angenommen, daß dieses zunächst nur für eine Zugbeanspruchung eines Stabes gewonnene Gesetz auch für die parallel zur x-Achse verlaufenden Fasern eines Stabes dann gilt, wenn infolge einer Stabbiegung die einzelnen Fasern unterschiedliche Spannungen und Dehnungen haben. Nach dieser *Fasertheorie*, nach der sich jede Faser wie ein Zugstab verhält, kann also ε bei gegebenem σ berechnet werden. Die Dehnung ist dabei als Verhältnis der Längenänderung eines Faserelementes zur ursprünglichen Elementlänge zu nehmen.

Mit Gleichung (1) ist es unmöglich, nichtlineares elastisches Verhalten oder gar plastische Effekte zu erfassen. Der Werkstoff wird also stets rein elastisch vorausgesetzt; d.h. die Verformungen gehen vollständig zurück, wenn bei einer Belastung die Spannungen wieder zu Null werden. Damit ist natürlich nichts gesagt über die Formänderungen und kinematischen Verschiebungen, die ein Bauwerk infolge von Temperaturänderungen und Stützensenkungen erleidet.

Trägt man bei einem Schubversuch (dünnwandiges Rohr unter Torsionsbeanspruchung) die Schubspannung τ in Abhängigkeit von der *Gleitung* γ auf, so erhält man ein Diagramm, das Bild 34.1 entspricht. Die Linearisierung liefert als Hookesches Gesetz für die Schubspannungen

$$\tau = G\,\gamma, \tag{34.2}$$

wobei $\gamma[1=L/L]$ die Änderung des ursprünglich rechten Winkel eines Elementes und $G[K/L^2]$ der *Schubmodul* ist. Auf den Stab übertragen ergibt sich, daß ein Element $dx\,dy\,dz$ durch Schubspannungen $\tau_{xz}=\tau_{zx}=\tau$ so verformt wird, wie es Bild 34.2 zeigt. Dort ist dasselbe Element wie in Bild 30.1, aber jetzt im verformten Zustand, dargestellt.

Es seien nun noch einige Bezeichnungen verabredet, die bei Verformungsrechnungen benötigt werden. Es sei

u, v, w [L]	Verschiebungen in Richtung der Achsen x, y, z. Beim ebenen System wird $v=0$.
f [L]	Verschiebung in beliebiger Richtung.
φ, ϑ, ψ [L/L]	Winkeländerungen, deren Bedeutung unterschiedlich ist und im Einzelfall festgelegt wird. φ kann z.B. die Drehung einer Geraden, aber auch die gegenseitige Verdrehung zweier Geraden sein.
δ[L], [L/L]	allgemeine Verformungsgröße, die sowohl eine Verschiebung als auch eine Winkeländerung sein kann.

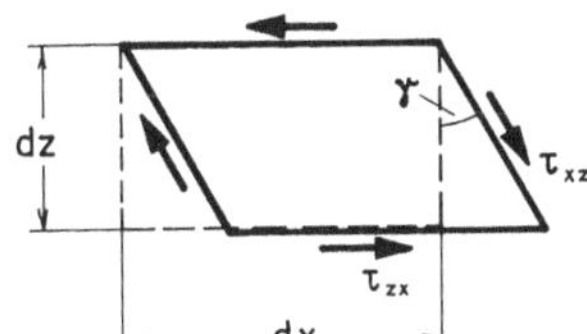

Bild 34.2. Schubverformung eines Elementes $dx\,dz\,dy$

B. Formänderungsarbeit

35. Eigenarbeit und Verschiebungsarbeit

35.1. Formänderungsarbeit in der linearen Statik

In vielen Fällen ist es zweckmäßig, zur Ermittlung von Verformungen den scheinbaren Umweg über die Formänderungsarbeit zu benutzen. Verschiebt sich der Angriffspunkt einer Kraft P auf einem Weg f, so wird eine Arbeit geleistet, die mit A_P bezeichnet sei, und deren Zuwachs auf dem Wegelement df

$$dA_P = P \cos \alpha \, df$$

ist. α ist dabei der Winkel zwischen der Richtung von P und der von df. Durch Integration ergibt sich die Formänderungsarbeit selbst zu

$$A_P = \int_0^f P \cos \alpha \, df. \tag{35.1}$$

Dabei ist die Integrationskonstante gleich Null gesetzt und dadurch definiert, daß bei $f=0$ stets $A_P=0$ sein soll.

Der Ausdruck (1), der noch allgemein auch für den nichtlinearen Fall gilt, sei nun für die lineare Statik spezialisiert. f ist dann stets Stück einer geraden Linie und P kann auf dem Weg f nur seine Größe, nicht seine Richtung ändern. Der Winkel α ist dann eine Konstante. Man kann damit von einer Wegkomponente $f \cos \alpha$ in Kraftrichtung sprechen. Sie sei mit δ bezeichnet:

$$f \cos \alpha = \delta, \tag{35.2 a}$$

$$\cos \alpha \, df = d(f \cos \alpha) = d\delta. \tag{35.2 b}$$

In dem aus (1) und (2) folgenden Ausdruck

$$A_P = \int_0^\delta P \, d\delta \tag{35.3}$$

muß noch darüber verfügt werden, wie sich P während des Weges f ändern soll. Hier ist es praktisch nur von Interesse, zwei Möglichkeiten in Betracht zu ziehen. Die eine führt zur *Eigenarbeit*, die andere zur *Verschiebungsarbeit*. Bevor diese Begriffe erklärt werden, sei betont, daß hier folgende Bezeichnungsweise gewählt ist:

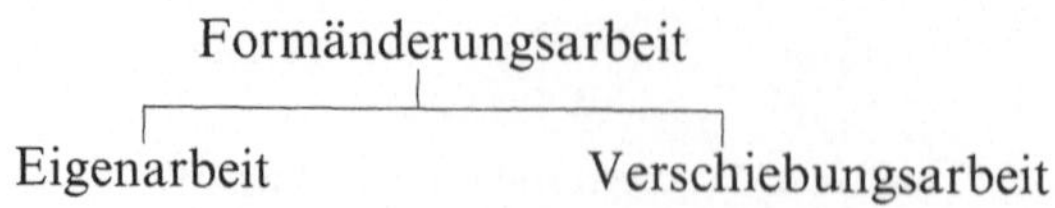

»Formänderungsarbeit« ist also der übergeordnete Begriff, der sowohl für die Eigenarbeit als auch für die Verschiebungsarbeit benutzt werden kann. Diese Klarstellung ist zweckmäßig, da in der Literatur auch anders definiert wird.

35.2. Eigenarbeit

Die Eigenarbeit einer Kraft ist die Formänderungsarbeit, die von der Kraft auf dem durch sie selbst hervorgerufenen Verformungsweg geleistet wird. Bei dem Beispiel von Bild 35.1a ist also die Arbeit zu berechnen, die sich ergibt, wenn P nach dem linearen Kraft-Verformungsdiagramm von Bild 35.1b proportional f anwächst, d.h. wenn gilt

$$P = c\,\delta, \qquad c \text{ Konstante.} \tag{35.4}$$

Nach (3) wird dann

$$A_P = \int_0^\delta c\,\delta\,\mathrm{d}\delta,$$

$$A_P = \frac{1}{2} c\,\delta^2 = \frac{1}{2} P\,\delta = \frac{1}{2}\frac{P^2}{c}. \tag{35.5a, b, c}$$

Gleichung (5a, b, c) stellt drei verschiedene Schreibweisen der Eigenarbeit dar, von denen vor allem (5c) für die praktische Rechnung gebraucht wird, während (5b) am anschaulichsten ist. Danach gilt für eine Kraft

$$\text{Eigenarbeit} = \tfrac{1}{2}\cdot\text{Kraft}\cdot\text{Weg}. \tag{35.6}$$

Da nach Bild 35.1b die Eigenarbeit der Inhalt eines Dreiecks ist, läßt sich das Resultat (6) geometrisch sofort einsehen. Vom Standpunkt der Mechanik wird der Faktor $\tfrac{1}{2}$ verständlich, wenn man bedenkt, daß hier die Arbeit für aufeinander folgende Gleichgewichtszustände berechnet wird, d.h. P kann erst mit δ allmählich anwachsen. Die Eigenarbeit ist im übrigen in Abhängigkeit von δ nach (5a) eine Parabel, wie es Bild 35.1c zeigt. Die Abhängigkeit von P ist nach (5c) natürlich ebenfalls parabolisch.

Bisher wurde nur die Eigenarbeit A_P *einer* Kraft betrachtet. Wird ein System mit mehreren Einzelkräften P, Streckenkräften q_x, q_z und Einzelmomenten M^*

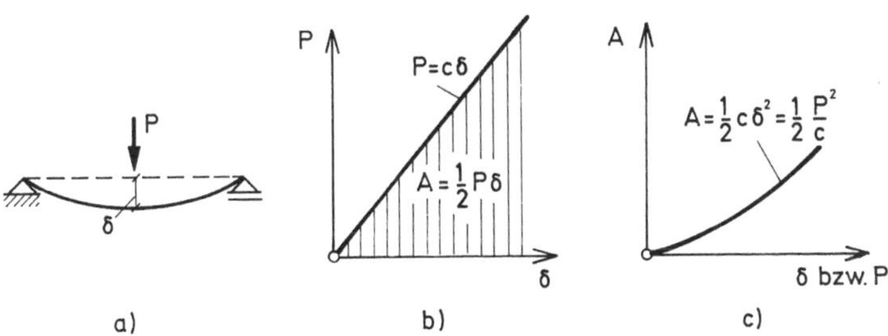

Bild 35.1 a–c. Zur Definition der Eigenarbeit

belastet, so gilt, wenn φ der zu M^* gehörige Verformungsweg ist und die Eigenarbeit ohne Index P mit A bezeichnet wird

$$A = \sum_i \tfrac{1}{2} P_i \delta_i + \int_{(s)} \tfrac{1}{2}(q_x u + q_z w)\,ds + \sum_k \tfrac{1}{2} M_k^* \varphi_k. \tag{35.7}$$

Die Summen sind über alle i bzw. k zu erstrecken, das Integral ist längs der Koordinate s über alle Stäbe des Systems zu erstrecken.

35.3. Verschiebungsarbeit

Es wird definiert: *Die Verschiebungsarbeit einer Kraft ist die Formänderungsarbeit, die auf dem Verschiebungsweg geleistet wird, der durch andere Kräfte und sonstige Ursachen (Temperaturänderungen usw.) hervorgerufen wird.* Als Erläuterungsbeispiel diene Bild 35.2. Hier wird der Balken zuerst mit P_{I} belastet. Dabei leistet P_{I} die Eigenarbeit $\tfrac{1}{2} P_{\mathrm{I}} \delta_{\mathrm{I}}$, die aber nicht weiter interessiert. Dann wird P_{II} aufgebracht und auch deren Eigenarbeit wird nicht weiter beachtet. In der Angriffsstelle von P_{I} erzeugt P_{II} die Durchbiegung δ_{II}. Dabei wird P_{I} mit verschoben und leistet während dieser Verschiebung die mit A_P^* bezeichnete Verschiebungsarbeit

$$A_P^* = \int_0^{\delta_{\mathrm{II}}} P_{\mathrm{I}}\,d\delta_{\mathrm{II}}. \tag{35.8}$$

Da bei der Integration über δ_{II} die Kraft P_{I} konstant ist, wird

$$A_P^* = P_{\mathrm{I}}\,\delta_{\mathrm{II}}, \tag{35.9}$$

d.h. in Worten

$$\text{Verschiebungsarbeit} = \text{Kraft} \cdot \text{Weg}. \tag{35.10}$$

Bild 35.2b, c erläutern die Zusammenhänge zusätzlich. Im Gegensatz zur Eigenarbeit fehlt hier der Faktor $\tfrac{1}{2}$, da P_{I} von Beginn der Verschiebung δ_{II} ab in voller Größe vorhanden ist und sich nicht erst den Verschiebungsweg selbst erzeugen muß. Zur Veranschaulichung dieses Unterschiedes wird die Eigenar-

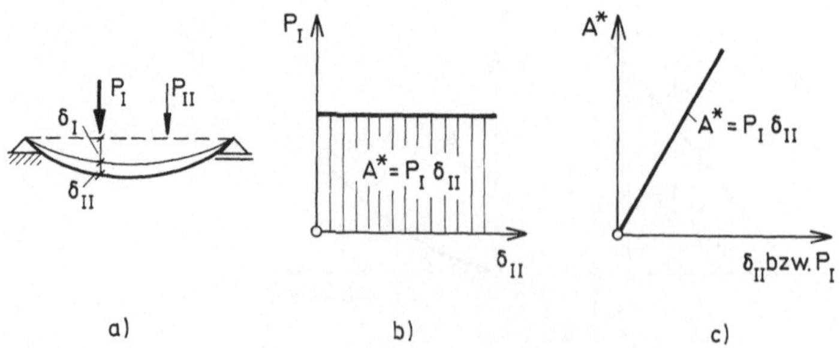

Bild 35.2 a–c. Zur Definition der Verschiebungsarbeit

beit auch »aktive« Arbeit und die Verschiebungsarbeit »passive« Arbeit genannt.

Gleichung (9) stellt wieder nur die Arbeit A_P^* einer Kraft dar. Der für mehrere Kräfte und Momente gültige Ausdruck A^* ist entsprechend (7) zu formulieren. Wesentlich ist aber dabei, daß Verschiebungsarbeit auch dadurch entstehen kann, daß die Wege durch Temperaturänderungen, Kriechen, Schwinden und Stützensenkungen hervorgerufen werden. Die Eigenarbeit konnte diesen Anteil definitionsgemäß nicht enthalten, da die Wege nur durch Kräfte erzeugt werden sollten.

Im folgenden werden dann, wenn es zweckmäßig ist, bei der Verschiebungsarbeit noch die beiden Indizes I und II benutzt. Die Arbeit heißt dann $A_\mathrm{I,II}^*$, *wobei der erste Index den Arbeit leistenden Zustand, der zweite die Verschiebungswege kennzeichnet.*

35.4. Formänderungsarbeit und Superpositionsgesetz

Es ist nützlich, die Anwendung des Superpositionsgesetzes auf die Formänderungsarbeit kurz zu betrachten. Die Verschiebungsarbeit ist nach Bild 35.2c sowohl in Abhängigkeit von δ_II, als auch von P_I eine Gerade. Das bedeutet, daß hier das Superpositionsgesetz unbedenklich angewendet werden kann. *Dagegen darf bei der Eigenarbeit das Superpositionsgesetz nicht benutzt werden*, da sich nach Bild 34.2c für A eine Parabel ergibt. Dieser Tatbestand sei noch an einem einfachen Beispiel näher betrachtet.

Nach Bild 35.3 sei eine Feder mit dem linearen Werkstoffgesetz $P = c\,\delta$ nacheinander durch die Kräfte P_I und P_II belastet, wodurch die Verformungen δ_I und δ_II entstehen. Es sei nun

$$P_\mathrm{III} = P_\mathrm{I} + P_\mathrm{II}.$$

Das Superpositionsgesetz für die Verformungen sagt dann aus, daß die zu P_III gehörige Federverlängerung

$$\delta_\mathrm{III} = \delta_\mathrm{I} + \delta_\mathrm{II}$$

ist. Der Beweis ist im vorliegenden Fall sehr einfach:

$$\delta_\mathrm{I} + \delta_\mathrm{II} = \frac{P_\mathrm{I}}{c} + \frac{P_\mathrm{II}}{c} = \frac{1}{c}(P_\mathrm{I} + P_\mathrm{II}) = \frac{P_\mathrm{III}}{c} = \delta_\mathrm{III}.$$

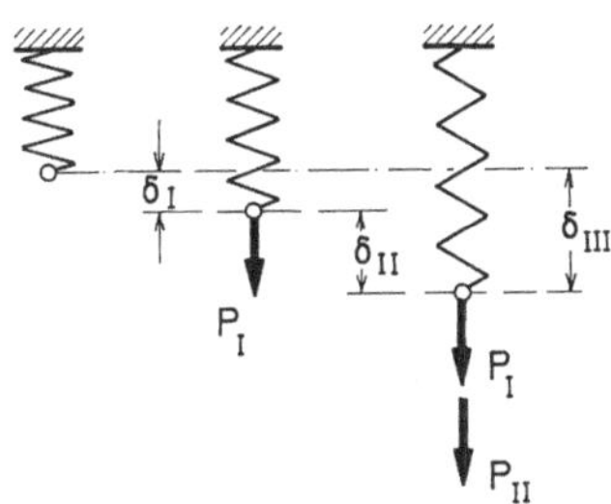

Bild 35.3. Superpositionsgesetz und Eigenarbeit

Es ist nun in der Tat

$$A_{\mathrm{III}} \neq A_{\mathrm{I}} + A_{\mathrm{II}}, \tag{35.11}$$

wie folgende Rechnung zeigt:

$$
\begin{aligned}
A_{\mathrm{III}} &= \tfrac{1}{2} P_{\mathrm{III}}\, \delta_{\mathrm{III}} \\
&= \tfrac{1}{2} c\, \delta_{\mathrm{III}}^2, \\
A_{\mathrm{III}} &= \tfrac{1}{2} c (\delta_{\mathrm{I}} + \delta_{\mathrm{II}})^2 \\
&= \tfrac{1}{2} c\, \delta_{\mathrm{I}}^2 + \tfrac{1}{2} c\, \delta_{\mathrm{II}}^2 + c\, \delta_{\mathrm{I}}\, \delta_{\mathrm{II}} \\
&= \tfrac{1}{2} P_{\mathrm{I}}\, \delta_{\mathrm{I}} + \tfrac{1}{2} P_{\mathrm{II}}\, \delta_{\mathrm{II}} + P_{\mathrm{I}}\, \delta_{\mathrm{II}}
\end{aligned}
\tag{35.12}
$$

$$A_{\mathrm{III}} = A_{\mathrm{I}} + A_{\mathrm{II}} + A_{\mathrm{I,II}}^*. \tag{35.13}$$

Würde man fälschlicherweise das Superpositionsgesetz auf die Eigenarbeit anwenden, so hätte man mathematisch beim Ausquadrieren des Klammerausdrucks in (12) das gemischte Glied $2\delta_{\mathrm{I}}\,\delta_{\mathrm{II}}$ vergessen. Wichtiger ist jedoch, daß dieser Fehler eine mechanische Bedeutung hat: Man hätte die Verschiebungsarbeit $A_{\mathrm{I,II}}^*$ nicht berücksichtigt. Diese muß aber auftreten, wenn nach Belastung mit P_{I} die zusätzliche Belastung mit P_{II} stattfindet und dabei P_{I} mit verschoben wird. Diese mechanische Deutung bleibt auch richtig, wenn die Gesamtarbeit eines *beliebigen* Kräftesystems irgendeines Tragwerks aus zwei Arbeiten zusammengesetzt werden soll. Gleichung (13) ist damit allgemein gültig und beschränkt sich nicht nur auf die Feder von Bild 35.3.

36. Sätze von Betti und Maxwell

Entsprechend der oben festgestellten Allgemeingültigkeit der Gleichung (35.13) seien nunmehr durch I und II zwei beliebige Kräftesysteme eines beliebigen Tragwerks gekennzeichnet. Die in (35.13) zum Ausdruck kommende Reihenfolge der Belastung läßt sich nun auch umkehren, so daß zuerst das Kräftesystem II und dann das System I auf das Tragwerk aufgebracht wird. Die entsprechende Gesamtarbeit A_{III} muß dann unverändert bleiben, da ein linearelastisches Werkstoffgesetz vorausgesetzt ist. Dadurch ist ausgeschlossen, daß bei einer Be- und Entlastung Energie gewonnen oder vernichtet wird, wie es der Fall sein würde, wenn die geleisteten Arbeiten von der Belastungsreihenfolge abhängen würden.

Es muß also gelten

$$
\begin{aligned}
A_{\mathrm{III}} &= A_{\mathrm{I}} + A_{\mathrm{II}} + A_{\mathrm{I,II}}^* \\
&= A_{\mathrm{II}} + A_{\mathrm{I}} + A_{\mathrm{II,I}}^*, \\
A_{\mathrm{I,II}}^* &= A_{\mathrm{II,I}}^*.
\end{aligned}
\tag{36.1}
$$

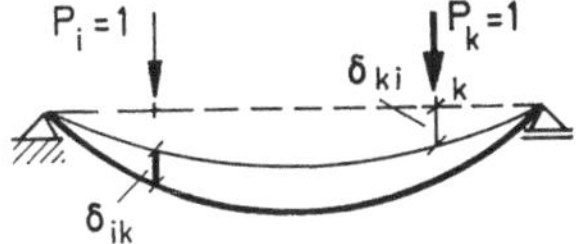

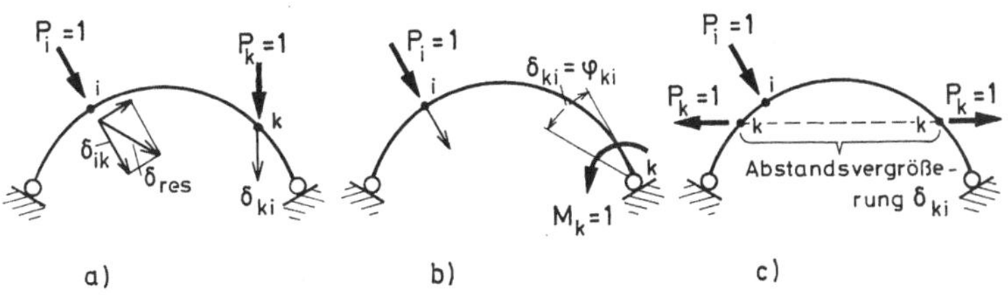

Bild 36.1. Maxwellscher Satz für einen Balken auf zwei Stützen mit Einzellasten

Bild 36.2 a–c. Zur Gültigkeit des Maxwellschen Satzes

Dieser Bettische Satz[12] heißt in Worten: *Die »gegenseitigen« Verschiebungsarbeiten zweier Kräftesysteme sind einander gleich.*

Dieser Satz wird besonders häufig in der Sonderform des Maxwellschen Satzes angewendet. Die Kräftesysteme I und II bestehen dabei jeweils nur aus einer Kraftgröße vom Betrag Eins. Es gelten also wieder die beim Beispiel von Bild 35.2 skizzierten Verhältnisse mit $P_I = 1$ und $P_{II} = 1$. Zweckmäßig wird eine Änderung der Indizessymbolik vorgenommen, die den Ort der beiden Kraftgrößen erkennen läßt. Nach Bild 36.1 seien die beiden Kraftangriffsstellen i und k, während die beiden Kräfte $P_I = P_i$ und $P_{II} = P_k$ sein mögen. Die Durchbiegungen seien δ_{ik} und δ_{ki}. Dabei gibt der erste Index den Ort der Verschiebungen an, der zweite die Ursache. Diese Bedeutung der Indizesreihenfolge war auch schon bei der Methode der Stabvertauschung in Abschnitt 16 gewählt worden.

Der Maxwellsche Satz[13] ergibt sich nun nach (1) zu

$$1 \cdot \delta_{ik} = 1 \cdot \delta_{ki} \tag{36.2}$$

d.h. *bei Verformungen, die durch Kraftgrößen vom Betrag Eins hervorgerufen werden, sind die Indizes vertauschbar.* Dabei sei verabredet, daß bei Verformungsgrößen, für die der Maxwellsche Satz gilt, kein Komma zwischen den Indizes gesetzt wird. Umgekehrt soll eine Trennung durch ein Komma stets erfolgen, wenn die Vertauschbarkeit nicht gilt.

Zum Maxwellschen Satz sind noch einige Bemerkungen zweckmäßig. Bild 36.1 stellt nur einen Spezialfall dar. Inwiefern die Verhältnisse allgemeiner sein können, sei an Hand von Bild 36.2 geschildert. Die Kräfte P_i und P_k brauchen selbstverständlich nicht einander parallel zu sein und dieselbe Richtung wie die Verschiebungen der Punkte i und k zu haben. Es ist dann aber zu

12 E. Betti: Teoria della elastica. *Il Nuovo Cimento*, Serie II. 7, 8 (1872), 9, 10 (1873).

13 J.C. Maxwell: On the calculation of the equilibrium and stiffness of frames. *Philos. Mag.* 27 (1864) 294

beachten, wie es in Bild 36.2a für den Punkt i gezeigt ist, daß δ_{ik} stets die Projektion der Gesamtverschiebung δ_{res} auf die Richtung von P_i sein muß, damit die Arbeit $A^*_{\mathrm{I,II}} = 1 \cdot \delta_{ik}$ wird. Schon aus diesem Grunde sollte man in (2) die beiden Einsen stets mitschreiben.

Dasselbe wird aber auch wichtig, wenn eine der beiden Arbeit leistenden Größen eine Kraft, die andere ein Moment ist, wie in Bild 36.2b dargestellt. Das Moment $M_k = 1$ leistet hier Arbeit bei der Drehung $\delta_{ki} = \varphi_{ki}$ der Tangente an die Stabachse im Gelenkpunkt k. Es ist die Gleichung (2) jetzt nur richtig, wenn die verschiedenen Dimensionen beachtet werden. Man erhält

$$1^{[\mathrm{K}]} \cdot \delta^{[\mathrm{L}]}_{ik} = 1^{[\mathrm{KL}]} \cdot \varphi^{[\mathrm{L/L}]}_{ki}.$$

Die Kraftgrößen im Maxwellschen Satz können aber nicht nur Kräfte oder Momente, sondern auch Doppelwirkungen sein. In Bild 36.2c sind das zwei Kräfte $P_k = 1$, die eine Arbeit auf dem Weg δ_{ik} leisten, der eine Abstandsänderung der Punkte k sein muß, damit die Aussage $1 \cdot \delta_{ik} = 1 \cdot \delta_{ki}$ richtig ist. Selbstverständlich können als Kraftgrößen auch Momentenpaare auftreten.

In Bild 36.2 ist ein Zweigelenkbogen, also ein statisch unbestimmtes System skizziert worden. Damit soll angedeutet werden, daß sich die Gültigkeit des Maxwellschen Satzes nicht auf statisch bestimmte Systeme beschränkt. In der Ableitung von Gleichung (2) ist diese Beschränkung ja auch an keiner Stelle vorgenommen. Andererseits ist aber zu betonen, *daß der Bettische und Maxwellsche Satz nur im Rahmen der linearen Statik gelten*, da die Schlußweise, die zu (1) führte, nur bei Linearität möglich ist. Bei Versuchen wird die Erfüllung des Maxwellschen Satzes häufig als Prüfstein dafür benutzt, wie gut die Näherung der linearen Statik ist. Schließlich sei bemerkt, daß der Maxwellsche Satz für Verschiebungen, die durch Temperaturänderungen oder Stützensenkungen entstehen, natürlich nicht gilt, da die Ableitung sich nur auf Kräftesysteme bezieht. Es hat ja auch keinen Sinn, z.B. bei der unbehinderten Längsdehnung eines Stabes infolge von Temperaturänderungen, bei der gar keine Kräfte auftreten, von einer Eigenarbeit zu sprechen.

37. Formänderungsarbeit der inneren und äußeren Kräfte

37.1. Definition der inneren Kräfte

Die bisher betrachteten Formänderungsarbeiten sind stets durch die *äußeren* Kräfte ausgedrückt worden. Sie sollen daher in Zukunft A_{a} bzw. A^*_{a} genannt werden. Man kann auch Formänderungsarbeiten der inneren Kräfte definieren, die im folgenden mit A_i bzw. A^*_i bezeichnet seien. Von den inneren Kräften ist bisher überhaupt noch nicht die Rede gewesen. Zunächst ist also deren Definition erforderlich.

Der Begriff der inneren Kräfte ist zuerst in der Himmelsmechanik benutzt worden. Für einen aus mehreren Sternen bestehenden »Punkthaufen« ist es sinnvoll, zwischen den von außen auf den Haufen wirkenden Kräften und den jeweils zwischen zwei Sternen wirkenden entgegengesetzt gleichen Massen-

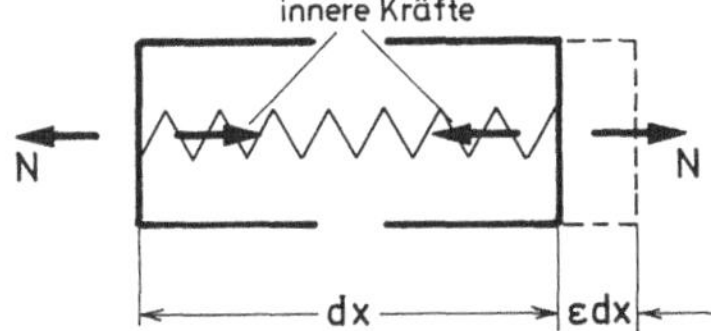

Bild 37.1.
Innere Kräfte eines zugbeanspruchten Elementes

anziehungskräften zu unterscheiden. Die letzteren werden mit Recht innere Kräfte genannt. In der Baustatik wird man beim Fachwerk zwanglos dazu geführt, die auf die Knoten wirkenden Stabkräfte als innere Kräfte aufzufassen. Etwas Schwierigkeiten bereitet es aber, beim Kontinuum eines biegesteifen Stabes eine passende Definition zu finden. Man kann hier folgende Hilfsvorstellung benutzen, die in Bild 37.1 für ein Element eines nur auf Zug beanspruchten Stabes angedeutet ist. Das Element besteht aus den beiden Hälften eines Kastens, die durch eine Feder zusammengehalten werden. Bei einer Beanspruchung mit Biegemomenten hat man sich einen Kasten mit zwei nebeneinander liegenden Federn vorzustellen. Die inneren Kräfte, die das Element zusammenhalten, sind nun die von der Feder auf die Kastenböden ausgeübten Kräfte. Sie sind entgegengesetzt gleich den Schnittgrößen, ein Vorzeichenunterschied, der sich bei der Berechnung der Formänderungsarbeit auswirkt. *Die Eigenarbeit der inneren Kräfte ergibt sich stets als eine negative Größe.* Dabei ist als selbstverständliche Vorzeichendefinition vorausgesetzt, daß zu positiven Spannungen positive Verzerrungen gehören, wie es Bild 37.1 für die Längenänderung $\varepsilon\,\mathrm{d}x$ des Elementes zeigt.

Man kann sich durchaus darüber streiten, ob die beschriebene Vorstellung in der Kontinuumsmechanik berechtigt ist. Erforderlich ist sie sicher nicht. Man könnte auch auf die Einführung innerer Kräfte ganz verzichten und dafür mit der Formänderungsarbeit der Schnittgrößen rechnen. Praktisch würde das nur einen Unterschied im Vorzeichen mit sich bringen. Bei der gewählten Definition ist jedoch der Anschluß an die Fachwerkstatik ein Vorteil. Ferner ist bei zahlreichen Methoden elektronischer Rechnungen eine Diskretisierung kontinuierlicher Stäbe erforderlich, die auf diese Weise vorbereitet und gedanklich erleichtert wird.

37.2. Formänderungsarbeit der inneren Kräfte

Nach Definition der inneren Kräfte kann deren Arbeit berechnet werden. Hierzu wird die negative Arbeit der im Stabquerschnitt wirkenden Spannungen berechnet und dann über die Stablänge integriert. Im folgenden sei zuerst die Verschiebungsarbeit eines Zustandes I auf den Wegen eines Zustandes II ermittelt; aus dem Ergebnis läßt sich dann leicht die Formel für die Eigenarbeit ableiten.

In Bild 37.2 ist ein Teil eines Balkens dargestellt, dessen Querschnitt nur der Anschaulichkeit und Einfachheit halber als Rechteck gezeichnet ist. Innerhalb des Stabes ist ein Element $\mathrm{d}x\,\mathrm{d}x\,\mathrm{d}z$ angedeutet (vgl. Bild 30.1), für das in der darunterstehenden Skizze Spannungen und Verformungswege angegeben sind. Die letzteren sind $\varepsilon_{\mathrm{II}}\,\mathrm{d}s$ für die Längsdehnung und $\gamma_{\mathrm{II}} = \gamma_{\mathrm{II}}^{(1)} + \gamma_{\mathrm{II}}^{(2)}$ für die Schub-

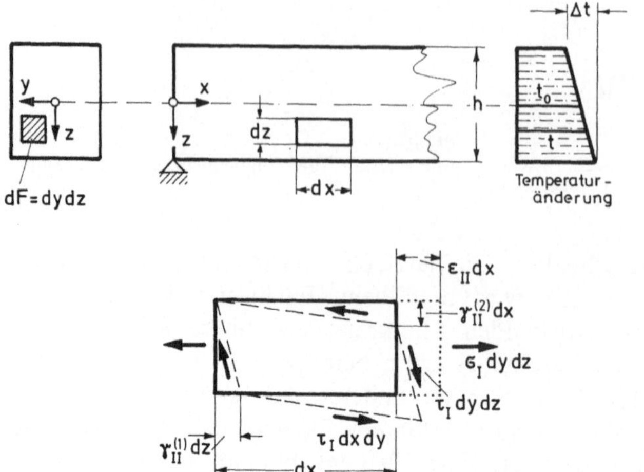

Bild 37.2. Zur Berechnung
der Arbeit der inneren Kräfte

verformung. Die getrennte Darstellung der beiden Verformungen ist erlaubt, weil für die Verformungen das Superpositionsgesetz gilt. Außer den Verzerrungsgrößen ε_{II} und γ_{II} kommen für den Zustand II noch die Dehnungen infolge Temperaturänderungen, Kriechen und Schwinden in Betracht. In Bild 37.2 ist nur eine über die Querschnittshöhe linear veränderliche Temperaturerhöhung dargestellt, die nach den Vorschriften zur angenäherten Erfassung der wirklichen Verteilung in der Regel angenommen werden darf. Mit den Bezeichnungen von Bild 37.2 ist für eine beliebige Faser im Abstand z von der neutralen Ebene

$$t = t_0 + \frac{\Delta t}{h} z \tag{37.1}$$

die Temperaturerhöhung gegenüber einem Ausgangszustand (in der Regel 15 °C). Mit diesem Ansatz ist auch gleichzeitig ein Kriechen und Schwinden erfaßbar, wenn es in eine gleichwertige Temperaturänderung umgerechnet wird. Voraussetzung ist dabei natürlich, daß ebenfalls eine lineare Verteilung über die Querschnittshöhe angenommen werden kann. Soweit im Stahlbetonbau andere Verteilungen berücksichtigt werden müssen, ist es jedoch sowieso erforderlich, auf Querschnittsgestaltung und Werkstoff im einzelnen einzugehen, was hier nicht geschehen soll. Dasselbe gilt für Verformungsgrößen infolge von Vorspannung. Sie sind im Spannbetonbau entscheidend und müssen auf jeden Fall gesondert untersucht werden. Die folgenden Formeln sagen darüber nichts aus.

Die Verschiebungsarbeit der inneren Kräfte ist nun

$$A^*_{i(I,II)} = -\int\limits_{(x)} \int\limits_{(y)} \int\limits_{(z)} (\sigma_I \, dy \, dz \cdot \varepsilon_{II} \, dx + \tau_I \, dy \, dz \cdot \gamma_{II}^{(2)} \, dx + \tau_I \, dx \, dy \cdot \gamma_{II}^{(1)} \, dz).$$

Dabei ist $dF = dy\,dz$ und $\gamma_{II} = \gamma_{II}^{(1)} + \gamma_{II}^{(2)}$. Ferner sei $dx = ds$ gesetzt, um anzudeuten, daß die Formel auch für einen gekrümmten Stab gilt, bei dem die

Koordinate längs der Stabachse mit s bezeichnet war (vgl. Abschnitt 14). Für $A^*_{i(I,II)}$ ergibt sich dann

$$A^*_{i(I,II)} = - \int\limits_{(s)} \int\limits_{(F)} (\sigma_I \varepsilon_{II} + \tau_I \gamma_{II})\, dF\, ds. \tag{37.2}$$

Für die Spannungen und Verzerrungen gilt dabei nach Gl. (31.5) und (31.10) und mit α_t als Temperaturausdehnungskoeffizient

$$\sigma_I = \frac{N_I}{F} + \frac{M_I}{I} z, \tag{37.3 a}$$

$$\varepsilon_{II} = \frac{\sigma_{II}}{E} + \alpha_t t = \frac{N_{II}}{EF} + \frac{M_{II}}{EI} z + \alpha_t \left(t_0 + \frac{\Delta t}{h} z \right), \tag{37.3 b}$$

$$\tau_I = \frac{Q_I S^*}{I b}, \tag{37.3 c}$$

$$\gamma_{II} = \frac{\tau_{II}}{G} = \frac{Q_{II} S^*}{G I b}. \tag{37.3 d}$$

Damit wird aus (2)

$$A^*_{i(I,II)} = - \int\limits_{(s)} \int\limits_{(F)} \left[\left(\frac{N_I}{F} + \frac{M_I}{I} z \right) \left(\frac{N_{II}}{EF} + \frac{M_{II}}{EI} z + \alpha_t t_0 + \alpha_t \frac{\Delta t}{h} z \right) \right.$$
$$\left. + \frac{Q_I S^*}{I b} \frac{Q_{II} S^*}{G I b} \right] dF\, ds. \tag{37.4}$$

Nach Multiplikation der beiden Klammerausdrücke läßt sich die Integration über F ausführen. Dabei gilt

$$\int\limits_{(F)} dF = F, \qquad \int\limits_{(F)} z\, dF = 0, \qquad \int\limits_{(F)} z^2\, dF = I.$$

Ferner sei die Abkürzung

$$\kappa = F \int\limits_{(F)} \frac{S^{*2}}{I^2 b^2}\, dF \tag{37.5}$$

eingeführt. Sie ist eine dimensionslose Größe und läßt sich für eine gegebene Querschnittsform leicht ausrechnen. Man erhält dann

$$A^*_{i(I,II)} = - \int\limits_{(s)} \left(\frac{N_I N_{II}}{EF} + \frac{M_I M_{II}}{EI} + \kappa \frac{Q_I Q_{II}}{GF} + N_I \alpha_t t_0 + M_I \alpha_t \frac{\Delta t}{h} \right) ds. \tag{37.6 a}$$

Die Größen *EF*, *EI* und *GF* werden als *Dehnungssteifigkeit*, *Biegesteifigkeit* und *Schubsteifigkeit* bezeichnet.

Für den Sonderfall des Fachwerks vereinfacht sich (6a) insofern, als keine Biegemomente und Querkräfte vorhanden sind und die Längskräfte zu den über die Stablänge konstanten Stabkräften S werden. Es ist dann nur über alle Stabkräfte zu summieren:

$$A^*_{i(I,II)} = -\Sigma S_I \left(\frac{S_{II}}{EF} + \alpha_t t_0 \right) s. \tag{37.6b}$$

Da die Längenänderung eines Stabes im Zustand II

$$\Delta s_{II} = \left(\frac{S_{II}}{EF} + \alpha_t t_0 \right) s$$

ist, ergibt sich auch aus (6b)

$$A^*_{i(I,II)} = -\Sigma S_I \Delta s_{II}.$$

Dieser Ausdruck bestätigt noch einmal A^*_i als Arbeit der inneren Kräfte. Denn die Stabkräfte S sind die negativen inneren Kräfte und Δs die zugehörigen Verschiebungen.

Die Formel für die Eigenarbeit erhält man aus (6a), wenn man

$$N_I = N_{II} = N, \quad M_I = M_{II} = M, \quad Q_I = Q_{II} = Q$$

setzt, die jetzt sinnlosen Temperaturglieder streicht und schließlich den Faktor $\frac{1}{2}$ berücksichtigt:

$$A_i = -\frac{1}{2} \int\limits_{(s)} \left(\frac{N^2}{EF} + \frac{M^2}{EI} + \kappa \frac{Q^2}{GF} \right) ds. \tag{37.7a}$$

Für das Fachwerk wird daraus

$$A_i = -\frac{1}{2} \Sigma \frac{S^2}{EF} s. \tag{37.7b}$$

37.3. Zusammenhang zwischen Arbeiten der inneren und äußeren Kräfte

Sowohl für die Eigenarbeit, als auch für die Verschiebungsarbeit ist die *Summe der Arbeiten der inneren und äußeren Kräfte gleich Null*, also

$$A_i + A_a = 0, \tag{37.8}$$

$$A^*_i + A^*_a = 0. \tag{37.9}$$

Für die Eigenarbeit folgt das aus dem Satz von der Erhaltung der Energie. Wie bereits bei Ableitung des Bettischen Satzes begründet wurde, muß für die hier behandelten Systeme der Energiesatz in der Form gelten, daß die bei

Belastung in ein System hineingesteckte Arbeit bei einer Entlastung wieder vollständig zurückgewonnen wird. Nach Definition ist die Arbeit der inneren Kräfte bei Belastung mit $+A_i$, bei Entlastung mit $-A_i$ bezeichnet. Beim Belasten (Aufziehen einer Uhrfeder) wird nun von den äußeren Kräften die Arbeit A_a in das System hineingesteckt. Diese Energie wird beim Entlasten (Entspannen der Uhrfeder) von den inneren Kräften als $-A_i$ wieder abgegeben. Es ist also $A_a = -A_i$, $A_a + A_i = 0$.

Gleichung (9) ergibt sich aus der Tatsache, daß die Verschiebungsarbeit auch als virtuelle Arbeit gedeutet werden kann. Es ist daher mit der Bezeichnungsweise von Abschnitt 21

$$\Sigma A_v = A_i^* + A_a^* = 0$$

der Ausdruck für das Prinzip der virtuellen Verrückungen für einen elastischen Körper. Dazu ist allerdings noch verschiedenes zu bemerken.

Die virtuelle Verrückung war als eine Verschiebung definiert worden, die gewissen Zwangsbedingungen genügt, hinreichend klein ist, im übrigen beliebig und nur gedacht ist. Es ist sehr plausibel, daß die Verformungen, die durch ein Kräftesystem II in einem Tragwerk erzeugt werden und infolgedessen alle Randbedingungen befriedigen, auch den erforderlichen Zwangsbedingungen genügen. Diese Vermutung kann aber nur bewiesen werden, wenn die Zwangsbedingungen, für die das Prinzip der virtuellen Verrückungen gilt, näher untersucht werden. Dabei ist dann auch die Frage nach notwendigen und hinreichenden Bedingungen interessant und praktisch wichtig. Diese Untersuchung und damit der Beweis des Prinzips der virtuellen Verrückungen für elastische Körper möge jedoch für später zurückgestellt werden.

Die übrigen drei Eigenschaften einer virtuellen Verrückung lassen sich für den elastischen Körper leicht erklären. Die Verformung des Zustandes II wird voraussetzungsgemäß nach der linearen Statik gerechnet. Damit wird aber genau die Forderung des »unendlich Kleinen« erfüllt. Der Zustand II ist ferner, wie verlangt, beliebig. Die virtuellen Verrückungen brauchen schließlich in Wirklichkeit nicht zu existieren. Wenn sie es doch tun — und der Zustand II ist ein durchaus realer Zustand —, so wird damit die Gültigkeit des Prinzips der virtuellen Verrückungen nicht eingeschränkt.

37.4. Größe der verschiedenen Arbeitsanteile

Die einzelnen Anteile der Formänderungsarbeit haben verschiedenes Gewicht. Zur Erläuterung sei nach Bild 37.3 ein einseitig eingespannter Träger betrachtet, der an seinem freien Ende durch eine Vertikalkraft P und eine Horizontalkraft H belastet ist. Die Querschnittsform und der Elastizitätsmodul seien über die Stablänge konstant.

Bild 37.3. Träger mit Vertikal- und Horizontallast

Die Schnittgrößen sind

$$N = H, \quad M = -Px, \quad Q = -P.$$

Für die Eigenarbeit der inneren Kräfte erhält man nach (7a)

$$A_i = -\frac{1}{2}\int_0^l \left(\frac{H^2}{EF} + \frac{P^2 x^2}{EI} + \kappa\frac{P^2}{GF}\right) dx$$

$$= -\frac{1}{2}\frac{P^2 l}{EF}\left(\frac{H^2}{P^2} + \frac{1}{3}\frac{F}{I}l^2 + \kappa\frac{E}{G}\right). \tag{37.10}$$

Wählt man einen Rechteckquerschnitt als Beispiel, so ergibt sich mit den Bezeichnungen von Bild 31.1

$$F = bh, \quad I = \frac{bh^3}{12},$$

$$S^* = \int_z^{h/2} bz\,dz = \frac{b}{2}\left[\left(\frac{h}{2}\right)^2 - z^2\right]$$

$$\kappa = F\int_{(F)}\frac{S^{*2}}{I^2 b^2}\,dF = bh\int_{-h/2}^{+h/2}\frac{\frac{b^2}{4}\left[\left(\frac{h}{2}\right)^2 - z^2\right]^2}{\left(\frac{bh^3}{12}\right)^2 b^2}\,b\,dz$$

$$= \frac{36}{h^5}\int_{-h/2}^{+h/2}\left(\frac{h^4}{16} - \frac{h^2}{2}z^2 + z^4\right) dz$$

$$= \frac{36}{30} = 1{,}2.$$

Mit

$$G = \frac{E}{2(1+\mu)}$$

und $\mu = 0{,}3$ wird dann aus A_i

$$A_i = -\frac{1}{2}\frac{P^2 l}{EF}\left(\frac{H^2}{P^2} + 4\frac{l^2}{h^2} + 3{,}12\right)$$

$$= A_N + A_M + A_Q, \tag{37.11}$$

wobei mit A_N die Arbeit der Längskräfte, A_M die der Biegemomente und A_Q die der Querkräfte bezeichnet sei.

Zunächst sei A_Q im Vergleich zu A_M betrachtet. Für ein mittleres Verhältnis $l/h = 15$ wird

$$\frac{A_Q}{A_M} = \frac{3{,}12}{4\cdot 15^2} = 0{,}00347 \approx 0{,}3\,\%.$$

A_Q ist demnach verschwindend klein und kann ohne weiteres gegenüber A_M vernachlässigt werden.

So günstig liegen die Verhältnisse allerdings nicht immer. Bei I-Trägern mit kräftigen Flanschen und dünnem Steg kann κ bis zu zehnmal so groß wie beim Rechteckquerschnitt werden und das Verhältnis l/h — wenn h jetzt allgemein die Trägerhöhe bedeutet — kann durchaus kleiner als 15 werden. Es ist zwar beim Stab Voraussetzung, daß $l \gg h$ sein muß, aber bei $l/h = 5$ kann man zur Not noch von einem Stab sprechen. Bei diesen Verhältnissen nehmen dann aber A_Q und A_M gleiche Größenordnungen an. Immerhin kann gesagt werden: *Die Formänderungsarbeit der Querkräfte kann in der Regel vernachlässigt werden und ist nur in Sonderfällen zu berücksichtigen.*

Etwas anders verhält es sich mit der Arbeit der Längskräfte. Sie ist, wie aus (11) ersichtlich, ebenfalls vernachlässigbar, wenn H die Größenordnung von P hat, d.h. wenn die Lasten, die durch Längskräfte abgetragen werden, und die, welche Biegemomente erzeugen, etwa gleich groß sind. Ist jedoch $P = 0$, so kann

$$A_N = -\frac{1}{2}\frac{H^2 l}{EF}$$

natürlich nicht mehr vernachlässigt werden. Dies ist der Fall beim idealen Gelenkfachwerk, wo die Lasten allein durch Längskräfte übertragen werden. Auch bei einem Bogen, der mit Stützlinienbelastung beansprucht wird, ist $A_M = 0$. Wenn dieser Sonderfall auch praktisch nie genau gegeben ist, so sind doch die Längskräfte bei Bogenkonstruktionen stets von entscheidendem Einfluß. Weitere Beispiele ließen sich unschwer anfügen. Es ist festzustellen: *Die Formänderungsarbeit der Längskräfte kann zwar in zahlreichen Fällen vernachlässigt werden, muß aber ebenso häufig berücksichtigt werden.*

Bei allen weiter unten behandelten Beispielen wird nur mit A_M gerechnet. Die gegebenenfalls erforderliche Berücksichtigung von A_N und A_Q bereitet keine grundsätzlichen Schwierigkeiten.

38. Verformungsberechnung mit der Formänderungsarbeit

38.1. Benutzung der Eigenarbeit

Es gibt einen einfachen Sonderfall, in dem die Eigenarbeit direkt eine Verformung liefert. Dies ist der Fall, wenn die Belastung des Systems nur aus *einer* Kraftgröße besteht und die Verformung am Ort und in Richtung der Kraftgröße gesucht wird. Heißt die Kraftgröße F und die Verformung δ, so ist mit (37.8)

$$A_a = \tfrac{1}{2}F\delta = -A_i$$

und mit (37.7a)

$$\delta = \frac{1}{F}\int\limits_{(s)}\left(\frac{N^2}{EF} + \frac{M^2}{EI} + \kappa\frac{Q^2}{GF}\right)\mathrm{d}x. \tag{38.1}$$

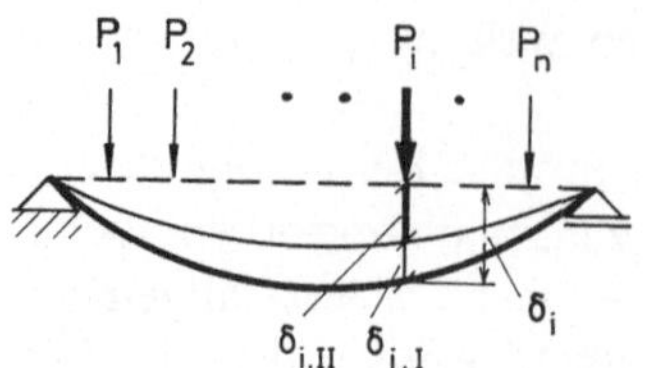

Bild 38.1. Zur Ermittlung der Verformung mit der Eigenarbeit

Als Beispiel möge der Träger von Bild 37.3 mit $H = 0$ dienen. Die senkrechte Durchbiegung des freien Endes bei $x = 0$ unter der Last P sei δ_0. Wird die Arbeit der Querkräfte vernachlässigt, so ist nach (1) mit $M = -Px$

$$\delta = \delta_0 = \frac{1}{P} \int_0^l \frac{P^2 x^2}{EI}\, dx = \frac{1}{3} \frac{P l^3}{EI}. \tag{38.2}$$

Diese nur für eine Kraftgröße brauchbare Rechnung kann auf folgende Weise verallgemeinert werden.

Es sei das System von Bild 38.1 betrachtet, ein Balken auf zwei Stützen mit mehreren senkrechten Einzellasten. Gesucht sei die infolge der Gesamtbelastung auftretende Durchbiegung $\delta_i = \delta_{i,I} + \delta_{i,II}$ unter der Last P_i. Hierzu sei die Belastung in zwei Kräftesysteme aufgespalten:

Kräftesystem I besteht nur aus P_i,

Kräftesystem II enthält alle übrigen Lasten.

Erfolgt die Belastung so, daß zuerst System I und dann System II aufgebracht wird, so ist die Eigenarbeit

$$A_a = A_{a,I} + A_{a,II} + A_{a\,(I,II)}^*$$
$$= \tfrac{1}{2} P_i \delta_{i,I} + A_{a,II} + P_i \delta_{i,II}.$$

P_i und $\delta_{i,I}$ sind einander proportional, was wieder durch $P_i = c\,\delta_{i,I}$ zum Ausdruck gebracht sei. Man erhält dann

$$A_a = \frac{1}{2} \frac{P_i^2}{c} + A_{a,II} + P_i \delta_{i,II}.$$

Die Abhängigkeit der einzelnen Arbeitsanteile von P_i ist damit deutlich gemacht; $A_{a,II}$ und $\delta_{i,II}$ sind unabhängig von P_i. Man kann nun nach P_i differenzieren und bekommt

$$\frac{dA_a}{dP_i} = \frac{P_i}{c} + 0 + \delta_{i,II}$$
$$= \delta_{i,I} + \delta_{i,II} = \delta_i.$$

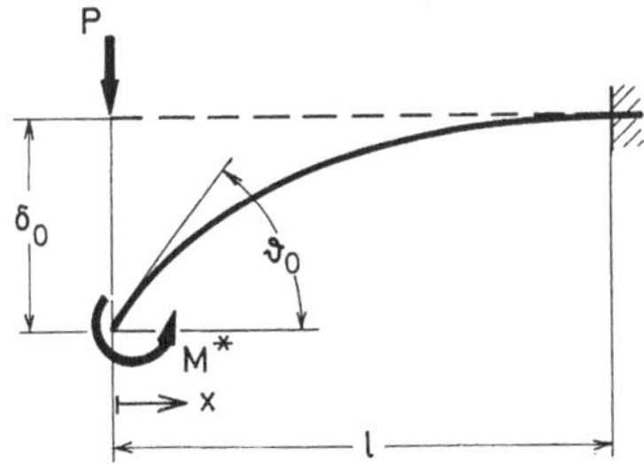

Bild 38.2.
Beispiel für die Anwendung des Castiglianoschen Satzes

Die obige Ableitung gilt offenbar nicht nur für den als Beispiel gewählten Balken auf zwei Stützen, sondern für ein beliebiges System, das im übrigen auch statisch unbestimmt sein kann. Ferner darf die Belastung des Kräftesystems II beliebig sein und an die Stelle der Kraft P_i kann eine beliebige Kraftgröße F_i treten. Man erhält so den *Satz von Castigliano*[14], wenn noch durch das partielle Differentiationszeichen darauf hingewiesen wird, daß nur F_i als veränderlich anzusehen ist, und wenn $A_a = -A_i$ gesetzt wird

$$\delta_i = \frac{\partial A_a}{\partial F_i} = \frac{\partial(-A_i)}{\partial F_i}. \tag{38.3}$$

Die partielle Ableitung der negativen Eigenarbeit der inneren Kräfte nach einer Kraftgröße ist gleich der Verformung am Ort und in Richtung der Kraftgröße.

Mit (37.7a) erhält man die für Verformungsrechnungen in Betracht kommende Formel

$$\delta_i = \frac{1}{2} \frac{\partial}{\partial F_i} \int_{(s)} \left(\frac{N^2}{EF} + \frac{M^2}{EI} + \kappa \frac{Q^2}{GF} \right) \mathrm{d}s. \tag{38.4}$$

Als Beispiel sei nach Bild 38.2 wieder der einseitig eingespannte Träger betrachtet, der jetzt durch eine Last P und ein Moment M^* belastet sei. Gesucht seien die Verformung δ_0 und der Winkel ϑ_0. Die Steifigkeit EI sei wieder konstant. Das Biegemoment ist

$$M = -M^* - Px.$$

Mit Vernachlässigung der Querkraftverformungen wird aus (4)

$$\delta_i = \frac{1}{2} \frac{\partial}{\partial F_i} \int_0^l \frac{1}{EI} (M^{*2} + 2M^*Px + P^2x^2)\,\mathrm{d}x,$$

$$\delta_i = \frac{1}{2EI} \frac{\partial}{\partial F_i} \left(M^{*2}l + M^*Pl^2 + \frac{1}{3}P^2l^3 \right). \tag{38.5}$$

---

14 A. Castigliano: *Theorie des Gleichgewichtes elastischer Systeme.* Wien 1886.

Für $F_i = P$ und $\delta_i = \delta_0$ wird

$$\delta_0 = \frac{1}{2EI}\left(M^{*}\,l^2 + \frac{2}{3}P\,l^3\right) \tag{38.6}$$

und für $F_i = M^{*}$, $\delta_i = \vartheta_0$

$$\vartheta_0 = \frac{1}{2EI}(2M^{*}l + P\,l^2). \tag{38.7}$$

Diese Beispiele zeigen, wie mit dem Castiglianoschen Satz gerechnet werden muß; sie lassen aber auch die Nachteile dieser Rechnung erkennen. Zunächst muß der Arbeitsanteil umsonst ausgerechnet werden, der beim Differenzieren wieder herausfällt. Bei δ_0 ist das in (5) in der Klammer das Glied $M^{*2}l$, bei ϑ_0 das Glied $\frac{1}{3}P^2l^3$. Zweitens läßt sich eine Verformungsgröße nur dort ausrechnen, wo eine entsprechende Kraftgröße angreift. Ist das nicht der Fall — z.B. dann, wenn $P=0$ ist, aber δ_0 gesucht wird — so muß man folgenden Umweg einschlagen. Man muß zunächst ein P annehmen, δ_0 für die Belastung mit M^{*} und P wie in (6) ausrechnen und dann hinterher $P=0$ setzen. Das bedeutet wieder, daß man einen Ausdruck umsonst ausgerechnet hat. Drittens ist festzustellen, daß die Benutzung der Eigenarbeit es nicht gestattet, Temperaturänderungen, Stützensenkungen usw. zu erfassen.

Es wird sich zeigen, daß die genannten Schwierigkeiten bei Benutzung der Verschiebungsarbeit nicht auftreten. Man wird also den Castiglianoschen Satz für Verformungsrechnungen im allgemeinen nicht benutzen. Wenn dieser Satz hier trotzdem abgeleitet wurde, so deswegen, weil er später zur Beantwortung anderer Fragestellungen benötigt wird.

38.2. Benutzung der Verschiebungsarbeit

Nach Bild 38.3 sei wieder der Anschaulichkeit halber das spezielle Beispiel eines Balkens auf zwei Stützen mit senkrechten Einzellasten betrachtet. Die Allgemeingültigkeit des Ergebnisses ist dieselbe wie in Bild 38.1.

Es seien wieder zwei Kräftesysteme benutzt, von denen das erste nur aus der Last P_i bestehen möge. Anders als in Bild 38.1 soll jetzt aber erstens $P_i = 1$ gesetzt werden und zweitens $\delta_{i,\,\mathrm{II}}$ gesucht sein und nicht das gesamte δ_i. Das Kräftesystem II ist dann als die gegebene Belastung aufzufassen, während P nur eine für die Rechnung eingeführte, in Wirklichkeit aber nicht vorhandene Kraft ist. Ferner möge bedeuten

C_{I} Stützenreaktionen von Kräftesystem I,

c Stützenverschiebungen in Richtung der C_{I}.

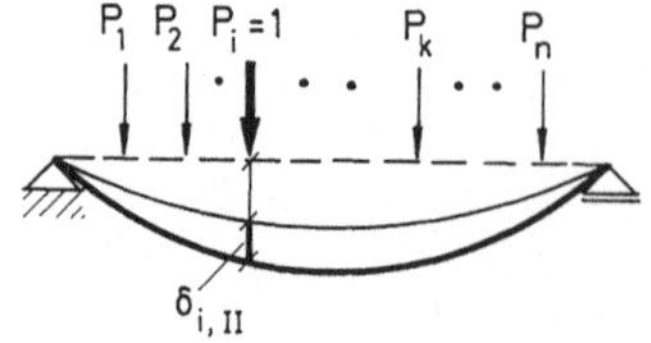

Bild 38.3.
Zur Ermittlung der Verformung mit der Verschiebungsarbeit

Das positive Vorzeichen der Stützenverschiebungen ist also festgelegt, wenn das der Stützenreaktionen gewählt ist, bzw. umgekehrt.

Die Verschiebungsarbeit des Kräftesystems I auf den Wegen des Systems II ist nun

$$A^*_{aI, II} = 1 \cdot \delta_{i, II} + \sum C_I c$$

und

$$1 \cdot \delta_{i, II} = A^*_{aI, II} - \sum C c. \tag{38.8}$$

Eine Verformungsgröße ist also gleich der Verschiebungsarbeit infolge der entsprechenden Kraftgröße Eins auf dem gesuchten Verformungsweg — verringert um die Stützensenkungsarbeit. Die Eins bei $\delta_{i, II}$ wird zweckmäßig mitgeschrieben, um Dimensionsfehler zu vermeiden.

Mit (37.9) und (37.6) ergibt sich zunächst folgende Formel für die Berechnung der Verformung aus den Schnittgrößen:

$$1 \cdot \delta_{i, II} = \int_{(s)} \left(\frac{N_I N_{II}}{EF} + \frac{M_I M_{II}}{EI} + \kappa \frac{Q_I Q_{II}}{GF} + N_I \alpha_t t_0 + M_I \alpha_t \frac{\Delta t}{h} \right) ds - \sum C_I c.$$

Zweckmäßig werden nun noch eine Bezeichnungsvereinfachung durchgeführt und Indizes fortgelassen, die nicht mehr benötigt werden. Es sei

$$N_I = \bar{N}, \qquad M_I = \bar{M}, \qquad Q_I = \bar{Q};$$
$$N_{II} = N, \qquad M_{II} = M, \qquad Q_{II} = Q;$$
$$\delta_{i, II} = \delta, \qquad C_I = \bar{C}.$$

Damit wird dann endgültig

$$1 \cdot \delta = \int_{(s)} \left(\frac{N \bar{N}}{EF} + \frac{M \bar{M}}{EI} + \kappa \frac{Q \bar{Q}}{GF} + \bar{N} \alpha_t t_0 + \bar{M} \alpha_t \frac{\Delta t}{h} \right) ds - \sum \bar{C} c \tag{38.9a}$$

und entsprechend für ein Fachwerk unter Benutzung von (37.6b) mit

$$S_I = \bar{S}, \qquad S_{II} = S,$$
$$1 \cdot \delta = \sum \left(\frac{S}{EF} + \alpha_t t_0 \right) \bar{S} s - \sum \bar{C} c. \tag{38.9b}$$

Nach den Gleichungen (9) werden in der Mehrzahl der Fälle die Verformungen eines statischen Systems berechnet. Die Formeln (9) werden in der Bauingenieurstatik kurz *der* »Arbeitssatz« genannt.

38.3. Beispiele und Bemerkungen zur Verformungsrechnung

Zuerst sei wieder der Balken von Bild 38.2 betrachtet und die Rechnung so dargestellt, wie sie praktisch durchgeführt wird. Die Belastung möge nur aus M^*

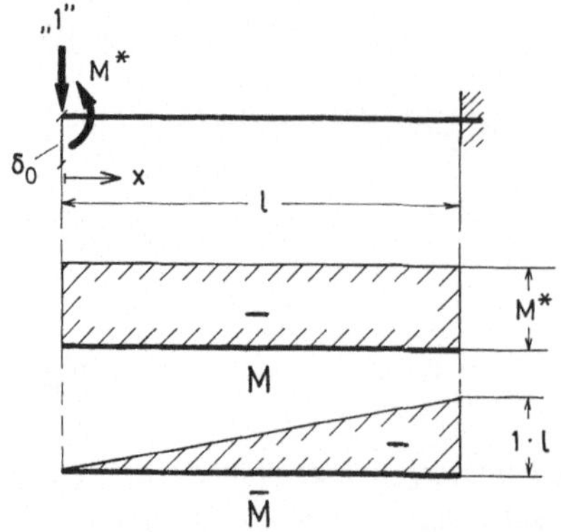

Bild 38.4.
Zur praktischen Anwendung der Verschiebungsarbeit

bestehen, gesucht sei δ_0. Damit wird gerade der Fall vorausgesetzt, in dem die Anwendung des Castiglianoschen Satzes besonders umständlich war. In Bild 38.4 ist das System noch einmal skizziert, aber nicht wie in Bild 38.2 im verformten, sondern im unverformten Zustand. Die bei der Verschiebungsarbeit anzusetzende Kraft $P_i = 1$ wird als »Einheitslast« bezeichnet und ihr Betrag in den Systemskizzen in Anführungsstriche gesetzt. Da durch Angabe dieser Kraft die Art und Richtung der gesuchten Verformung bereits definiert ist, wird diese in der Regel nur als Strecke, nicht als Vektor dargestellt. Häufig wird auf die Darstellung ganz verzichtet.

Die beiden benötigten Biegemomente M und $\overline{M}$ sind unter der Systemskizze angegeben. Querkräfte werden nicht berücksichtigt. Dies soll von nun an stets geschehen, ohne daß es in der Regel besonders erwähnt wird. Nach (9a) ist dann in Übereinstimmung mit den bisherigen Ergebnissen

$$1 \cdot \delta_0 = \int\limits_0^l \frac{M\overline{M}}{EI}\,dx = \int\limits_0^l \frac{M^* \cdot 1 \cdot x}{EI}\,dx = \frac{1}{2}\frac{M^*}{EI}l^2.$$

Als nächstes Beispiel sei für den Rahmen von Bild 38.5 die gegenseitige Verschiebung der Punkte a und b berechnet. Die Riegelsteifigkeit EI sei kon-

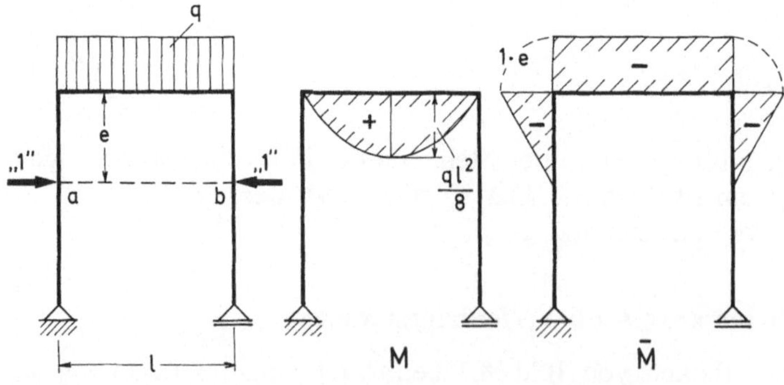

Bild 38.5. Rechteckrahmen mit gleichmäßig verteilter Belastung

stant. Die Einheitsbelastung muß hier aus zwei Kräften »1« bestehen. Beachtet man, daß der Inhalt der Parabel, die den Verlauf des Biegemomentes M angibt, gleich

$$\frac{2}{3} q \frac{l^2}{8} l$$

ist, so wird

$$1 \cdot \delta = \int_0^l \frac{M\overline{M}}{EI}\,\mathrm{d}s = \frac{2}{3}\frac{q\,l^2}{8}\,l\,\frac{e}{EI} = \frac{1}{12}\frac{q\,l^3}{EI}\,e.$$

Die Steifigkeit der Stiele geht in diese Rechnung nicht ein, da sich die Stiele bei der gegebenen Belastung nicht krümmen. Ebenso haben die Längskräfte — exakt und nicht nur angenähert — keinen Einfluß, wie aus ihren Zustandslinien, die in Bild 38.5 allerdings nicht dargestellt sind, sofort hervorgeht.

Ist bei einem Tragwerk die Drehung einer Geraden zu ermitteln, wie in Bild 38.2 der Winkel ϑ_0, so ist als Einheitsbelastung ein Moment »1« aufzubringen. Bei einer gegenseitigen Verdrehung zweier Geraden sind zwei Momente »1« anzusetzen.

Sehr zweckmäßig ist wieder die Ausnutzung von Symmetriebedingungen, wie sie bereits in Abschnitt 12.3 für die Zustandslinien besprochen wurde. *Bei einem symmetrischen System wird*

$$\int_{(s)} \frac{M\overline{M}}{EI}\,\mathrm{d}s = 0,$$

wenn eine der beiden Zustandslinien symmetrisch und die andere antisymmetrisch ist. Selbstverständlich muß jetzt auch der Steifigkeitsverlauf symmetrisch sein und nicht nur die Längenabmessungen wie bei den Zustandslinien. Um bei einem symmetrischen System, aber unsymmetrischer Belastung, die Symmetrie ausnutzen zu können, muß man wieder wie in Abschnitt 12.3 eine Belastungsumordnung vornehmen. Das betrifft sowohl die wirkliche Belastung, als auch die Einheitsbelastung.

Zur Ausrechnung der Integrale

$$\int_{(s)} \frac{M\overline{M}}{EI}\,\mathrm{d}s$$

ist noch folgendes zu sagen. Die Steifigkeit EI ist häufig abschnittsweise konstant, oder zum mindesten näherungsweise konstant. Erstreckt sich ein solcher Abschnitt von a bis b, so ist also nur ein Integral von der Form

$$\int_a^b M\overline{M}\,\mathrm{d}s$$

auszurechnen. Ist dabei auch noch M oder $\overline{M}$ konstant, so ist der Flächeninhalt unter der veränderlichen Zustandsline zu bestimmen. Sind beide Zustandslinien

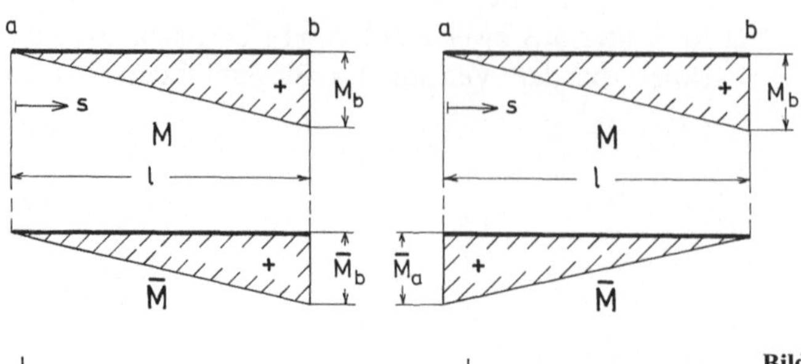

$$\int_0^l M\overline{M}\,ds = \frac{1}{3}\,M_b\overline{M}_b\,l \qquad\qquad \int_0^l M\overline{M}\,ds = \frac{1}{6}\,M_b\overline{M}_a\,l$$

Bild 38.6. Zur Auswertung von Formänderungsintegralen

Dreiecke, so ergeben sich die in Bild 38.6 angegebenen Integrale. Handelt es sich bei M und $\overline{M}$ um Trapeze, so sind diese aus Dreiecken zusammenzusetzen und ebenfalls die Formeln von Bild 38.6 zu verwenden. Für kompliziertere Zustandslinien gibt es Tabellen. Helfen auch sie nicht, so sollte man numerisch nach der Trapezregel integrieren. Danach ist

$$\int_a^b M\overline{M}\,ds = \int_a^b f\,ds = \frac{\lambda}{2}\,[f_0 + 2(f_1 + f_2 + \cdots + f_{n-1}) + f_n],$$

wenn f die Ordinaten der zu integrierenden Funktion $M\overline{M}$ in äquidistanten Punkten mit dem Abstand λ sind.

Für Temperaturänderungen und Stützensenkungen sei auf besondere Beispiele verzichtet, da sie kaum Neues bieten würden. Insbesondere ergibt sich bei Stützensenkungen Bekanntes. Da hier die Arbeit der inneren Kräfte zu Null wird, handelt es sich wieder um das Prinzip der virtuellen Verrückungen starrer Körper. Der Unterschied gegenüber den Erörterungen der Abschnitte 20 bis 22 besteht lediglich darin, daß hier die Verschiebungen wirklich auftreten, die Einheitsbelastung aber gedacht ist und nicht umgekehrt.

38.4. Resultierende Verformungen

Nach dem Castiglianoschen Satz und nach dem Arbeitssatz Gleichung (9) erhält man zunächst nur die Komponente der Gesamtverschiebung in Richtung der angesetzten Last P bzw. der Einheitslast. Will man die Gesamtverschiebung haben, so muß man die Rechnung für eine andere Richtung wiederholen und die beiden Verschiebungskomponenten zu einer resultierenden Verschiebung zusammensetzen.

Dieses Zusammensetzen ist unproblematisch, wenn es sich um rechtwinklige Komponenten handelt, bei denen man genauso vorzugehen hat, wie man es vom Parallelogramm der Kräfte her gewohnt ist. Bei schiefwinkligen Komponenten muß man jedoch anders vorgehen. Bild 38.7 zeigt zunächst, daß es durchaus zweckmäßig sein kann, schiefwinklige Komponenten zu benutzen: Wird bei einem Dreigelenkbogen die Einheitsbelastung in Richtung der Verbindungslinie von Scheitel- und Fußgelenk angesetzt, so erstreckt sich die dadurch erzeugte

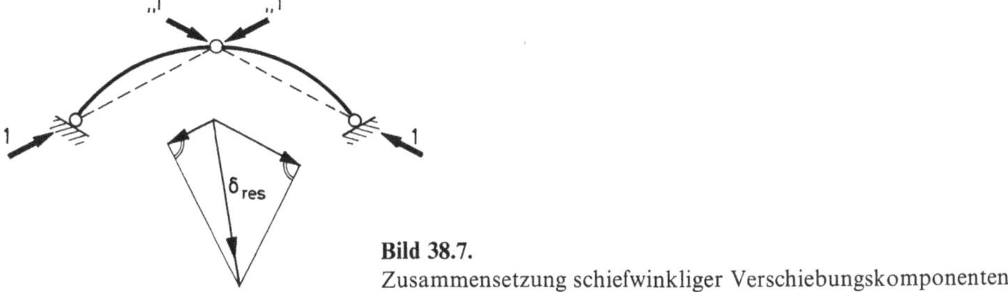

Bild 38.7.
Zusammensetzung schiefwinkliger Verschiebungskomponenten

Beanspruchung nur über eine Bogenhälfte. Die ermittelten Verschiebungskomponenten dürfen dann aber nicht nach dem Parallelogramm zusammengesetzt werden. Es ist vielmehr so vorzugehen, wie es Bild 38.7 zeigt. Das ergibt sich einfach aus der Tatsache, daß beim Arbeitssatz mit $1 \cdot \delta$ die Arbeit berechnet wird, welche die Last »1« auf dem resultierenden Verschiebungsweg δ_{res} leistet. In Abschnitt 23.3 bei Bild 23.5 waren übrigens ähnliche Überlegungen erforderlich.

C. Biegelinien

39. Differentialgleichungen der Biegelinie

39.1. Gerade Stäbe

Bei der Berechnung von Schnittgrößen hatte sich ein unterschiedliches Vorgehen als zweckmäßig herausgestellt, je nachdem, ob die Schnittgrößen nur für wenige Systempunkte oder als ganze Zustandslinie gesucht sind. Im ersten Fall geht man vom Gleichgewicht am endlich großen Trägerteil aus, im zweiten vom Gleichgewicht am Element. Genauso ist es auch bei der Verformungsberechnung. Die Formänderungsarbeit wird hier bei der Ermittlung der Verschiebung einzelner Punkte benutzt; zur Berechnung von Biegelinien geht man von den entsprechenden Differentialgleichungen aus. Diese seien zuerst für gerade Stäbe aufgestellt.

In Bild 39.1 ist als Beispiel für einen geraden Stab ein Balken auf zwei Stützen im verformten Zustand skizziert. Die Koordinaten eines Punktes der Stabachse vor der Verformung sind x und $z = 0$. Die Verformungen in Richtung der x- und z-Achsen seien u bzw. w. Der Neigungswinkel der Tangente an die verformte Stabachse sei φ. Gesucht ist der Zusammenhang zwischen den als gegeben anzunehmenden Schnittgrößen und Temperaturänderungen einerseits und u und w bzw. deren Ableitungen andererseits.

In Abschnitt 37.4 war dargelegt, daß von Ausnahmen abgesehen die Schubverformungen vernachlässigbar sind. Sie sollen nun bei den im folgenden abzuleitenden Differentialgleichungen stets vernachlässigt werden. Von den Ver-

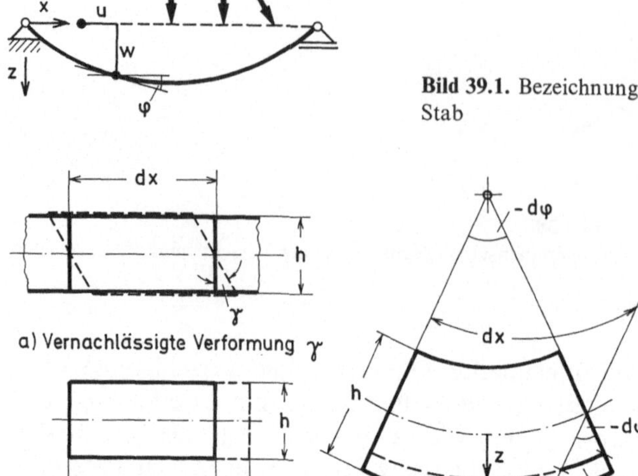

Bild 39.1. Bezeichnung der Verformungen beim geraden Stab

a) Vernachlässigte Verformung γ

$$\varepsilon_N = \frac{du}{dx}$$

b) über z konstante Dehnung

$$\varepsilon_M = -z\,\frac{d\varphi}{dx}$$

c) von z linear abhängige Dehnung

Bild 39.2 a–c. Verformungen infolge Schub, Längskraft und Biegung am Stabelement

zerrungen des Stabes bleiben also nur die Dehnungen der Fasern parallel zur Stabachse übrig, für die nach Gleichung (37.3 b)

$$\varepsilon = \frac{N}{EF} + \alpha_t\, t_0 + \left(\frac{M}{EI} + \alpha_t \frac{\Delta t}{h}\right) z \tag{39.1}$$

gilt, wenn der jetzt überflüssige Index II fortgelassen wird. Der durch (1) gegebene Dehnungsverlauf und damit auch die Längenänderungen der Elementfasern sind linear von z abhängig. Das bedeutet, daß die bereits besprochene Annahme vom Ebenbleiben der Querschnitte nunmehr vorausgesetzt wird. Wegen der Vernachlässigung der Schubverformungen heißt das aber auch, daß *die Querschnitte senkrecht zur verformten Stabachse bleiben;* denn eine Verformung eines Stabelementes nach Bild 39.2a mit $\gamma \neq 0$ darf nicht eintreten.

Wegen der Gültigkeit des Superpositionsgesetzes ist es möglich, den konstanten und den mit z veränderlichen Anteil in Gleichung (1) in folgender Weise getrennt zu untersuchen. Es sei

$$\varepsilon = \varepsilon_N + \varepsilon_M \tag{39.2a}$$

mit $\quad \varepsilon_N = \dfrac{N}{EF} + \alpha_t\, t_0, \qquad \varepsilon_M = \left(\dfrac{M}{EI} + \alpha_t \dfrac{\Delta t}{h}\right) z. \tag{39.2b, c}$

In Bild 39.2b ist nun ein Stabelement mit der Dehnung ε_N dargestellt, die durch Längskräfte und eine gleichmäßige Temperaturänderung hervorgerufen wird.

Die Längenänderung einer Elementfaser ist gleich dem Unterschied der Verschiebungen des rechten und des linken Querschnittsufers. Nach Division durch die ursprüngliche Elementlänge $\mathrm{d}x$ ergibt sich

$$\varepsilon_N = \frac{\mathrm{d}u}{\mathrm{d}x}. \tag{39.3a}$$

Bild 39.2c zeigt, wie bei einer Krümmung des Stabelementes die Dehnung ε_M entsteht. Für eine Faser im Abstand z von der Stabachse ist die Längenänderung $-z\,\mathrm{d}\varphi$ und die Dehnung $\varepsilon_M = -z\,\mathrm{d}\varphi/\mathrm{d}x$. Das negative Vorzeichen ist zu setzen, weil bei der dargestellten Elementkrümmung der Zuwachs des Winkels φ negativ ist. Da ferner bei kleinen Verformungen

$$\varphi \approx \tan\varphi = \frac{\mathrm{d}w}{\mathrm{d}x}, \qquad \frac{\mathrm{d}\varphi}{\mathrm{d}x} = \frac{\mathrm{d}^2 w}{\mathrm{d}x^2}$$

ist, wird

$$\varepsilon_M = -z\frac{\mathrm{d}\varphi}{\mathrm{d}x} = -z\frac{\mathrm{d}^2 w}{\mathrm{d}x^2}. \tag{39.3b}$$

Die Gleichungen (2a) und (3a, b) liefern nun die gesuchten Differentialgleichungen:

$$\frac{\mathrm{d}u}{\mathrm{d}x} = \frac{N}{EF} + \alpha_t t_0, \tag{39.4a}$$

$$\frac{\mathrm{d}^2 w}{\mathrm{d}x^2} = -\frac{M}{EI} - \alpha_t \frac{\Delta t}{h}. \tag{39.4b}$$

Die Integration von (4) ist einfach. Es möge genügen, sie für das Beispiel von Bild 38.4 zu zeigen. Mit $N=0$, $t_0=0$ erhält man zunächst $u=\mathrm{const}$, wegen der Randbedingung bei $x=l$ jedoch $u=0$. Mit $M=-M^*$, $\Delta t=0$ wird

$$\frac{\mathrm{d}^2 w}{\mathrm{d}x^2} = \frac{M^*}{EI}, \qquad \frac{\mathrm{d}w}{\mathrm{d}x} = \frac{M^*}{EI}x + C_1,$$

$$w = \frac{M^*}{2EI}x^2 + C_1 x + C_2.$$

C_1 und C_2 sind dabei Integrationskonstanten, von denen die erste die Ableitung der Biegelinie, die zweite die Durchbiegung selbst an der Stelle $x=0$ ist. Die Konstanten bestimmen sich aus den Bedingungen, daß an der Einspannstelle bei $x=l$ die Neigung $\mathrm{d}w/\mathrm{d}x$ und die Durchbiegung w verschwinden müssen. Man bekommt

$$0 = \frac{M^*}{EI}l + C_1, \qquad C_1 = -\frac{M^*}{EI}l;$$

$$0 = \frac{M^*}{2EI}l^2 - \frac{M^*}{EI}l^2 + C_2, \qquad C_2 = \frac{M^*}{2EI}l^2$$

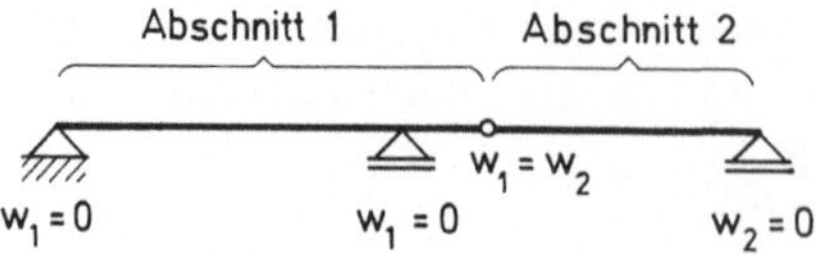

Bild 39.3. Bedingungen für die Integrationskonstanten bei einem Gelenkträger

und damit

$$w = \frac{M^*}{2EI} x^2 - \frac{M^*}{EI} l\, x + \frac{M^*}{2EI} l^2$$

$$= \frac{M^*}{2EI} (l-x)^2.$$

Bei Bestimmung der bei Integration von (4b) auftretenden Konstanten ist zu beachten, daß in einem Gelenk die Biegelinie im allgemeinen einen Knick hat und sich dementsprechend die Konstante C_1 ändern muß. Bei dem Beispiel von Bild 39.3 sind also zwei Gleichungen für die Biegelinie aufzustellen und dabei die vier Konstanten aus den angegebenen Bedingungen zu ermitteln.

In zahlreichen Fällen können die Lösungen der Differentialgleichungen der Biegelinie Tabellenwerken entnommen werden. Ist das nicht möglich, so wird man häufig numerisch integrieren, wie es in Abschnitt 11.2 bei Berechnung der Schnittgrößen besprochen wurde.

39.2. Bogenträger

Es werden dieselben Bezeichnungen wie in Bild 14.1 verwendet. Sie sind auch in Bild 39.4a angegeben, wo ein Bogen im unverformten und verformten Zustand dargestellt ist. Als unabhängige Veränderliche wird die Größe ξ verwendet. Zur Beschreibung des Verformungszustandes treten gegenüber Bild 14.1 die Größen u, w, φ und $\tilde{s}$ neu auf. u ist die Verschiebung in ξ-Richtung, w in Richtung $-\eta$. Wie beim geraden Stab ist φ der Winkel zwischen der Tangente an die verformte und an die unverformte Stabachse. $\tilde{s}$ wird längs der verformten Stab-

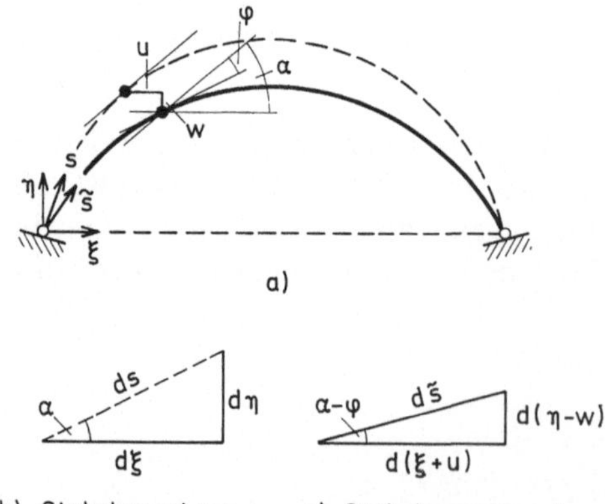

b) Stabelement vor der Verformung

c) Stabelement nach der Verformung

Bild 39.4a–c. Verformungen eines Bogenträgers

achse gemessen, während s, wie schon in Bild 14.1, längs der unverformten Stabachse zu rechnen ist.

In Abschnitt 31 wurde ausgeführt, daß bei Bogenträgern ein »schwach gekrümmter Stab« vorausgesetzt wird, bei dem zur Spannungsermittlung der gekrümmte Stab durch einen in Richtung der Stabtangente sich erstreckenden
geraden Stab ersetzt wird. Daraus folgt, daß die Beziehungen (2) vom geraden
Stab übernommen werden können. Die Gleichungen (3) müssen jedoch durch
andere ersetzt werden. Allerdings bleibt der Zusammenhang zwischen ε_M und φ
von (3b) mit der geringfügigen Änderung ds statt dx bestehen, weil φ dieselbe
Bedeutung wie beim geraden Stab hat. Es gilt also $\varepsilon_M = -z\,d\varphi/ds$. Setzt man
hierin ε_M nach (2c) ein und schreibt noch einmal der Vollständigkeit halber die
Gleichung (2b) hinzu, so gelten für einen Bogenträger folgende Beziehungen

$$\varepsilon_N = \frac{N}{EF} + \alpha_t t_0, \tag{39.5a}$$

$$\frac{d\varphi}{ds} = -\frac{M}{EI} - \alpha_t \frac{\Delta t}{h}. \tag{39.5b}$$

Zur Ermittlung des Zusammenhangs zwischen ε_N und $d\varphi/ds$ einerseits und
u,w andererseits werden die beiden Elemente der Stabachse des unverformten
und des verformten Zustandes nach Bild 39.4b und c benutzt. Aus Bild 39.4b folgt
zunächst

$$\cos\alpha = \frac{d\xi}{ds}, \quad \tan\alpha = \frac{d\eta}{d\xi}. \tag{39.6a, b}$$

Für die Dehnung der Stabachse gilt ferner

$$\varepsilon_N = \frac{d\tilde{s} - ds}{ds} = \frac{d\tilde{s}}{ds} - 1 = \frac{d\tilde{s}}{d\xi}\frac{d\xi}{ds} - 1$$

und mit (6a)

$$\frac{d\tilde{s}}{d\xi} = \frac{1 + \varepsilon_N}{\cos\alpha}. \tag{39.7}$$

Aus Bild 39.4c folgt nun

$$d(\xi + u) = d\tilde{s}\cos(\alpha - \varphi),$$

$$1 + \frac{du}{d\xi} = \frac{d\tilde{s}}{d\xi}(\cos\alpha\cos\varphi + \sin\alpha\sin\varphi)$$

und mit (7)

$$1 + \frac{du}{d\xi} = (1 + \varepsilon_N)(\cos\varphi + \tan\alpha\sin\varphi).$$

Da ε_N und φ (jedoch nicht α) kleine Größen sind, kann

$$\sin \varphi \approx \varphi, \qquad \cos \varphi \approx 1, \qquad \varepsilon_N \varphi \approx 0$$

gesetzt werden und man erhält

$$\frac{\mathrm{d}u}{\mathrm{d}\xi} = \varphi \tan \alpha + \varepsilon_N. \tag{39.8a}$$

Eine entsprechende Beziehung kann für w aufgestellt werden. Es ist

$$\mathrm{d}(\eta - w) = \mathrm{d}\tilde{s} \sin(\alpha - \varphi),$$

$$\frac{\mathrm{d}\eta}{\mathrm{d}\xi} - \frac{\mathrm{d}w}{\mathrm{d}\xi} = \frac{\mathrm{d}\tilde{s}}{\mathrm{d}\xi}(\sin \alpha \cos \varphi - \cos \alpha \sin \varphi)$$

und mit (6b) und (7)

$$\tan \alpha - \frac{\mathrm{d}w}{\mathrm{d}\xi} = (1 + \varepsilon_N)(\tan \alpha \cos \varphi - \sin \varphi). \tag{39.8b}$$

Differentiation nach ξ liefert unter Beachtung von (6a)

$$\frac{\mathrm{d}^2 w}{\mathrm{d}\xi^2} = \frac{\mathrm{d}\varphi}{\mathrm{d}s}\frac{1}{\cos \alpha} - \frac{\mathrm{d}}{\mathrm{d}\xi}(\varepsilon_N \tan \alpha). \tag{39.9a}$$

Setzt man φ nach (8b) in (8a) ein, so erhält man

$$\frac{\mathrm{d}u}{\mathrm{d}\xi} = \frac{\mathrm{d}w}{\mathrm{d}\xi}\tan \alpha + \varepsilon_N(1 + \tan^2 \alpha). \tag{39.9b}$$

Aus den Gleichungen (9) und (5) ergeben sich dann folgende Differentialgleichungen der Biegelinie des Bogenträgers

$$\frac{\mathrm{d}^2 w}{\mathrm{d}\xi^2} = - \left(\frac{M}{EI} + \alpha_t \frac{\Delta t}{h}\right)\frac{1}{\cos \alpha} - \frac{\mathrm{d}}{\mathrm{d}\xi}\left[\left(\frac{N}{EF} + \alpha_t t_0\right)\tan \alpha\right], \tag{39.10a}$$

$$\frac{\mathrm{d}u}{\mathrm{d}\xi} = \frac{\mathrm{d}w}{\mathrm{d}\xi}\tan \alpha + \left(\frac{N}{EF} + \alpha_t t_0\right)(1 + \tan^2 \alpha). \tag{39.10b}$$

Zur Integration ist folgendes zu bemerken. Die Gleichungen (10) erlauben es, zunächst das praktisch am meisten interessierende w aus (10a) zu berechnen. u wird dann nach (10b) mit Kenntnis von $\mathrm{d}w/\mathrm{d}\xi$ ermittelt. Dabei ist zu beachten, daß die Integrationskonstante, die bei $\mathrm{d}w/\mathrm{d}\xi$ auftritt, bei ihrer Weiterverwendung die Integration eines Gliedes $\tan \alpha$ erfordert. Nun ist aber

$$\int_0^\xi \tan \alpha \, \mathrm{d}\xi = \eta,$$

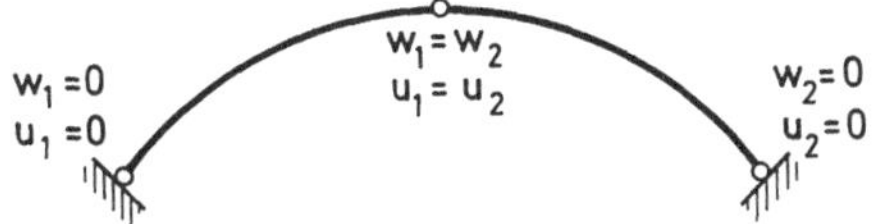

Bild 39.5. Bedingungen für die Integrationskonstanten bei einem Dreigelenkbogen

also gleich den gegebenen Ordinaten der Bogenachse, so daß besondere Rechenarbeit entfällt.

Auch wenn die Verschiebung u nicht interessiert, so ist ihre Berechnung häufig doch erforderlich, um die Integrationskonstanten bestimmen zu können. Zum Beispiel sind für das System von Bild 39.5 die vier bei w_1 und w_2 auftretenden Konstanten aus den drei Bedingungen für w allein nicht berechenbar. Man muß noch die Bedingungen für u hinzunehmen.

Setzt man in (10) $\alpha = 0$, so ergeben sich wieder die Differentialgleichungen (4) für den geraden Stab. Der wesentliche Unterschied zwischen (4) und (10) wird deutlich, wenn man den Einfluß der Längskräfte und Temperaturänderungen fortläßt. Es wird dann für w

$$\text{aus (4):} \quad \frac{d^2 w}{d\xi^2} = -\frac{M}{EI},$$

$$\text{aus (10):} \quad \frac{d^2 w}{d\xi^2} = -\frac{M}{EI}\frac{1}{\cos\alpha}.$$

Der Unterschied besteht jetzt nur noch im Faktor $1/\cos\alpha$. Nimmt man noch an, daß sich das Trägheitsmoment von einem I_S im Bogenscheitel zu den Fußgelenken hin nach dem Gesetz $I = I_S/\cos\alpha$ vergrößert, so erhält man

$$\frac{d^2 w}{d\xi^2} = -\frac{M}{EI_S}.$$

Die Biegelinie des Bogens ist danach gleich der Biegelinie eines geraden Stabes, wenn das veränderliche Trägheitsmoment durch den Wert im Scheitel ersetzt wird. Mit dieser Betrachtung kann man sich eine Vorstellung von der Größenordnung der Durchbiegung w verschaffen — mehr allerdings nicht.

40. Biegelinien von Fachwerkträgern

40.1. Methode der W-Gewichte

Bei Fachwerkträgern muß der Begriff einer Biegelinie zuerst genauer definiert werden. In Bild 40.1a ist ein Fachwerk skizziert, das durch eine beliebige Belastung beansprucht sei. Diese ist als Streckenlast dargestellt, die natürlich noch auf die einzelnen Knoten des Obergurtes aufgeteilt zu denken ist. Man kann nun von einer Biegelinie des Obergurtes sprechen, wenn man die senkrechten Knotenverschie-

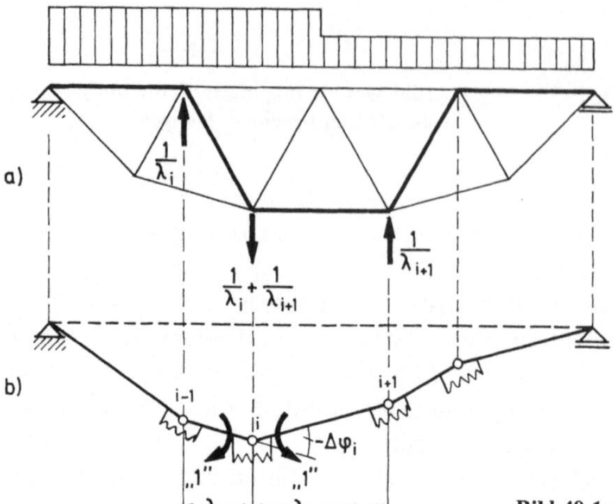

Bild 40.1 a u. b. Biegelinie eines Fachwerkträgers

bungen von einer Nullinie aus aufträgt und geradlinig miteinander verbindet, da die Fachwerkstäbe bei der Verformung gerade bleiben. Entsprechend kann man eine Biegelinie des Untergurtes definieren. Nach demselben Rezept kann man aber auch bei einem beliebigen »Stabzug«, z.B. bei dem in Bild 40.1 a stark ausgezogenen Linienzug vorgehen. In dieser allgemeinen Form sei der Begriff der Fachwerk-Biegelinie verstanden.

Da eine solche Biegelinie stets aus geraden Linien zusammengesetzt ist, kann man sie sich auch als Verformungsfigur eines *Ersatzstabes* mit starren Stabteilen und elastischen Gelenken vorstellen, wie es in Bild 40.1 b angedeutet ist. An Stelle der stetig verlaufenden Ableitung

$$\frac{\mathrm{d}^2 w}{\mathrm{d}x^2}=\frac{\mathrm{d}\varphi}{\mathrm{d}x}$$

eines gewöhnlichen Balkens tritt jetzt die singuläre Winkeländerung $\Delta\varphi$ in den Gelenken des Ersatzbalkens. Sie sei als nächstes berechnet.

Nach dem Arbeitssatz sind zur Ermittlung der gegenseitigen Verdrehung zweier Stabteile des Ersatzbalkens zwei Einzelmomente anzubringen, wie es Bild 40.1 b für das Gelenk *i* zeigt. Die Momente sind dort so angesetzt, daß sie sofort den in den meisten Fällen negativen Wert von $\Delta\varphi$ liefern. Es ist dann auch üblich, für $-\Delta\varphi$ noch die besondere Bezeichnung W einzuführen.

Wollte man nun die Rechnung mit dem Arbeitssatz am Ersatzbalken zu Ende führen, so müßte man zunächst die Steifigkeiten der elastischen Gelenke den Verhältnissen beim Fachwerk entsprechend ermitteln. Dies kann man jedoch gleich zusammen mit der Berechnung der Verschiebungsarbeit erledigen, indem man die Einheitsmomente in Kräftepaare auflöst und an den zugehörigen Fachwerksknoten so anbringt, wie es Bild 40.1 a zeigt. Um die Kräftepaare zu bekommen, muß man die Momente »1« durch die entsprechenden Feldweiten λ dividieren. Die entsprechende Belastung wird daher $1/\lambda$-*Belastung* genannt. Die durch sie hervorgerufenen Stabkräfte seien $\bar{S}(1/\lambda)$. Die $1/\lambda$-Belastung ist eine unter sich im Gleichgewicht stehende Kräftegruppe. Ihr Einfluß erstreckt sich daher in der Regel nur über wenige Stäbe, so daß die Berechnung der Stabkräfte $\bar{S}(1/\lambda)$ recht einfach ist.

Es wird nun mit (39.9 b) für das Gelenk i

$$-\Delta\varphi = W_i, \qquad\qquad\qquad\qquad\qquad\qquad (40.1\,\text{a})$$

$$1 \cdot W_i = \sum \left(\frac{S}{EF} + \alpha_t t_0\right) s\,\bar{S}\left(\frac{1}{\lambda}\right). \qquad\qquad\qquad (40.1\,\text{b})$$

Damit ist die Winkeländerung $\Delta\varphi$ gefunden, die der zweiten Ableitung $\mathrm{d}^2 w/\mathrm{d}x^2$ beim Balken mit stetiger Krümmung entspricht. Das erkennt man besonders deutlich bei konstantem λ. Man kann dann W_i durch w_{i-1}, w_i und w_{i+1} ausdrücken und erhält die bekannte Form des zweiten Differenzenquotienten.

Die »Integration« von (1), d.h. die Bestimmung der Durchbiegungsordinaten w_i, könnte man nach Kenntnis der $\Delta\varphi$ sehr einfach graphisch durchführen, indem man die Biegelinie nach Bild 40.1 konstruiert. Zweckmäßiger geht man jedoch numerisch vor. Zur Erläuterung sei zunächst noch einmal der Balken mit stetiger Krümmung betrachtet. Hierfür gelten die Gleichungen (39.4 b) und (10.2):

$$\frac{\mathrm{d}^2 w}{\mathrm{d}x^2} = -\left(\frac{M}{EI} + \alpha_t \frac{\Delta t}{h}\right), \qquad \frac{\mathrm{d}^2 M}{\mathrm{d}x^2} = -q. \qquad (40.2\,\text{a, b})$$

Man sieht, daß man die Durchbiegung w als ein fiktives Biegemoment erhalten kann, wenn man eine fiktive Belastung gleich der rechten Seite von (2 a) wählt. Die Ausnutzung dieser Analogie ist das *Mohrsche Verfahren* [15]. Es hatte vor allem zu einer Zeit Bedeutung, als der Bauingenieur in der Berechnung von Biegemomenten keine Schwierigkeiten sah, den Umgang mit der Differential- und Integralrechnung jedoch noch nicht gewohnt war.

Die Mohrsche Analogie gilt nun auch für fiktive Einzelkräfte. Denn auf Grund von Gleichung (11.8),

$$\Delta Q = \Delta\left(\frac{\mathrm{d}M}{\mathrm{d}x}\right) = -P$$

kann ein fiktives Biegemoment erhalten werden, das zwischen den Einzelkräften P geradlinig verläuft und mit der wirklichen Durchbiegung dann übereinstimmt, wenn diese auch aus Geradenstücken besteht. Genau das ist aber bei dem Ersatzbalken mit starren Teilstäben und elastischen Gelenken der Fall; die Gleichung $\Delta Q = -P$ entspricht in der Analogie der Gleichung $\Delta\varphi = -W$. Die Größen W können daher als fiktive Lasten aufgefaßt werden und heißen deshalb auch *W-Gewichte*. Die Biegelinie ergibt sich somit als fiktive Biegemomentenlinie

---

15 O. Mohr: Beitrag zur Theorie der Holz- und Eisenkonstruktionen. *Zeitschr. d. Arch.- u. Ing.- Vereins* (Hannover) (1868) 19.

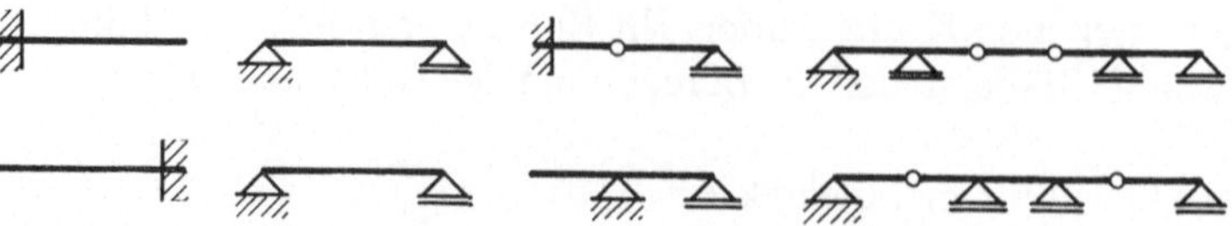

Bild 40.2. Wirkliches und adjungiertes System

des mit den W-Gewichten belasteten Ersatzbalkens. Die Berechnung des Biegemomentes erfolgt zweckmäßig mit den Formeln von Abschnitt 11.3.

Es gibt nun lediglich noch eine Schwierigkeit zu besprechen, die bei Berücksichtigung der Randbedingungen auftritt. Nach (2) besteht eine Analogie in den Differentialgleichungen; über die Randbedingungen ist nichts ausgesagt. Es muß vielmehr als Ausnahme bezeichnet werden, wenn die Randbedingungen für das fiktive Biegemoment mit denen für die wirkliche Durchbiegung übereinstimmen. Bei dem bisher behandelten Balken auf zwei Stützen liegt diese Ausnahme vor, da w und M an beiden Lagern verschwinden. Bei einem einseitig eingespannten Balken liegen aber die Dinge schon anders: An der Einspannstelle müssen w und dw/dx zu Null werden, während dasselbe für M und $dM/dx = Q$ am freien Ende gilt. Man muß also in diesem Fall einen Ersatzbalken verwenden, der seine Einspannung am freien Ende des wirklichen Systems hat.

Allgemein wird dasjenige System, dessen Randbedingungen passend geändert sind, als *adjungiertes* System bezeichnet. Bild 40.2 zeigt davon einige Beispiele. Eine Einspannung geht in ein freies Ende über und umgekehrt. Aus einem Lager wird ein Gelenk, weil die Durchbiegung dort zu Null wird und deshalb das fiktive Biegemoment verschwinden muß. Aus einem Gelenk wird ein Lager, weil der sprunghafte Neigungswechsel der Biegelinie beim Ausgangssystem einer sprunghaften Änderung der fiktiven Querkraft entsprechen muß. Man überzeugt sich nach diesen Regeln leicht, daß adjungiertes System und Ausgangssystem vertauschbar sind.

Für die Methode der W-Gewichte gilt also zusammenfassend: *Die Biegelinie eines Fachwerks ist gleich der Biegemomentenlinie des adjungierten Ersatzbalkens, wenn dieser mit den W-Gewichten belastet wird.*

Zur Benutzung des adjungierten Systems ist noch folgendes zu bemerken. Bei einer Differentialgleichung zweiter Ordnung treten zwei Integrationskonstanten C_1 und C_2 auf. Durch die Randbedingungen wird dann für einen Trägerabschnitt, für den einheitlich dieselben Konstanten gelten, eine Gerade $C_1 x + C_2$ festgelegt. Man könnte nun auf die Benutzung des adjungierten Systems verzichten und die Biegelinie zunächst an irgendeinem System, z.B. am Ausgangssystem oder an einem Balken auf zwei Stützen, berechnen. Durch Hinzufügen passender Geraden könnte man dann die Randbedingungen nachträglich erfüllen. Bild 40.3 zeigt für das letzte der vier Systeme von Bild 40.2 ein solches Vorgehen. Es wird zunächst die Biegelinie für einen Balken auf zwei Stützen ermittelt; durch drei Geraden werden dann die Randbedingungen erfüllt. Bild 40.3 läßt aber deutlich den Nachteil dieses grundsätzlich möglichen Lösungsweges erkennen: Es ergeben sich kleine Differenzen großer Zahlen. Da eine Integration stets »glättend« wirkt, muß man eben bei der Differenz zweier ungefähr gleich großer Integrale die Differenz-

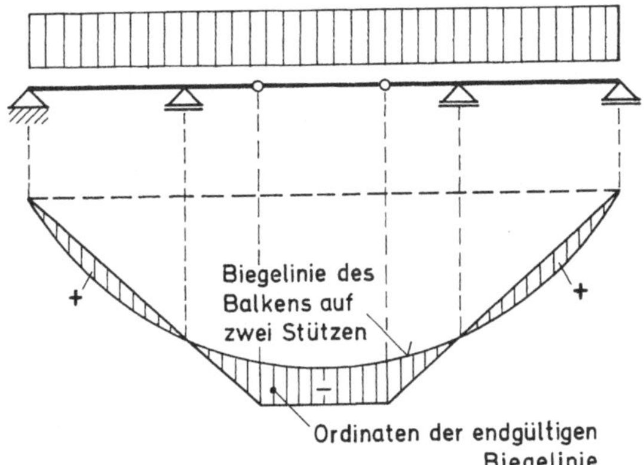

Bild 40.3. Zur Zweckmäßigkeit des adjungierten Systems

bildung beim Integranden und nicht erst beim Integral vornehmen. Die Benutzung des adjungierten Systems ist also allein schon aus rechentechnischen Gründen sinnvoll.

40.2. Williotscher Verschiebungsplan

Die Biegelinie, die von der Methode der *W*-Gewichte geliefert wird, ist nur die Projektion der Gesamtverschiebungen in einer bestimmten Richtung. Von den Methoden zur Ermittlung der Gesamtverschiebungen sei als erstes der *Williotsche Verschiebungsplan*[16] besprochen. Biegelinien werden dabei als Teilresultat mitgeliefert.

Die Grundaufgabe der Konstruktion besteht darin, für ein Dreieck aus Fachwerkstäben die Verschiebung eines Eckpunktes zu finden, wenn die Verschiebungen der beiden anderen bekannt sind. Die Lösung ist in Bild 40.4 dargestellt. Die Punkte 1, 2, 3 gehen bei der Verformung in die Punkte 1′, 2′, 3′ über. Die Verschiebungsvektoren der Punkte 1 und 2, die durch Längsdehnungen der Stäbe 0–1 und 1–2 und eine Stützensenkung des Punktes 2 entstehen mögen, seien

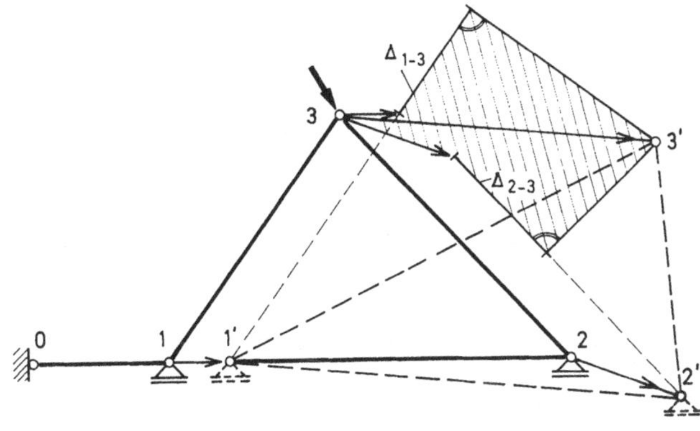

Bild 40.4. Grundfigur des Williotschen Verschiebungsplanes

16 M. Williot: *Notationes practiques sur la statique graphique.* Publications Scientifiques Industrielles (1877).

gegeben. Der Verschiebungsvektor von 3 sei gesucht. Um ihn zu finden, brauchte man an sich nur mit den um $\varDelta_{1-2}$ bzw. $\varDelta_{2-3}$ geänderten Längen der entsprechenden Stäbe Kreise um die Punkte 1' und 2' zu schlagen; ihr Schnittpunkt wäre 3'. Diese Methode wäre jedoch wegen Maßstabsschwierigkeiten praktisch unbrauchbar. Bei kleinen Verformungen dürfen diese aber nun in Richtung einer Kreistangente genommen werden. Sie werden damit unabhängig vom Kreisradius und der Maßstab von Netzskizze und Verschiebungen kann verschieden gewählt werden.

Im einzelnen geht man folgendermaßen vor. Die Verschiebungsvektoren 1–1' und 2–2' werden noch einmal im Punkte 3 aufgetragen. An ihrer Spitze werden die Längenänderungen $\varDelta_{1-3}$ und $\varDelta_{2-3}$ parallel zu den Stäben 1–3 und 2–3 eingezeichnet. Die beiden zu den Längenänderungen senkrechten Kreistangenten liefern dann 3'. Die in Bild 40.4 schraffierte Figur ist der Williot-Plan für die Grundaufgabe. Sie kann als selbständige Figur neben der Netzwerkskizze gezeichnet werden. Fügt man die Konstruktionen für die anschließenden Dreiecke eines Fachwerkes hinzu, so entsteht ein Verschiebungsplan, bei dem sämtliche Vektoren von einem Punkt ausgehen. Ähnlich wie beim Cremonaplan ergibt sich dann die Möglichkeit, die Verformungen eines »Fachwerks der einfachsten Art«, bei dem jeder neue Knotenpunkt durch zwei Stäbe angeschlossen wird, zu bestimmen.

Hinsichtlich der Randbedingungen ist noch folgendes zu sagen. Gibt es keinen Stab, dessen Knotenverschiebungen beide bekannt sind, so nimmt man sie zunächst für einen Stab an, z.B. gleich Null. Nach Zeichnung des Planes überlagert man wieder eine Gerade $w = C_1 x + C_2$ — bzw. mehrere Geraden — zur Erfüllung der Randbedingungen.

Der Williotsche Verschiebungsplan liefert ein recht anschauliches Beispiel dafür, welche erheblichen Vereinfachungen sich durch die Beschränkung auf die lineare Statik ergeben. Als graphische Konstruktion hat er kaum praktische Bedeutung. Will man ihn doch anwenden, so wird man die geschilderte Konstruktion rechnerisch erfassen. Da es sich dabei um Vektoren handelt, die sämtlich von einem Punkt ausgehen und nur verschiedene Richtung und Länge haben, ist die Anwendung komplexer Zahlen zweckmäßig, da sich mit ihnen die Drehstreckung von Vektoren leicht erfassen läßt. Diese Ausführungen über den Williot-Plan mögen genügen, da bei der Ermittlung von Gesamtverschiebungen die folgende Methode eher in Frage kommt.

40.3. Matrizenrechnung

Bei Fachwerken ist in der Regel eine zwar einfache, aber umfangreiche Zahlenrechnung durchzuführen. Man wird sich daher elektronischer Rechenanlagen bedienen. Dabei wird es dann möglich, folgenden Weg zur Ermittlung von Biegelinien und von Gesamtverschiebungen einzuschlagen.

Nach Bild 40.5 sei ein Fachwerk betrachtet, das durch die Lasten

$$P_1, P_2, \ldots, P_i, \ldots, P_m$$

beansprucht sei. Die Lasten greifen selbstverständlich in den Knotenpunkten an, haben aber im übrigen beliebige Größe und Richtung. Die Verschiebungen am Ort

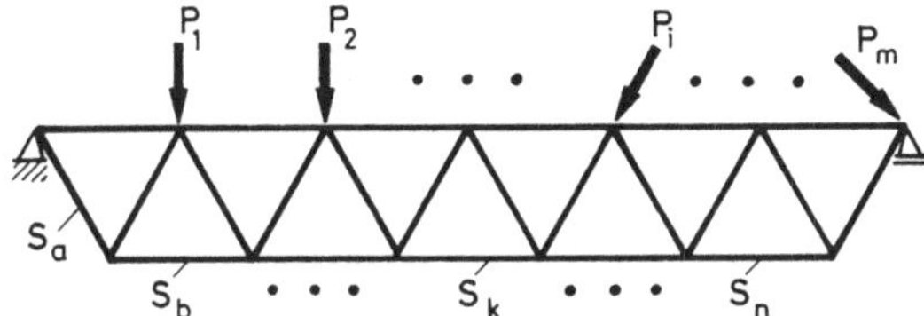

Bild 40.5.
Fachwerk mit beliebigen Lasten

und in Richtung der P_i seien

$$\delta_1, \delta_2, ..., \delta_i, ..., \delta_m.$$

Die Stabkräfte seien

$$S_a, S_b, ..., S_k, ..., S_n$$

und die zugehörigen Längenänderungen

$$\Delta s_a, \Delta s_b, ..., \Delta s_k, ..., \Delta s_n.$$

Der Index i steht also repräsentativ für eine Zahl, der Index k für einen Buchstaben. Ferner seien folgende Einheitsstabkräfte definiert

$$\bar{S}_{k,i} = \text{Stabkraft } S_k \text{ infolge } P_i = 1.$$

Das Komma bei $\bar{S}_{k,i}$ ist gesetzt, da eine Indizesvertauschung nicht möglich ist. $\bar{S}_{i,k}$ wäre sinnlos.

Nach dem Superpositionsgesetz, das bei der Methode der Stabvertauschung bereits in dieser Form angewendet wurde, gilt für den Zusammenhang zwischen Stabkräften und Lasten

$$1 \cdot S_a = \bar{S}_{a,1} P_1 + \bar{S}_{a,2} P_2 + ...$$
$$1 \cdot S_b = \bar{S}_{b,1} P_1 + \bar{S}_{b,2} P_2 + ...$$
$$\cdots\cdots\cdots\cdots\cdots\cdots\cdots\cdots$$
$$1 \cdot S_k = \bar{S}_{k,1} P_1 + \bar{S}_{k,2} P_2 + \cdots + \bar{S}_{k,i} P_i + \cdots + \bar{S}_{k,m} P_m \qquad (40.3)$$
$$\cdots\cdots\cdots\cdots\cdots\cdots\cdots\cdots$$
$$1 \cdot S_n = \bar{S}_{n,1} P_1 + \bar{S}_{n,2} P_2 + ...$$

Bezeichnet man die Spaltenmatrix der linken Seite des Gleichungssystems (3) mit $1 \cdot \mathbf{S}$, die Spaltenmatrix der Lasten P_i mit $\mathbf{P}$ und die Koeffizientenmatrix mit $\bar{\mathbf{S}}$, so gilt

$$\mathbf{1 \cdot S} = \bar{\mathbf{S}} \mathbf{P}. \qquad (40.3\,\text{a})$$

Ein zweites Gleichungssystem läßt sich für die Verschiebungen δ nach dem Arbeitssatz aufstellen. Nach (38.9 b) ist

$$1 \cdot \delta = \sum \bar{S} \, \Delta s,$$

woraus mit den hier gewählten Bezeichnungen folgt

$$1 \cdot \delta_1 = \bar{S}_{a,1} \, \Delta s_a + \bar{S}_{b,1} \, \Delta s_b + \ldots$$

$$1 \cdot \delta_2 = \bar{S}_{a,2} \, \Delta s_a + \bar{S}_{b,2} \, \Delta s_b + \ldots$$

$$\cdots\cdots\cdots\cdots\cdots\cdots\cdots\cdots\cdots\cdots$$

$$1 \cdot \delta_i = \bar{S}_{a,i} \, \Delta s_a + \bar{S}_{b,i} \, \Delta s_b + \cdots + \bar{S}_{k,i} \, \Delta s_k + \cdots + \bar{S}_{n,i} \, \Delta s_n$$

$$\cdots\cdots\cdots\cdots\cdots\cdots\cdots\cdots\cdots\cdots$$

$$1 \cdot \delta_m = \bar{S}_{a,m} \, \Delta s_a + \bar{S}_{b,m} \, \Delta s_b + \ldots \tag{40.4}$$

Die beiden Spaltenmatrizen seien mit $1 \cdot \boldsymbol{\delta}$ und $\Delta \mathbf{s}$ bezeichnet. Wesentlich ist nun die Koeffizientenmatrix: Durch Vertauschung von Zeilen und Spalten geht sie in die Koeffizientenmatrix von (3) über und ist damit die zu $\bar{\mathbf{S}}$ transponierte Matrix $\bar{\mathbf{S}}^\mathrm{T}$. Man bekommt also

$$1 \cdot \boldsymbol{\delta} = \bar{\mathbf{S}}^\mathrm{T} \, \Delta \mathbf{s} \tag{40.4a}$$

oder in Worten: *Die Koeffizientenmatrix des Gleichungssystems, das die Verschiebungen als Funktion der Längenänderungen liefert, ist die Transponierte zur Koeffizientenmatrix des Gleichungssystems, das die Stabkräfte als Funktion der Lasten ergibt.*

Im Prinzip sind also alle Aufgaben, die bei der Berechnung des Kräfte- und Verformungszustandes eines Fachwerks auftreten können, gelöst, wenn die Stabkräfte $\bar{S}$ für hinreichend viele Einheitslasten berechnet sind. Für alle Fälle ausreichend ist es, wenn man in jedem Knotenpunkt eine Last $P_x = 1$ und eine Last $P_z = 1$ ansetzt. Man hat dann nämlich erstens jeden möglichen Lastfall für die Berechnung der Stabkräfte S erfaßt, zweitens kann man sich aus den Rechenergebnissen jede gewünschte Einflußlinie zusammenstellen und drittens kann man sowohl den gesamten Verschiebungszustand, als auch einzelne Biegelinien bekommen. Die bei diesem Vorgehen noch jeweils notwendige Auflösung der Gleichungen (3) und (4) bereitet elektronisch keine Schwierigkeiten. Umgekehrt ist allerdings zu betonen, daß ohne leistungsfähige Rechenanlage der geschilderte Weg nicht gangbar ist.

41. Einflußlinien für Verformungsgrößen

Im allgemeinen interessiert man sich nur für die Verformungen weniger Punkte eines Tragwerks, z.B. für die Durchbiegung eines Balkens auf zwei Stützen in Feldmitte. Es erhebt sich dann die Frage, wozu man überhaupt die Biegelinie eines Systems gebraucht. Dies ist der Fall bei der Ermittlung von Einflußlinien für Verformungsgrößen, worauf im folgenden eingegangen werden soll.

Wie bei den Einflußlinien für Kraftgrößen in Abschnitt 23 seien die Zusammenhänge gleich für den allgemeinen Fall eines statisch unbestimmten Systems erläutert. Nach Bild 41.1 a sei als Beispiel ein Balken mit überkragendem Ende und

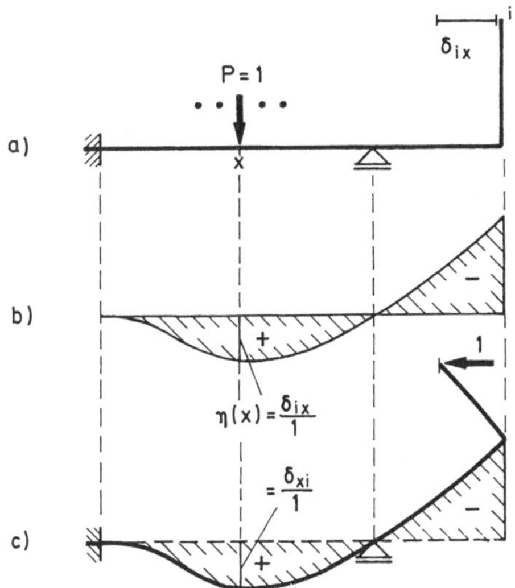

Bild 41.1 a–c.
Einflußlinie für eine Verformungsgröße

einem abgewinkelten Arm betrachtet. Gesucht sei die Einflußlinie für die Horizontalverschiebung der Armspitze.

Es sei zunächst die Definition der Einflußlinie gegeben. Sie entspricht genau der Definition von Kraftgrößen-Einflußlinien. Für eine beliebige Verformungsgröße δ sei analog Gleichung (23.3)

$$\delta = P\,\eta(x) \tag{41.1}$$

Daraus folgt in Worten

$$\text{Einflußlinienordinate} = \frac{\text{Verformungsgröße für die Last Eins}}{\text{Last Eins}}$$

was sich auch in der Form

$$\eta(x) = \frac{\delta_{ix}}{1}$$

schreiben läßt, wenn jetzt zusätzlich die Indizes i und x in bekannter Weise Ort und Ursache der Verformung deutlich machen.

Wesentlich ist nun, daß für δ_{ix} der Maxwellsche Satz gilt, da die Ursache eine Kraft von der Größe Eins ist. Man bekommt also

$$\eta(x) = \frac{\delta_{ix}}{1} = \frac{\delta_{xi}}{1}. \tag{41.2}$$

Zur Erläuterung dieser Aussage sei wieder Bild 41.1 betrachtet. Dort ist in Bild 41.1 b zunächst die Einflußlinie $\delta_{ix}/1$ dargestellt. Die Last Eins steht dabei an der veränderlichen Stelle x, die Verformung δ_{ix} wird an der Stelle i gemessen. In Bild 41.1 c ist die Einflußlinie in der Form $\delta_{xi}/1$ gedeutet. Die Last Eins steht jetzt an der festen Stelle i und δ_{xi} ist die Durchbiegung an der veränderlichen Stelle x, d.h. *die Ordinaten der Einflußlinie für eine Verformungsgröße sind gleich den durch die Last Eins dividierten Ordinaten der Biegelinie, die entsteht, wenn am Ort und in Richtung der Verformungsgröße die Kraftgröße Eins wirkt.* Die Einflußlinien von Verformungsgrößen statisch bestimmter und unbestimmter Systeme können damit auf Biegelinien zurückgeführt werden.

Ist δ_{ix} wie in Bild 41.1 eine Verschiebung, so muß an der Stelle i eine Kraft Eins aufgebracht werden. Handelt es sich um eine Verdrehung, z.B. um die Tangentendrehung des Armes an der Stelle i in Bild 39.3, so muß die anzusetzende Kraftgröße ein Moment sein. Die Aussage (2) ist nicht mit dem zu verwechseln, was für die Einflußlinien von Kraftgrößen statisch bestimmter Systeme bei Anwendung der Kinematik galt. Dort mußte die Verschiebung -1 erzeugt werden, hier ist die Kraftgröße $+1$ aufzubringen.

D. Statisch unbestimmte Systeme. Kraftgrößen-Verfahren

42. Der Grundgedanke des Verfahrens

Nachdem die Verformungsberechnung statisch bestimmter Systeme besprochen ist, kann nunmehr die Untersuchung statisch unbestimmter Systeme in Angriff genommen werden. Bei den Berechnungsmethoden unterscheidet man je nachdem, welche Unbekannten verwendet werden, zwischen *Kraftgrößen-Verfahren* und *Formänderungsgrößen-Verfahren.* Das letztere wird kürzer, aber sachlich unrichtiger, auch als Weggrößen-Verfahren bezeichnet. Schließlich gibt es auch gemischte Verfahren. Mit dem Kraftgrößen-Verfahren sei begonnen, da es am leichtesten verständlich ist und für die Mehrzahl einfacher Aufgaben am geeignetsten ist.

Der Grundgedanke des Verfahrens ist außerordentlich anschaulich. Bild 42.1 a zeigt ein einfach statisch unbestimmtes System. q und EI seien konstant. Die unbekannte Kraftgröße sei die Lagerkraft A des verschieblichen Lagers. Man denkt sie sich zunächst entfernt, so daß nach Bild 42.1 b ein einseitig eingespannter Balken entsteht, der sich unter der Belastung um das Stück δ_q am freien Ende

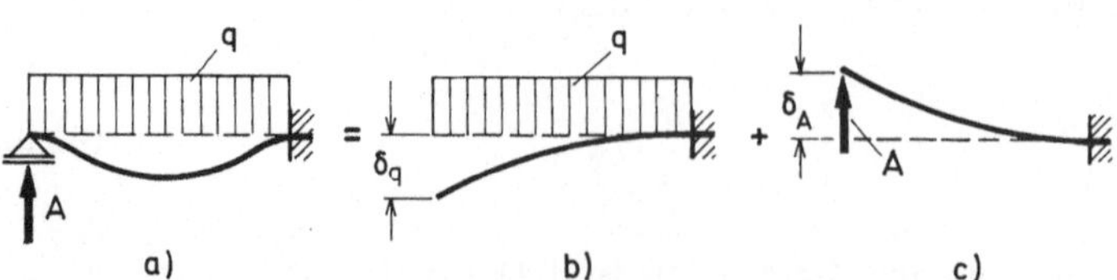

Bild 42.1 a–c. Grundgedanke des Kraftgrößen-Verfahrens

durchbiegen möge. Dabei gilt in bekannter Weise

$$\delta_q = \int_0^l \frac{M\overline{M}}{EI}\,dx,$$

woraus mit $M = -\tfrac{1}{2}qx^2$, $\overline{M} = -1\cdot x$

$$\delta_q = \int_0^l \frac{q}{2EI}\,x^3\,dx = \frac{ql^4}{8EI}$$

folgt.

Die unbekannte Auflagerkraft muß nun gerade so groß sein, daß sie den Balken am freien Ende wieder auf die Durchbiegung Null zurückdrückt. Nach Bild 42.1 c wird die durch A allein erzeugte Verformung mit $M = Ax$, $\overline{M} = 1\cdot x$

$$\delta_A = \frac{Al^3}{3EI}.$$

Da das Superpositionsgesetz gilt, erhält man aus der Forderung

$$\delta_q = \delta_A \quad \text{das Ergebnis} \quad A = \tfrac{3}{8}ql.$$

Mit dieser einfachen Rechnung ist der Grundgedanke des Kraftgrößen-Verfahrens bereits erläutert. Alles, was noch zu besprechen ist, betrifft letzten Endes nur Fragen der Rechentechnik. Bei mehrfach unbestimmten Systemen muß allerdings die Rechnung schon zweckmäßig organisiert werden, um überhaupt durchführbar zu sein.

43. Last- und Eigenspannungszustände

Im folgenden Abschnitt wird der Überlagerungsvorgang von Bild 42.1 allgemeiner formuliert. Diese Erweiterung wird sicherlich zunächst unnötig kompliziert erscheinen; ihre Zweckmäßigkeit wird sich jedoch in späteren Abschnitten herausstellen.

In Bild 43.1 a ist das statisch bestimmte System von Bild 42.1 b noch einmal skizziert, jetzt jedoch mit einer beliebigen Kraft A_L. Man stellt sich am besten vor, daß nach dem Durchschneiden des Zusammenhangs zwischen Balken und Lager ein Flaschenzug oder eine Presse das gewünschte A_L erzeugen. Für das folgende ist

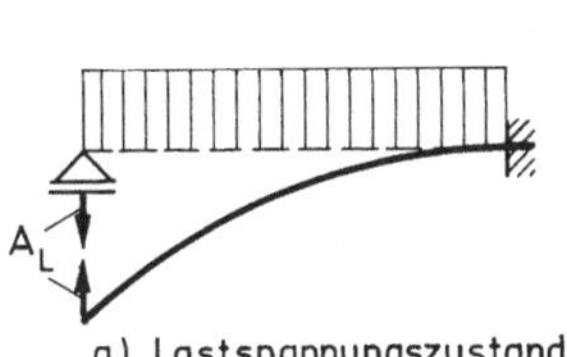

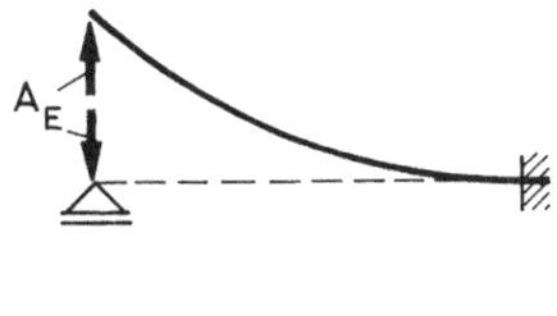

Bild 43.1 a u. b. Last- und Eigenspannungszustand

es zweckmäßig, wie in Bild 43.1 Aktion und Reaktion auf Balkenende und Lager zusammen darzustellen. Während das Gleichgewicht für beliebiges A_L erfüllt wird, ist die Verformungsbedingung am Balkenende im allgemeinen nicht erfüllt, sondern nur, wenn $A_L = A$ ist.

Bei einem n-fach unbestimmten System sind nun n Kraftgrößen nicht mit den Gleichgewichtsbedingungen allein eindeutig berechenbar (vgl. die Abschnitte 17 und 18). Vielmehr kann man ihnen beliebige Werte erteilen und das Gleichgewicht immer noch erfüllen. Es sei nun definiert: *Jeder Spannungszustand, der bei Wirkung der Lasten und sonstigen Beanspruchungsursachen die Gleichgewichtsbedingungen erfüllt, heißt Lastspannungszustand.* (Die »sonstigen Beanspruchungsursachen« werden noch ausführlich besprochen.) Bild 43.1a ist ein Beispiel für den Lastspannungszustand eines einfach statisch unbestimmten Systems. Der gesuchte Lastspannungszustand, der auch die Verformungsbedingungen erfüllt, heißt *wirklicher Lastspannungszustand.*

Nimmt man bei einem beliebigen Lastspannungszustand die Lasten und übrigen Beanspruchungsursachen fort, läßt aber die in den Gleichgewichtsbedingungen als überzählig angesehenen Kraftgrößen bestehen, so kommt man zu Spannungszuständen, für die folgende Bezeichnungsweise gelten möge: *Jeder Spannungszustand, der ohne Wirkung äußerer Lasten und sonstiger Beanspruchungsursachen die Gleichgewichtsbedingungen erfüllt, heißt »Eigenspannungszustand«.* Bild 43.1b ist Beispiel für den Eigenspannungszustand eines einfach unbestimmten Systems.

Da die Differenz zwischen dem wirklichen und einem beliebigen Lastspannungszustand nur in Eigenspannungszuständen besteht, muß sich umgekehrt der wirkliche Zustand aus der Überlagerung eines beliebigen Lastspannungszustandes mit Eigenspannungszuständen ergeben. Man hat hier die Analogie zur gewöhnlichen linearen Differentialgleichung, deren allgemeine Lösung aus einer Partikularlösung und Lösungen der homogenen Gleichung zusammengesetzt werden kann. Dazu müssen aber bekanntlich die Lösungen der homogenen Gleichung voneinander linear unabhängig sein, um das Problem vollständig beschreiben zu können. Dasselbe gilt auch hier: *Die Eigenspannungszustände müssen voneinander linear unabhängig sein.* Charakterisiert man die Eigenspannungszustände durch die Biegemomente M_a, M_b, ..., M_n, so darf nicht sein

$$M_a c_a + M_b c_b + \cdots + M_n c_n \equiv 0 \tag{43.1}$$

mit Konstanten c, die nicht sämtlich gleich Null sein dürfen. Diese Bedingung ist an einem zweifach unbestimmten System sehr einfach einzusehen: Im Fall linearer Abhängigkeit würden sich M_a und M_b nur durch einen konstanten Faktor unterscheiden, was zweifellos nicht ausreicht, da man dann nur eine einfache Unbestimmtheit erfaßt hätte. Bei mehreren statisch Unbestimmten würde bei linearer Abhängigkeit ein Eigenspannungszustand die Superposition aller übrigen sein können, was natürlich auch nicht ausreichen würde. Die Beachtung der Unabhängigkeit der Eigenspannungszustände wird im übrigen praktisch keinerlei Schwierigkeiten machen.

Der Name »Eigenspannungszustand« ist berechtigt, weil es sich nur um Spannungszustände handelt, die durch Gleichgewichtsgruppen in dem System selbst erzeugt werden und nichts mit äußeren Einflüssen zu tun haben (vgl. Bild 43.1 b). Im Bauwesen sind allerdings die Bezeichnungen uneinheitlich. Daß die hier gewählte Terminologie auch nicht unanfechtbar ist, mögen folgende Ausführungen zeigen.

Von Abschnitt 37.2 sei zunächst wiederholt, welche »sonstigen Beanspruchungsursachen« außer den Lasten bei Verformungsrechnungen zu berücksichtigen sind, bzw. mit den hier benutzten Ansätzen überhaupt berücksichtigt werden können. Es kommen zunächst in Betracht

(1) *Temperaturänderungen* mit dem Verteilungsgesetz Gleichung (37.1),

(2) *Kriech- und Schwinderscheinungen*, soweit sie sich ebenfalls Gleichung (37.1) unterordnen,

(3) *Stützensenkungen*.

Hinsichtlich der Kriech- und Schwinderscheinungen war bereits in Abschnitt 37 gesagt worden, daß sie in der Regel genauer berechnet werden müssen, als es über eine gleichwertige Temperaturänderung nach Gleichung (37.1) möglich ist. Ist das jedoch geschehen, so können die genauen Ergebnisse bei der statisch unbestimmten Rechnung so weiter verwendet werden, wie es im nächsten Abschnitt beschrieben wird. Genauso verhält es sich mit der noch nicht genannten »sonstigen Ursache«. Dieses ist

(4) die *Vorspannung*,

zu deren Berechnung im Spannbeton stets gesonderte Überlegungen angestellt werden müssen. Mit der hier benutzten Terminologie ist nun ein »Vorspannungszustand« kein Eigenspannungszustand, was sicherlich nicht der üblichen Bezeichnungsweise entspricht.

Für die praktische Rechnung sind außer dem wirklichen Lastspannungszustand noch weitere spezielle *Last- und Eigenspannungszustände* von Bedeutung. Von den Lastspannungszuständen ist es derjenige, bei dem alle in den Gleichgewichtsbedingungen als überzählig angesehenen Kraftgrößen gleich Null gesetzt sind. Dieses Nullsetzen entspricht einem ersatzlosen Entfernen der betreffenden statischen Bindungen. Aus dem *n*-fach statisch unbestimmten System wird so ein statisch bestimmtes System, das als *statisch bestimmtes Hauptsystem* bezeichnet wird. Der spezielle Lastspannungszustand mit den Unbekannten Null wird *Lastspannungszustand am statisch bestimmten Hauptsystem* genannt. Bild 42.1 b ist dafür ein Beispiel bei einem einfach unbestimmten System. Die Wahl der »Überzähligen«, »Unbekannten« oder »statisch Unbestimmten« ist jetzt gleichbedeutend mit der Wahl des statisch bestimmten Hauptsystems. Obwohl grundsätzlich die Wahl des Hauptsystems beliebig ist, werden sich sehr wohl Gesichtspunkte für eine rechentechnisch zweckmäßige Wahl ergeben.

Wirken auf das statisch bestimmte Hauptsystem die oben als 1. bis 3. bezeichneten sonstigen Ursachen, so gilt folgendes. *In einem statisch bestimmten System treten durch Temperaturänderungen und Stützensenkungen keine Spannungen auf*, was einfach daraus folgt, daß bei der Verformung bzw. Verschiebung eines Systemteils die restlichen Teile ohne Zwang als kinematische Kette mitmachen. Hiermit ist eine für die Praxis wichtige Eigenheit statisch bestimmter Systeme gekennzeichnet. Beim statisch bestimmten Hauptsystem entstehen also infolge der

Ursachen 1. bis 3. auch nur Formänderungszustände, keine Spannungszustände. Trotzdem sei in diesen Fällen von Lastspannungszuständen gesprochen, was zwar unlogisch, aber zweckmäßig ist.

Die speziellen Eigenspannungszustände, die im folgenden interessieren, bestehen darin, daß an $n-1$ Schnittstellen des Hauptsystems die Überzähligen Null gesetzt werden und jeweils nur an einer Stelle den Wert Eins haben. Ein solcher Zustand wird *Eigenspannungszustand infolge der Wirkung Eins am statisch bestimmten Hauptsystem* genannt. Bei einer solchen Festlegung von Eigenspannungszuständen ist automatisch gesichert, daß die Zustände voneinander linear unabhängig sind, weil es sich selbstverständlich immer um n verschiedene Stellen handeln soll.

Mit den speziellen Last- und Eigenspannungszuständen läßt sich die Berechnung eines statisch unbestimmten Systems am leichtesten und übersichtlichsten formulieren. Sie seien daher zunächst ausschließlich benutzt.

44. Verformungsbedingungen für die statisch Unbestimmten

Die Bedingungen für die statisch Unbestimmten bestehen darin, daß an n Schnittstellen die gegenseitigen Schnittuferverschiebungen zu Null werden müssen. Für das System von Bild 42.1 war das die Forderung $\delta_q = \delta_A$. Diese Bedingungen werden häufig »Elastizitätsgleichungen« genannt, was aber eine nicht sehr treffende Bezeichnung ist.

Nach Bild 44.1a sei ein zweifach unbestimmtes System betrachtet, das aber ausreichen wird, um auch die Gleichungen für ein n-fach unbestimmtes System zu gewinnen. Zuerst wird das statisch bestimmte Hauptsystem gewählt. Die entsprechenden Schnittstellen seien a und b, allgemein $a, b, \ldots, i, \ldots, n$. Hier sind die Stellen a und b die mittleren Lager. In a wird der Zusammenhang zwischen Balken und Lager gelöst, in b wird durch ein Gelenk das Stützmoment zu Null gemacht. Diese Wahl ist als allgemeines Beispiel zweckmäßig; später wird allerdings gezeigt, daß es rechentechnisch günstiger ist, wenn auch an der Stelle a ein Gelenk eingeführt wird.

Mit der Wahl des Hauptsystems sind gleichzeitig die unbekannten Kraftgrößen festgelegt. Wie in Bild 44.1b angegeben, seien sie mit $1^{[K]} \cdot X_a$ und $1^{[KL]} \cdot X_b$ bezeichnet. Die Eins stellt jeweils die Einheit der Kraftgröße dar, während X_a und X_b reine Zahlenfaktoren sind, die in den aufzustellenden Gleichungen die Unbekannten sind. Die Vorzeichen der statisch Unbestimmten können bei jeder Aufgabe willkürlich festgesetzt werden. Es könnte z.B. auch das negative Biegemoment in b als $1 \cdot X_b$ bezeichnet werden.

Setzt man die Unbekannten Null, so ergibt sich der Lastspannungszustand am statisch bestimmten Hauptsystem nach Bild 44.1c. Die Verformungen mögen hierbei $\delta_{a,L}$ und $\delta_{b,L}$ heißen. Der erste Index gibt hierbei wieder den Ort, der zweite die Ursache — die Lasten — an. Das Komma wird gesetzt, da der Maxwellsche Satz hier nicht gilt. Für das Vorzeichen der Verformungen sei eine feste Verabredung getroffen: Die Verformungen seien dann positiv, wenn sie in Richtung der zugehörigen Kräfte auftreten. In Bild 44.1c, wo die Verformungen so gezeichnet sind, wie sie bei der gegebenen Belastung auftreten werden, wird z.B. $\delta_{a,L}$ negativ.

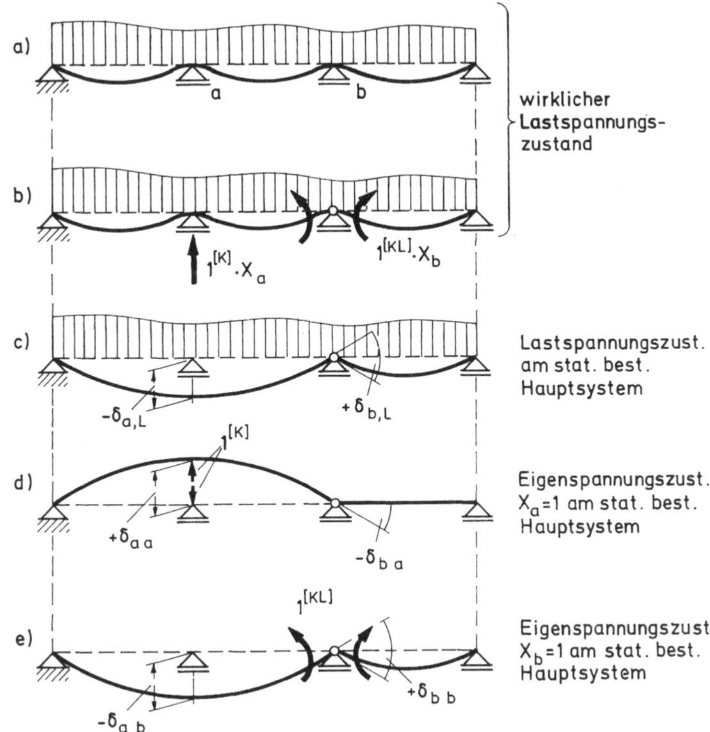

Bild 44.1 a–e. Last- und Eigenspannungszustände an einem Balken auf vier Stützen

Die Verformung des statisch bestimmten Hauptsystems wird nach den Ausführungen von Abschnitt 43 nicht nur durch Lasten, sondern auch durch die sonstigen Ursachen erzeugt. Für eine beliebige Verschiebung $\delta_{i,L}$ an einer Schnittstelle des Hauptsystems eines n-fach unbestimmten Systems möge gelten

$$\delta_{i,L} = \delta_{i,q} + \delta_{i,t} + \delta_{i,C} + \delta_{i,V}. \tag{44.1}$$

Dabei seien die einzelnen Glieder der rechten Seite von (1) die Verschiebungen infolge Lasten, Temperaturänderungen einschließlich Kriechen und Schwinden, Stützensenkungen und Vorspannung. In Bild 44.1c sind die Werte $\delta_{a,L}$ und $\delta_{b,L}$ angegeben. Man hat sich dementsprechend vorzustellen, daß die skizzierte Verformung bereits die Summe aller Einflüsse nach (1) ist.

Die Bilder 44.1 d und e zeigen die Eigenspannungszustände $X_a = 1$ und $X_b = 1$ am statisch bestimmten Hauptsystem. Für die Verformungen, bei denen die festgesetzte Vorzeichenregel zu beachten ist, gilt jetzt der Maxwellsche Satz, so daß ein Komma zwischen den Indizes entfällt.

Für den wirklichen Lastspannungszustand müssen die Schnittuferverschiebungen an den Stellen a und b zu Null werden. Durch Überlagerung des Lastspannungszustandes am Hauptsystem mit den Eigenspannungszuständen — wobei X_a

und X_b zunächst noch unbekannt sind — erhält man dann

$$\delta_a = \delta_{a,\mathrm{L}} + \delta_{aa} X_a + \delta_{ab} X_b = 0, \tag{44.2a}$$

$$\delta_b = \delta_{b,\mathrm{L}} + \delta_{ba} X_a + \delta_{bb} X_b = 0. \tag{44.2b}$$

Eine ähnliche Superposition wurde schon in Abschnitt 16.5 bei der Methode der Stabvertauschung durchgeführt. Die Erweiterung der Gleichungen (2) auf ein n-fach statisch unbestimmtes System liefert die Gleichungen

$$\begin{aligned}
&\delta_{aa} X_a + \delta_{ab} X_b + \ldots + \delta_{ai} X_i + \ldots + \delta_{an} X_n + \delta_{a,\mathrm{L}} = 0, \\
&\delta_{ba} X_a + \delta_{bb} X_b + \ldots + \delta_{bi} X_i + \ldots + \delta_{bn} X_n + \delta_{b,\mathrm{L}} = 0, \\
&\ldots\ldots\ldots\ldots\ldots\ldots\ldots\ldots\ldots\ldots\ldots \\
&\delta_{ia} X_a + \delta_{ib} X_b + \ldots + \delta_{ii} X_i + \ldots + \delta_{in} X_n + \delta_{i,\mathrm{L}} = 0, \\
&\ldots\ldots\ldots\ldots\ldots\ldots\ldots\ldots\ldots \\
&\delta_{na} X_a + \delta_{nb} X_b + \ldots + \delta_{ni} X_i + \ldots + \delta_{nn} X_n + \delta_{n,\mathrm{L}} = 0.
\end{aligned} \tag{44.3}$$

Die i-te Gleichung ist für alle Gleichungen repräsentativ und wird im folgenden häufig allein angeschrieben. Wichtiger ist aber noch die Matrizenschreibweise, die in der Form

$$\boldsymbol{\delta}\,\mathbf{X} + \boldsymbol{\delta}_\mathrm{L} = 0 \tag{44.3a}$$

gelten möge. $\boldsymbol{\delta}$ ist die Koeffizientenmatrix, $\mathbf{X}$ die Spaltenmatrix der Unbekannten und $\boldsymbol{\delta}_\mathrm{L}$ die Spaltenmatrix der Lastglieder.

Für die Berechnung der δ-Werte ist noch die Bezeichnungsweise der benutzten Schnittgrößen zu verabreden. Werden hier und im folgenden wieder nur Biegemomente als Beispiel behandelt, so möge dafür gelten

M_L Biegemoment des Lastspannungszustandes am statisch bestimmten Hauptsystem, wobei M_L auch Biegemomente infolge Vorspannung enthalten kann;

ferner sei mit $i = a, b, \ldots, n$

M_i Biegemoment des Eigenspannungszustandes $X_i = 1$ am statisch bestimmten Hauptsystem.

Wenn es erforderlich ist, kann der Ort, wo das Biegemoment auftritt, mit angegeben werden. Es wird dann z.B. für eine Stelle x eines geraden Stabes gesetzt

$$M_\mathrm{L} = M_{x,\mathrm{L}}, \qquad M_i = M_{x,i}.$$

Im allgemeinen wird jedoch die einfachere Schreibart bevorzugt.

Für einen beliebigen δ-Wert gilt der Arbeitssatz

$$1 \cdot \delta = \int\limits_{(S)} \left(\frac{M}{EI} + \alpha_t \frac{\Delta t}{h} \right) \overline{M}\, \mathrm{d}s - \sum \overline{C} c$$

nach (38.9a) ohne Längskraft- und Querkrafteinfluß. Bei den $\delta_{i,\mathrm{L}}$-Werten ist nun $M = M_\mathrm{L}$, $\overline{M} = M_i$ und $\overline{C} = C_i$ zu setzen. Für ein beliebiges Element δ_{ik} der Koeffizientenmatrix gilt $M = M_k$ und $\overline{M} = M_i$. Man erhält damit

$$1 \cdot \delta_{i,\mathrm{L}} = \int\limits_{(s)} M_i \left(\frac{M_\mathrm{L}}{EI} + \alpha_t \frac{\Delta t}{h} \right) \mathrm{d}s - \sum C_i c, \qquad (44.4\,\mathrm{a})$$

$$1 \cdot \delta_{ik} = \int\limits_{(s)} \frac{M_i M_k}{EI} \mathrm{d}s. \qquad (44.4\,\mathrm{b})$$

Zur Koeffizientenmatrix sei noch folgendes festgestellt. Aus der Formel (4b) ergibt sich, daß

$$1 \cdot \delta_{ii} = \int\limits_{(s)} \frac{M_i^2}{EI} \mathrm{d}s > 0 \qquad (44.5)$$

ist. Beachtet man ferner den Maxwellschen Satz $\delta_{ik} = \delta_{ki}$, so gilt: *Die Elemente der Hauptdiagonale der Koeffizientenmatrix sind stets positiv. Die Matrix ist symmetrisch zur Hauptdiagonale, d.h.* $\boldsymbol{\delta} = \boldsymbol{\delta}^\mathrm{T}$. Da bei den δ_{ii}-Werten die Biegemomente stets quadriert werden, bei den δ_{ik}-Werten mit $i \neq k$ aber positive und negative Werte des Produktes $M_i M_k$ vorkommen können, ist im Durchschnitt der Betrag eines Elementes der Hauptdiagonale größer als der absolute Betrag der übrigen Elemente einer Zeile. Für dieselbe Tatsache ergeben sich später noch andere Gründe.

Die Determinante der Koeffizientenmatrix ist stets ungleich Null, also

$$\det \boldsymbol{\delta} \neq 0. \qquad (44.6)$$

Würde das nämlich nicht sein, so hätte das homogene Gleichungssystem, d.h. die Gleichungen (3) mit den Lastgliedern Null, eine nichttriviale Lösung mit Unbekannten, die bis auf einen konstanten Faktor bestimmbar sind. Zu den Unbekannten X_i würden dann auch Biegemomente M_i gehören, die insgesamt einen Eigenspannungszustand liefern würden. Dann hätte aber das wirkliche System mit den Schnittuferverschiebungen Null ohne Lasten einen beliebig großen Eigenspannungszustand, was mechanisch unmöglich ist. Auf einen mathematischen Beweis, daß ein Verschwinden der Determinante in der Tat nicht möglich ist, sei verzichtet.

Die Gleichungen (3) liefern nach Auflösung die Unbekannten X. Es müssen dann noch die statischen Größen (Schnittgrößen, Verformungen usw.) des wirklichen Lastspannungszustandes berechnet werden. Das geschieht wieder durch Überlagerung des Lastspannungszustandes und der Eigenspannungszustände des statisch bestimmten Hauptsystems. Als Beispiel sei die Formel für das Biegemoment angegeben:

$$M = M_\mathrm{L} + M_a X_a + M_b X_b + \ldots + M_i X_i + \ldots + M_n X_n. \qquad (44.7)$$

Im Bedarfsfall kann wieder der Ort gekennzeichnet werden, wo das Biegemoment auftritt. Für eine Stelle x würde gelten

$$M_x = M_{x,\mathrm{L}} + M_{x,a} X_a + M_{x,b} X_b + \ldots \qquad (44.7\,\mathrm{a})$$

Die Formeln dieses Abschnitts gelten für beliebige Beanspruchungen. *In allen folgenden Betrachtungen über statisch unbestimmte Systeme sollen jedoch als Lasten nur noch die Kraftgrößen berücksichtigt werden, alle sonstigen Beanspruchungsursachen seien gleich Null.* $\delta_{i,\mathrm{L}}$ in Gleichung (1) besteht in Zukunft also nur noch aus dem Glied $\delta_{i,q}$; Biegemomente aus Vorspannung soll M_{L} nicht mehr enthalten. Durch diese Verabredungen wird die Betrachtungsweise im folgenden erheblich vereinfacht.

45. Rechteckrahmen als Beispiel

Vor weiteren allgemeinen Erörterungen sei das bisher besprochene durch ein Beispiel erläutert. Nach Bild 45.1a sei mit den dort angegebenen Bezeichnungen ein dreifach unbestimmter symmetrischer Rechteckrahmen betrachtet. Die Belastung sei eine Windlast W, die je zur Hälfte als Druck bzw. Sog angesetzt sei und damit antisymmetrisch ist.

Es wird wieder mit der Festlegung des Hauptsystems begonnen. Ein erster und sehr wichtiger Gesichtspunkt für eine zweckmäßige Wahl ist die Ausnutzung der Symmetriebedingungen des Systems. Eine gegebenenfalls unsymmetrische Belastung ist dabei in einen symmetrischen und einen antisymmetrischen Anteil zu zerlegen, wie es in Abschnitt 12.3 bereits besprochen wurde.

Hier wird am besten der Rahmen in Riegelmitte durchschnitten. Damit sind sämtliche drei Schnittgrößen an dieser Stelle entfernt. Die Unbekannten seien die in Bild 45.1b angegebenen Größen X_a, X_b, X_c, wobei die Schnittbreite aus

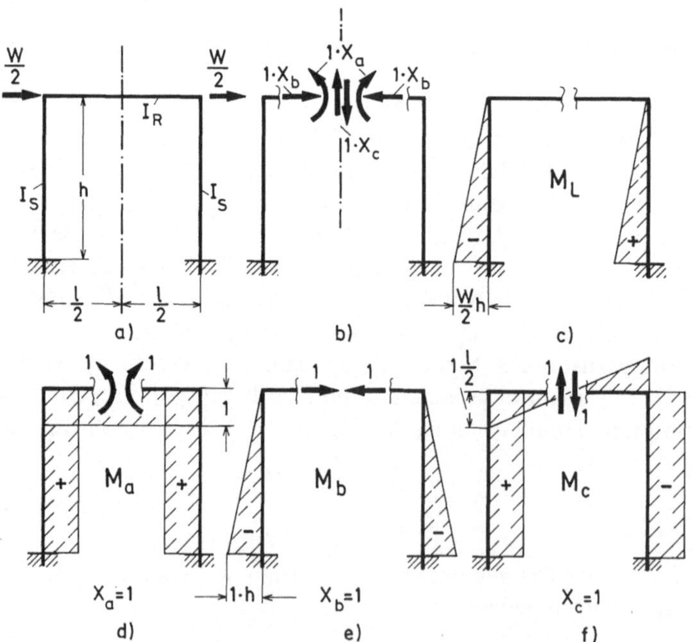

Bild 45.1 a–f. Dreifach statisch unbestimmter Rechteckrahmen

zeichentechnischen Gründen sehr groß dargestellt werden mußte. Das Vorzeichen der statisch Unbestimmten sollte frei wählbar sein. Lediglich um das zu verdeutlichen, sind zwar $1 \cdot X_a$ und $1 \cdot X_b$ als Biegemoment und Längskraft, $1 \cdot X_c$ aber als negative Querkraft definiert. Der Lastspannungszustand am Hauptsystem ist antisymmetrisch; ebenso der Eigenspannungszustand $X_c = 1$. Dagegen liefern X_a und X_b symmetrische Zustände. Die Biegemomente M_L, M_a, M_b und M_c sind in Bild 45.1c bis f dargestellt.

Hieraus folgt wegen der Symmetrie sofort

$$\delta_{a,L} = \delta_{b,L} = 0, \qquad \delta_{ac} = \delta_{ca} = 0, \qquad \delta_{bc} = \delta_{cb} = 0.$$

Das Gleichungssystem (44.3) zur Berechnung der Unbekannten nimmt dann folgende Form an

$$\begin{bmatrix} \delta_{aa} & \delta_{ab} & 0 \\ \delta_{ba} & \delta_{bb} & 0 \\ 0 & 0 & \delta_{cc} \end{bmatrix} \begin{bmatrix} X_a \\ X_b \\ X_c \end{bmatrix} + \begin{bmatrix} 0 \\ 0 \\ \delta_{c,L} \end{bmatrix} = \mathbf{0}. \tag{45.1}$$

Die ersten beiden Gleichungen von (1) sind homogen. Da ihre Koeffizientendeterminante ungleich Null ist, haben sie nur die Lösung $X_a = 0$, $X_b = 0$. Damit kommt ein Tatbestand zum Ausdruck, der mechanisch selbstverständlich ist: *Bei einem symmetrischen System muß der wirkliche Lastspannungszustand dieselben Symmetrieeigenschaften wie die Belastung haben.* Die Zustände $X_a = 1$ und $X_b = 1$ hätten im vorliegenden Fall also gar nicht erst ermittelt zu werden brauchen.

Von (1) bleibt allein übrig

$$X_c = -\frac{\delta_{c,L}}{\delta_{cc}}.$$

Es ist nach Bild 45.1

$$1 \cdot \delta_{c,L} = \int_{(s)} \frac{M_c M_L}{EI}\,ds = -\frac{2}{EI_S}\frac{1}{2}\frac{l}{2}\frac{Wh}{2}h = -\frac{Wlh^2}{4EI_S},$$

$$1 \cdot \delta_{cc} = \int_{(s)} \frac{M_c^2}{EI}\,ds = 2\left(\frac{l^2}{4EI_S}h + \frac{1}{3}\frac{l^2}{4EI_R}\frac{l}{2}\right) = \frac{l^2}{2}\left(\frac{h}{EI_S} + \frac{1}{6}\frac{l}{EI_R}\right)$$

und damit

$$1 \cdot X_c = \frac{Wlh^2}{4EI_S}\frac{1}{\dfrac{l^2}{2}\left(\dfrac{h}{EI_S} + \dfrac{1}{6}\dfrac{l}{EI_R}\right)} = W\frac{h^2}{2hl + \dfrac{1}{3}l^2\dfrac{I_S}{I_R}}.$$

Für das spezielle Beispiel $h = l$, $I_S = I_R$ wird $1 \cdot X_c = \frac{3}{7} W$.

Die Biegemomente des wirklichen Lastspannungszustandes ergeben sich nach (44.7) zu

$$M = M_L + M_c X_c.$$

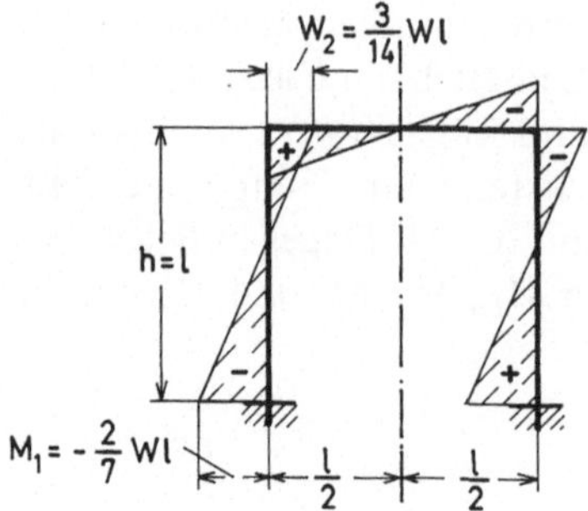

Bild 45.2. Biegemomente des wirklichen Lastspannungszustandes für $h=l$, $I_S=I_R$

Zur Festlegung von M genügt es, seine Werte für das untere und obere Stielende zu berechnen. Bezeichnet man die Einspannstelle des linken Stiels mit 1, die Rahmenecke mit 2, so gilt für das obige spezielle Beispiel

$$M_1 = M_{1,\mathrm{L}} + M_{1,c}\,X_c$$

$$= -\frac{W}{2}h + 1 \cdot \frac{l}{2}\frac{3}{7}\frac{W}{1} = -\frac{2}{7}\,Wl,$$

$$M_2 = M_{2,\mathrm{L}} + M_{2,c}\,X_c$$

$$= 0 + 1 \cdot \frac{l}{2}\frac{3}{7}\frac{W}{1} = \frac{3}{14}\,Wl.$$

Das endgültige Biegemoment M ist in Bild 45.2 aufgetragen.

46. Castiglianosches Prinzip

Für manche Überlegungen ist eine Aussage nützlich, die sich aus dem in Abschnitt 38.1 besprochenen Castiglianoschen Satz herleiten läßt. Nach (38.3) galt für einen beliebigen Punkt i

$$\delta_i = \frac{\partial(-A_i)}{\partial F_i}.$$

Ist nun bei F der Index $i=a, b, \ldots, n$ und versteht man darunter die Stellen, an denen Schnitte gelegt sind, um aus einem statisch unbestimmten System ein statisch bestimmtes Hauptsystem zu machen, so müssen die δ_i zu Null werden. Für die Kraftgrößen, nach denen differenziert werden muß, ist dann $F_i = 1 \cdot X_i$ zu setzen. Man bekommt also

$$\delta_i = \frac{\partial(-A_i)}{\partial X_i} = 0. \tag{46.1}$$

Nach (44.3) gilt aber auch

$$\delta_i = \delta_{ia} X_a + \delta_{ib} X_b + \ldots + \delta_{ii} X_i + \ldots + \delta_{in} X_n + \delta_{i,L} = 0. \tag{46.2}$$

Setzt man die rechten Seiten der Gleichungen (1) und (2) einander gleich und differenziert die entstehende Beziehung noch einmal nach X_i, so erhält man

$$\frac{\partial^2(-A_i)}{\partial X_i^2} = \delta_{ii} > 0 \tag{46.3}$$

unter Beachtung der Tatsache, daß δ_{ii} stets positiv ist.

Die Gleichungen (1) sind notwendige Bedingungen dafür, daß $-A_i$ ein Extremum annimmt, die Gleichungen (3) dafür, daß dieser Extremwert ein Minimum ist. Für ein statisch einfach unbestimmtes System sind die Bedingungen auch hinreichend. Auf die Erörterung hinreichender Bedingungen für ein mehrfach unbestimmtes System sei verzichtet. Sie würden sich aus der Tatsache ergeben, daß $-A_i$ eine »positiv definite quadratische Form« ist.

Es läßt sich nun das Castiglianosche Prinzip wie folgt formulieren: *Die statisch Unbestimmten stellen sich so ein, daß die negative Eigenarbeit der inneren Kräfte ein Minimum wird*, also

$$-A_i = \text{Minimum.} \tag{46.4}$$

Zur Erläuterung der Anwendungsmöglichkeiten sei ein einfach statisch unbestimmtes System betrachtet. Hierfür gilt

$$M = M_L + M_a X_a. \tag{46.5}$$

$$-A_i = \frac{1}{2} \int\limits_{(s)} \frac{M^2}{EI}\, ds$$

$$= \frac{1}{2} \int\limits_{(s)} \frac{1}{EI}(M_L + M_a X_a)^2\, ds$$

$$= \frac{1}{2} \int\limits_{(s)} \frac{1}{EI}(M_L^2 + M_a^2 X_a^2 + 2 M_a M_L X_a)\, ds$$

$$= \frac{1}{2} \int\limits_{(s)} \frac{M_L^2}{EI}\, ds + \frac{1}{2} X_a^2 \int\limits_{(s)} \frac{M_a^2}{EI}\, ds + X_a \int\limits_{(s)} \frac{M_a M_L}{EI}\, ds.$$

Die Bedingung (1) liefert

$$\frac{\partial(-A_i)}{\partial X_a} = 0 + X_a \int\limits_{(s)} \frac{M_a^2}{EI}\, ds + \int\limits_{(s)} \frac{M_a M_L}{EI}\, ds$$

$$= \delta_{aa} X_a + \delta_{a,L} = 0, \tag{46.6}$$

also die richtige Verformungsbedingung für X_a, womit Gleichung (1) noch einmal bestätigt ist.

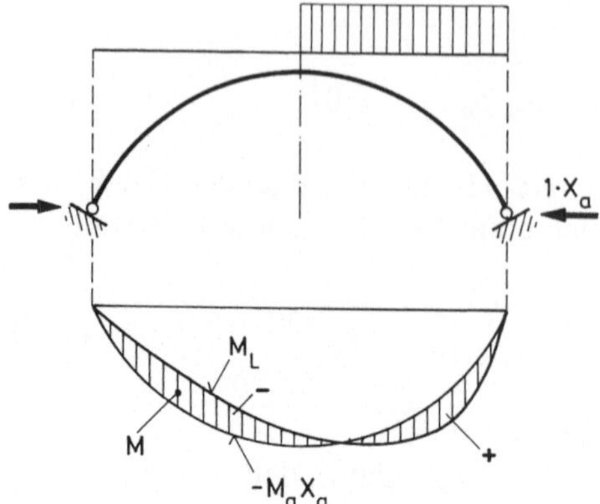

Bild 46.1.
Zweigelenkbogen mit halbseitiger Belastung

An dieser Rechnung ist zunächst festzustellen, daß das Castiglianosche Prinzip in der Regel wenig dazu geeignet ist, die Verformungsbedingung (6) — und im allgemeinen Fall die Gleichungen (44.3) — zu ermitteln. Die Rechnung ist nämlich unanschaulich, erfordert die Ermittlung eines unnötigen Gliedes, das beim Differenzieren doch wieder herausfällt, und liefert letzten Endes Gleichungen, die sich viel einfacher sofort anschaulich ergeben.

Die Aussage (4) läßt sich aber in folgenden Fällen verwenden. In Bild 46.1 ist ein Zweigelenkbogen unter halbseitiger Belastung dargestellt. Die statisch unbestimmte Kraftgröße sei der Horizontalschub $1 \cdot X_a$. Das statisch bestimmte Hauptsystem ist also ein Bogen mit einem horizontal verschieblichen Lager. Bei den vorhandenen senkrechten Lasten ist damit das Biegemoment des Hauptsystems wie bei einem Balken auf zwei Stützen zu berechnen (vgl. Abschnitt 14.3). Das Biegemoment M_L wird dabei positiv. M_a hingegen ist negativ und zwar gleich der Kraft Eins multipliziert mit den negativen Ordinaten der Bogenachse. Da sich dann

$$X_a = -\frac{\delta_{a,L}}{\delta_{aa}} = -\frac{\int\limits_{(s)} \dfrac{M_a M_L}{EI}\, ds}{\int\limits_{(s)} \dfrac{M_a^2}{EI}\, ds}$$

als positiver Wert ergibt, muß nach Gleichung (5) das endgültige Biegemoment M die Differenz der Biegemomente M_L und $-M_a X_a$ sein.

Über die Größe von M gibt nun Gleichung (4) folgende Auskunft, die Gleichung (6) nicht liefert. Die beiden Momentenlinien M_L und $-M_a X_a$ müssen sich soweit wie möglich decken insofern, als $M^2/EI\, ds$ zum Minimum werden muß. Bei $EI =$ const vereinfacht sich dies zu der Forderung, daß die Summe der »Fehlerquadrate« zwischen M_L und $-M_a X_a$ ihren kleinsten Wert annimmt. Die in Abschnitt 14.3 festgestellte günstige Tragwirkung eines Dreigelenkbogens bleibt also für das statisch unbestimmte System erhalten. Bemerkt werden muß allerdings noch, daß man sich in praktischen Fällen nicht auf die Biegemomente beschränken darf, sondern die Längskräfte mit berücksichtigen muß. An dem gewonnenen Ergebnis wird dadurch jedoch grundsätzlich nichts geändert.

Bild 46.1 zeigt, daß sich M rechentechnisch ungünstig als kleine Differenz großer Zahlen ergibt. Das läßt sich vermeiden, wenn man ein anderes Hauptsystem wählt, z.B. einen Dreigelenkbogen, bei dem $1 \cdot X_a$ das Biegemoment im Scheitelgelenk ist. Würde man bei dieser Wahl das Gelenk zufällig in den Nullpunkt von M gelegt haben, so müßte X_a sogar zu Null werden. Die kleinen Differenzen großer Zahlen würden aber in jedem Fall vermieden werden können. Damit ist ein zweiter Gesichtspunkt für die Wahl eines Hauptsystems gefunden. (Die Ausnutzung von Symmetriebedingungen war der erste.) Hauptsystem und statisch unbestimmtes System müssen in ihrer Tragwirkung möglichst übereinstimmen. Anschaulich kann man das so beschreiben: *Das Hauptsystem muß möglichst steif sein in dem Sinne, daß* $-A_i$ *möglichst klein wird.*

Eine weitere Aussage ergibt sich aus dem Castiglianoschen Prinzip für den Fall, daß die statisch Unbestimmten nur ungenau ermittelt sind. Dies kann entstehen durch Rechenfehler, nicht genau bekannte Steifigkeiten oder Schätzung der Unbekannten aus Zeitmangel. In diesen Fällen erhält man die Formänderungsarbeit und im Mittel auch die Spannungen und Verformungen zu groß, d.h.: *Bei falschen statisch Unbestimmten befindet man sich in dem durch* $-A_i$ *gegebenen Mittel auf der sicheren Seite.* Die Einschränkung »im Mittel« ist notwendig, da selbstverständlich an einzelnen Stellen die Spannungen auch zu klein werden können. Außerdem ist zu betonen, daß nur die statisch Unbestimmten falsch sein dürfen, aber nicht das Gleichgewicht verletzt sein darf, d.h. Last- und Eigenspannungszustände dürfen keinen Fehler enthalten.

Schließlich liefert das Castiglianosche Prinzip noch eine wesentliche Erkenntnis über das ideale Gelenkfachwerk. In Abschnitt 16.1 war gesagt worden, daß ideal reibungsfreie Gelenke statt der biegesteifen Knotenverbindung deswegen angenommen werden können, weil das Ergebnis einer genauen Rechnung sich nur wenig von der Näherungsrechnung mit gelenkigen Knoten unterscheidet. Dies läßt sich jetzt allgemein begründen. In Abschnitt 37.4 wurde gezeigt, daß die Arbeit der Biegemomente in der Regel die der Längskräfte und Querkräfte bei weitem übertrifft. Wenn es nun einen Weg gibt, die Lasten ohne den großen Formänderungsanteil der Biegemomente zu den Lagern abzuleiten, so muß man sich damit dem Minimum von $-A_i$ schon weitgehend genähert haben. In der Tat zeigen statisch unbestimmte Rechnungen wirklicher Fachwerke mit biegesteifen Knoten, daß die auftretenden Biegespannungen fast immer als »Nebenspannungen« vernachlässigt werden können. Betont werden muß auch hier wieder, daß das Gleichgewicht erfüllt sein muß und nicht etwa durch die Annahme gelenkiger Knotenverbindungen ein verschiebliches System entstanden sein darf.

Auf die Erörterung weiterer Anwendungsmöglichkeiten des Castiglianoschen Prinzips, die mit dem bisher gesagten keineswegs erschöpft sind, sei an dieser Stelle verzichtet.

47. Gleichungsauflösung und Rechenkontrollen

Die Auflösung der Gleichungen (44.3) für die statisch Unbestimmten ist beim einfach unbestimmten System trivial und bereitet auch bei zweifacher Unbestimmtheit keine Schwierigkeiten. Es gilt dann mit $\delta_{ba}=\delta_{ab}$

$$X_a=\frac{\delta_{b,\mathrm{L}}\,\delta_{ab}-\delta_{a,\mathrm{L}}\,\delta_{bb}}{\delta_{aa}\,\delta_{bb}-\delta_{ab}^2}, \qquad X_b=\frac{\delta_{a,\mathrm{L}}\,\delta_{ab}-\delta_{b,\mathrm{L}}\,\delta_{aa}}{\delta_{aa}\,\delta_{bb}-\delta_{ab}^2}.$$

Bei drei und vier Unbekannten kann eine dem Gleichungssystem individuell angepaßte Auflösung in Frage kommen; bei noch mehr Unbekannten wird man aber ein bestimmtes Rechenschema benutzen müssen. Dieses ist im Prinzip der *Gaußsche Algorithmus*. Schon mit Taschenrechnern, die lediglich die Möglichkeit haben müssen, auflaufende Zwischenprodukte zu speichern, ist die Berechnung von Gleichungssystemen mit etwa zehn Unbekannten durchführbar. Bei Benutzung programmierbarer Rechenanlagen ist die Anzahl der Unbekannten, die bewältigt werden können, zwar durch die Größe der Anlage beschränkt; häufig kann man aber weit mehr Unbekannte berücksichtigen, als nötig bzw. sinnvoll ist. Auf weitere Einzelheiten zur Auflösung linearer Gleichungssysteme sei unter Hinweis auf die Literatur verzichtet[17].

Die Berechnung statisch unbestimmter Systeme ist wesentlich fehlerempfindlicher als die statisch bestimmter Systeme. Selbst wenn das Gleichgewicht bei Last- und Eigenspannungszuständen durch zusätzliche Gleichgewichtskontrollen genügend geprüft ist, so können die δ-Zahlen noch Fehler enthalten und auch die Überlagerung von Last- und Eigenspannungszuständen kann falsch werden. Eine einfache und wirksame Kontrolle für die beiden letztgenannten Fehler ist die Prüfung, ob an jeder Schnittstelle i die Verformung $\delta_i=0$ wird. Nach Gleichung (44.3) gilt

$$\delta_i=\delta_{ia}X_a+\delta_{ib}X_b+\ldots+\delta_{ii}X_i+\ldots+\delta_{in}X_n+\delta_{i,\mathrm{L}}=0.$$

In diese Gleichung wird, um die δ-Zahlen mit prüfen zu können, noch (44.4) eingesetzt

$$1\cdot\delta_{ik}=\int\limits_{(s)}\frac{M_i M_k}{EI}\,\mathrm{d}s, \qquad 1\cdot\delta_{i,\mathrm{L}}=\int\limits_{(s)}\frac{M_i M_\mathrm{L}}{EI}\,\mathrm{d}s.$$

Mit $k=a,b,\ldots,i,\ldots n$ erhält man dann

$$X_a\int\limits_{(s)}\frac{M_i M_a}{EI}\,\mathrm{d}s+X_b\int\limits_{(s)}\frac{M_i M_b}{EI}\,\mathrm{d}s+\ldots+X_i\int\limits_{(s)}\frac{M_i^2}{EI}\,\mathrm{d}s+\ldots$$

$$+X_n\int\limits_{(s)}\frac{M_i M_n}{EI}\,\mathrm{d}s+\int\limits_{(s)}\frac{M_i M_\mathrm{L}}{EI}\,\mathrm{d}s=0.$$

Zusammenfassung der Integrale und Ausklammern von M_i/EI liefert

$$\int\limits_{(s)}\frac{M_i}{EI}(M_a X_a+M_b X_b+\ldots+M_i X_i+\ldots+M_n X_n+M_\mathrm{L})\,\mathrm{d}s=0.$$

---

17 R. Zurmühl: *Praktische Mathematik*. 5. Aufl. Berlin, Heidelberg, New York: Springer 1965; S. 105.
K. Hirschfeld: *Baustatik*. 3. Aufl. Berlin, Heidelberg, New York: Springer 1969; S. 202.

Der Klammerausdruck ist das Biegemoment M des statisch unbestimmten Systems. Man erhält also

$$\int\limits_{(s)} \frac{M M_i}{EI}\, ds = 0. \tag{47.1}$$

Diese Gleichung sagt aus, daß *jeder Eigenspannungszustand zum wirklichen Spannungszustand orthogonal sein muß* in dem Sinne, daß der eine Zustand auf den Wegen des anderen keine Arbeit leistet. Die Ausdrucksweise ist berechtigt insofern, als keine Arbeit entsteht, wenn ein Kraftvektor senkrecht zu seiner Richtung verschoben wird.

Bei einem n-fach unbestimmten System müssen n Integrale von der Form (1) geprüft werden. Eine andere Kontrolle, bei der nur zwei Integrale zu berechnen sind, erhält man aus der Eigenarbeit. Es ist

$$\frac{1}{2}\int\limits_{(s)} \frac{M^2}{EI}\, ds = \frac{1}{2}\int\limits_{(s)} \frac{M}{EI}(M_{\mathrm{L}} + M_a X_a + M_b X_b + \ldots + M_n X_n)\, ds$$

$$= \frac{1}{2}\left(\int\limits_{(s)} \frac{M M_{\mathrm{L}}}{EI}\, ds + X_a \int\limits_{(s)} \frac{M M_a}{EI}\, ds + X_b \int\limits_{(s)} \frac{M M_b}{EI}\, ds + \ldots \right.$$

$$\left. + X_n \int\limits_{(s)} \frac{M M_n}{EI}\, ds \right).$$

Auf der rechten Seite dieser Gleichung bleibt nur das erste Glied bestehen; die restlichen werden wegen (1) zu Null. Man erhält damit die Kontrollbedingung

$$\int\limits_{(s)} \frac{M^2}{EI}\, ds = \int\limits_{(s)} \frac{M M_{\mathrm{L}}}{EI}\, ds. \tag{47.2}$$

In der Regel wird man jedoch nach (1) rechnen, weil es dabei leichter ist, vorhandene Fehler einzukreisen.

Für das Beispiel von Bild 45.2 ergibt sich zusammen mit Bild 45.1f die Kontrolle (1) zu

$$\int\limits_{(s)} \frac{M M_c}{EI}\, ds = \frac{2}{3}\, Wl\, \frac{l}{2}\left(\frac{\frac{3}{14} - \frac{2}{7}}{2}\, l + \frac{1}{3}\, \frac{3}{14}\, \frac{l}{2} \right)$$

$$= \frac{Wl^2}{EI}\left(-\frac{l}{28} + \frac{l}{28} \right) = 0.$$

48. Reduktionssatz

Der Reduktionssatz wird bei der Berechnung der Verformungen statisch unbestimmter Systeme gebraucht und ergibt sich aus einer Anwendung der Gleichungen (47.1) auf den Arbeitssatz

$$1 \cdot \delta = \int_{(s)} \frac{M \overline{M}}{EI} \, ds.$$

Diese Formel gilt, wie aus ihrer Ableitung hervorgeht und in Abschnitt 38 bereits betont wurde, auch für statisch unbestimmte Systeme. Das sei dadurch noch verdeutlicht, daß ein n-fach unbestimmtes System durch den hochgestellten Index (n) gekennzeichnet sei, also

$$1 \cdot \delta^{(n)} = \int_{(s)} \frac{M^{(n)} \overline{M}^{(n)}}{EI} \, ds. \tag{48.1a}$$

$M^{(n)}$ und $\overline{M}^{(n)}$ müssen danach am unbestimmten System berechnet werden. Werden weiter durch den Index (0) alle Größen des statisch bestimmten Hauptsystems gekennzeichnet, so gilt

$$M^{(n)} = M_L^{(0)} + M_a^{(0)} X_a + M_b^{(0)} X_b + \ldots, \tag{48.2a}$$

$$\overline{M}^{(n)} = \overline{M}^{(0)} + M_a^{(0)} \overline{X}_a + M_b^{(0)} \overline{X}_b + \ldots, \tag{48.2b}$$

wobei der Index L bei $M_L^{(0)}$ eigentlich überflüssig ist.

Wird jetzt zunächst $\overline{M}^{(n)}$ nach (2b) in (1a) eingesetzt, so folgt

$$1 \cdot \delta^{(n)} = \int_{(s)} \frac{M^{(n)}}{EI} \left(\overline{M}^{(0)} + \overline{M}_a^{(0)} \overline{X}_a + \overline{M}_b^{(0)} \overline{X}_b + \ldots \right) ds$$

$$= \int_{(s)} \frac{M^{(n)} \overline{M}^{(0)}}{EI} \, ds + \overline{X}_a \int_{(s)} \frac{M^{(n)} \overline{M}_a^{(0)}}{EI} \, ds + \overline{X}_b \int_{(s)} \frac{M^{(n)} \overline{M}_b^{(0)}}{EI} \, ds + \ldots$$

Alle mit den Unbekannten X_i behafteten Integrale werden nun nach (47.1) als Kontrollen für die richtige Berechnung von $M^{(n)}$ zu Null und es verbleibt

$$1 \cdot \delta^{(n)} = \int_{(s)} \frac{M^{(n)} \overline{M}^{(0)}}{EI} \, ds. \tag{48.1b}$$

Führt man in (1a) den Ausdruck (2a) ein und beachtet die Kontrollen (47.1) für die richtige Berechnung von $\overline{M}^{(n)}$, so folgt

$$1 \cdot \delta^{(n)} = \int_{(s)} \frac{M_L^{(0)} \overline{M}^{(n)}}{EI} \, ds. \tag{48.1c}$$

Die Gleichungen (1a, b, c) ergeben zusammengefaßt den Reduktionssatz: *Von den beiden im Arbeitssatz enthaltenen Biegemomenten braucht nur eins am statisch unbestimmten System berechnet zu werden; das andere kann an einem beliebigen Hauptsystem ermittelt werden.* Das letztere ist selbstverständlich, da zur Berechnung von $\overline{M}$ nicht dasselbe Hauptsystem genommen werden muß wie zur Berechnung von M.

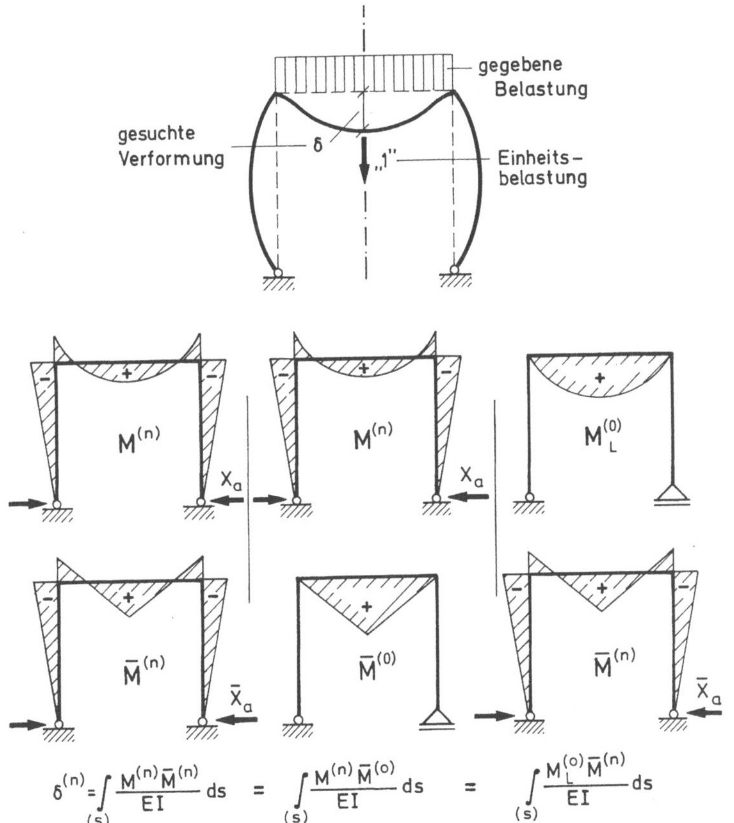

$$\delta^{(n)} = \int_{(s)} \frac{M^{(n)}\overline{M}^{(n)}}{EI}\, ds \; = \; \int_{(s)} \frac{M^{(n)}\overline{M}^{(0)}}{EI}\, ds \; = \; \int_{(s)} \frac{M_L^{(0)}\overline{M}^{(n)}}{EI}\, ds$$

Bild 48.1. Erläuterung des Reduktionssatzes am Zweigelenkrahmen

Zur anschaulichen Erläuterung des Reduktionssatzes sind in Bild 48.1 die drei verschiedenen Rechenmöglichkeiten für einen Zweigelenkrahmen dargestellt.

Für die praktische Rechnung wird man in der Regel die Gleichung (1 b) benutzen, da $M^{(n)}$ sowieso berechnet werden muß, bei $\overline{M}$ aber die statisch unbestimmte Rechnung ganz gespart werden kann. Dieser Fall sei noch etwas weiter betrachtet. Setzt man in (1 b) das Biegemoment $M^{(n)}$ nach (2a) ein, so folgt

$$\delta^{(n)} = \int_{(s)} \frac{M_L^{(0)}\overline{M}^{(0)}}{EI}\, ds + X_a \int_{(s)} \frac{M_a^{(0)}\overline{M}^{(0)}}{EI}\, ds + X_b \int_{(s)} \frac{M_b^{(0)}\overline{M}^{(0)}}{EI}\, ds + \dots . \quad (48.3)$$

Die einzelnen Integrale sind nun sämtlich Verschiebungswerte am Hauptsystem. Kennzeichnet man die Stelle, an der die Durchbiegung gesucht wird, zusätzlich durch den Index m, so wird aus (3)

$$\delta_m^{(n)} = \delta_{m,L}^{(0)} + \delta_{ma}^{(0)} X_a + \delta_{mb}^{(0)} X_b + \dots .$$

Das ist aber genau die Formel, nach der man rechnen muß, wenn man die Durchbiegung durch Überlagerung der Anteile von Last- und Eigenspannungszuständen erhalten will. Setzt man $m = a, b, \dots, i, \dots, n$, so muß δ an diesen Stellen zu Null werden und man erhält wieder die Gleichungen (44.3).

49. Durchlaufender Balken

49.1. Dreimomentengleichung

Der durchlaufende Balken vermag einige Erkenntnisse von allgemeiner Bedeutung zu liefern und sei deswegen noch etwas näher untersucht. Nach Bild 49.1 sei ein Balken mit beliebig vielen Lagern und beliebiger Belastung betrachtet.

Wie Bild 49.1 zeigt, sei das Hauptsystem dadurch gebildet, daß über jeder Stütze ein Gelenk eingeführt wird. Damit ist ein Hauptsystem gewählt, das verhältnismäßig steif ist. Es ist z.B. wesentlich steifer, als ein vom ersten bis zum letzten Lager reichender Balken auf zwei Stützen sein würde. Ein beliebiges Lager sei mit r bezeichnet; das zugehörige unbekannte Stützmoment mit $1 \cdot X_r$. Es sei $r = 1, 2, \dots, n$. Die Unbekannten seien also nicht wie bisher mit Buchstaben $a, b, c, \dots$, sondern mit Zahlen bezeichnet, was sowieso praktisch immer dann erforderlich ist, wenn mehr Unbekannte vorhanden sind, als das Alphabet Buchstaben hat. Die Feldweiten werden wie üblich nach dem rechten Endpunkt des Feldes genannt.

Als Verformungsbedingung für die Stütze r ergibt sich

$$\delta_r = 0 = \delta_{rr} X_r + \delta_{r(r+1)} X_{r+1} + \delta_{r(r+2)} X_{r+2} + \dots$$
$$+ \delta_{r(r-1)} X_{r-1} + \delta_{r(r-2)} X_{r-2} + \dots$$
$$+ \delta_{r,\mathrm{L}}.$$

Für die Berechnung der δ-Werte ist nun wichtig, daß sich die Biegemomente der Eigenspannungszustände jeweils nur über zwei Felder erstrecken, wie Bild 49.1 zeigt. Eine gegenseitige Beeinflussung besteht also nur bei unmittelbar benachbar-

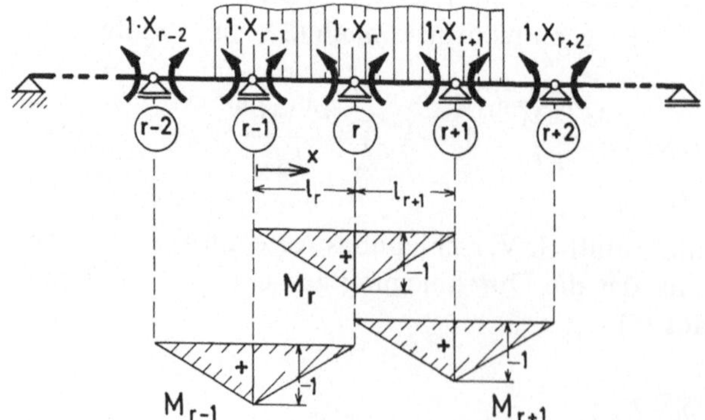

Bild 49.1. Durchlaufender Balken mit Eigenspannungszuständen

ten Eigenspannungszuständen. Es ist

$$1 \cdot \delta_{rr} = \int\limits_{(l_r, l_{r+1})} \frac{M_r^2}{EI} \, dx,$$

$$1 \cdot \delta_{r(r+1)} = \int\limits_{(l_{r+1})} \frac{M_r M_{r+1}}{EI} \, dx, \qquad 1 \cdot \delta_{r(r-1)} = \int\limits_{(l_r)} \frac{M_r M_{r-1}}{EI} \, dx;$$

$$\delta_{r(r+2)} = \delta_{r(r+3)} = \ldots = 0, \qquad \delta_{r(r-2)} = \delta_{r(r-3)} = \ldots = 0; \qquad (49.1\,\text{a--f})$$

$$1 \cdot \delta_{r,L} = \int\limits_{(l_r, l_{r+1})} \frac{M_r M_L}{EI} \, dx,$$

Damit ergibt sich folgende Verformungsbedingung

$$\delta_{r(r-1)} X_{r-1} + \delta_{rr} X_r + \delta_{r(r+1)} X_{r+1} + \delta_{r,L} = 0. \qquad (49.2)$$

Sie gilt für jedes Lager r, an dem die gegenseitige Verdrehung der Querschnitte beim wirklichen Lastspannungszustand verhindert sein soll. Für die gelenkigen Lager an den Balkenenden gilt sie nicht.

Gleichung (2) wird als *Dreimomentengleichung* bezeichnet, da sie nur drei Stützmomente enthält. Damit wird ein besonderer Vorteil des gewählten Hauptsystems deutlich, der zugleich ein allgemeiner Gesichtspunkt für die zweckmäßige Wahl des Hauptsystems sein kann: Die Koeffizientenmatrix hat die einfache Gestalt einer Bandmatrix:

$$\boldsymbol{\delta} = \begin{bmatrix} \delta_{11} & \delta_{12} & & & \\ \delta_{21} & \delta_{22} & \delta_{23} & & \\ & \delta_{32} & \delta_{33} & \delta_{34} & \\ & & \delta_{43} & \delta_{44} & \delta_{45} \\ & & \vdots & \vdots & \vdots \end{bmatrix} \qquad (49.3)$$

Gleichung (2) wird als »allgemeine« Dreimomentengleichung bezeichnet. Für den Sonderfall, daß EI für den ganzen Träger konstant ist, wird aus (2) die *Clapeyronsche Gleichung*. Hierfür bekommt man nach (1 a, b, c) für die Elemente der Koeffizientenmatrix

$$\delta_{r(r-1)} = \frac{1}{6EI} l_r, \qquad \delta_{rr} = \frac{1}{3EI} (l_r + l_{r+1}), \qquad \delta_{r(r+1)} = \frac{1}{6EI} l_{r+1}.$$

Damit wird aus (2) nach Multiplikation mit $6EI$

$$l_r X_{r-1} + 2(l_r + l_{r+1}) X_r + l_{r+1} X_{r+1} + 1 \cdot 6EI \, \delta_{r,L} = 0, \qquad (49.4)$$

wobei die Eins beim letzten Glied die Dimension $1/KL^2$ hat und wegen der Dimensionsrichtigkeit zu beachten ist.

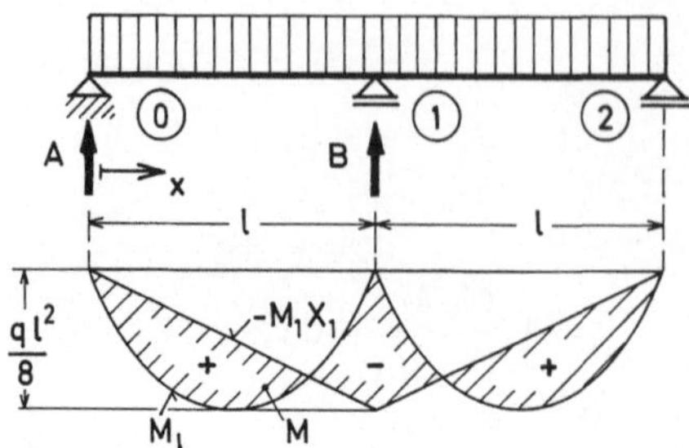

Bild 49.2. Balken auf drei Stützen mit Biegemomenten des wirklichen Lastspannungszustandes

Als Anwendungsbeispiel sei nach Bild 49.2 ein Balken auf drei Stützen mit konstanter Streckenlast, konstantem EI und gleichen Feldweiten betrachtet. Die Clapeyronsche Gleichung gilt hier nur für das Lager 1. Man bekommt aus (4) mit $r=1$, $X_0=X_2=0$ und $l_1=l_2=l$

$$2 \cdot 2l X_1 - 6EI\,\delta_{1,\mathrm{L}}=0. \tag{49.5}$$

Im linken Feld sind die Biegemomente des Eigenspannungszustandes und des Lastspannungszustandes

$$M_1 = 1 \cdot \frac{x}{l}, \qquad M_\mathrm{L}=\frac{q}{2}x(l-x).$$

Damit wird nach Gleichung (1f)

$$1 \cdot EI\,\delta_{1,\mathrm{L}}=2\int_0^l 1 \cdot \frac{x}{l}\frac{q}{2}x(l-x)\,\mathrm{d}x$$

$$=\frac{q}{l}\left[\frac{x^3}{3}l-\frac{x^4}{4}\right]_0^l=\frac{q\,l^3}{12}.$$

Hiermit folgt aus (5) für das Stützmoment

$$1 \cdot X_1 = \frac{q\,l^2}{8}. \tag{49.6}$$

Das Ergebnis ist in Bild 49.2 dargestellt, wobei das negative Biegemoment des Eigenspannungszustandes $M_1 X_1$ ausnahmsweise nach unten aufgetragen ist. Das endgültige Biegemoment $M=M_\mathrm{L}+M_1 X_1$ läßt sich dann sofort durch den mit Schraffur gekennzeichneten Bereich darstellen. Man erkennt, daß das Stützmoment denselben Betrag wie das Feldmoment am statisch bestimmten Hauptsystem annimmt. Interessant ist noch die Lagerkraft des mittleren Lagers. Es wird

$$B=B_\mathrm{L}+B_1 X_1$$

$$=q\,l+\frac{2}{l}q\frac{l^2}{8}=\frac{5}{4}q\,l,$$

also 25 % größer als beim statisch bestimmten Hauptsystem.

49.2. Festpunktmethode

Wird ein durchlaufender Balken an einem Ende durch ein Einzelmoment belastet, so ergibt sich ein Biegemomentenverlauf, der in Bild 49.3a für Belastung am rechten Ende, in Bild 49.3b für Belastung am linken Ende dargestellt ist. Das Biegemoment klingt mit der Entfernung von der Lasteinleitungsstelle alternierend ab, wobei der Nulldurchgang in *Festpunkten* erfolgt, die unabhängig von der Größe des Lastmomentes M^* sind. Jedes Feld hat zwei Festpunkte, einen linken Festpunkt bei Belastung nach Bild 49.3a und einen rechten nach Bild 49.3b.

Dieser anschaulich einleuchtende Tatbestand läßt sich nach der Dreimomentengleichung (2) leicht bestätigen. Für den Fall von Bild 49.3a geht man vom linken Balkenende aus. Für $r=1$ ergibt sich mit $X_0=0$ und $\delta_{1,L}=0$

$$\delta_{11} X_1 + \delta_{12} X_2 = 0, \qquad X_1 = -\frac{\delta_{12}}{\delta_{11}} X_2$$

und mit der von der Belastung unabhängigen Verhältniszahl $\mu_2 = \delta_{12}/\delta_{11}$

$$X_1 = -\mu_2 X_2.$$

Mit dieser Beziehung folgt für $r=2$ und $\delta_{2,L}=0$

$$(-\mu_2 \delta_{21} + \delta_{22}) X_2 + \delta_{23} X_3 = 0,$$

$$X_2 = -\frac{\delta_{23}}{\delta_{22} - \mu_2 \delta_{21}} X_3 = -\mu_3 X_3.$$

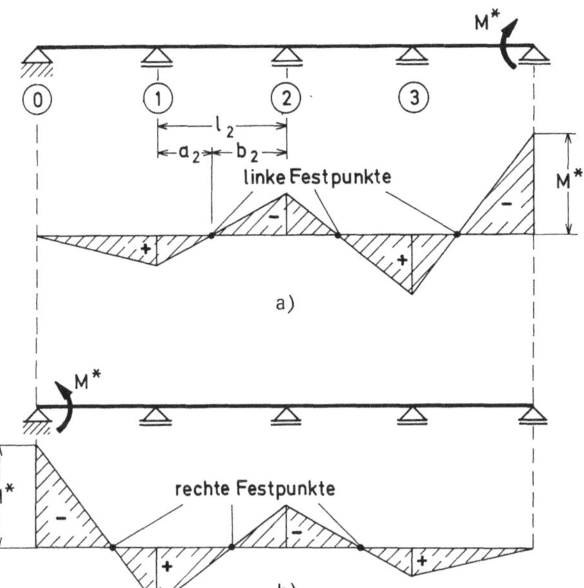

Bild 49.3a u. b. Biegemomente beim durchlaufenden Balken mit Momentenlast am Balkenende

Da die Gleichung für $r = 2$ bereits eine vollständige Dreimomentengleichung mit drei Stützmomenten ist, kann für ein beliebiges Lager r auf folgende Formeln geschlossen werden

$$X_r = -\mu_{r+1} X_{r+1}, \qquad \mu_{r+1} = \frac{\delta_{r(r+1)}}{\delta_{rr} - \mu_r \delta_{r(r-1)}}. \tag{49.7 a, b}$$

Diese Formeln zeigen, daß das Verhältnis zweier benachbarter Stützmomente konstant ist und somit Festpunkte für den Momentennulldurchgang existieren. Bezeichnet man die Abstände des Festpunktes im Feld $r - 1$ bis r mit a_r und b_r, so ist $a_r/b_r = \mu_r$ und $a_{r+1}/b_{r+1} = \mu_{r+1}$. Die Größe von μ hängt selbstverständlich von den Stützweiten und Biegesteifigkeiten ab. Für den Clapeyronschen Fall mit $EI = \text{const}$ gilt z.B.

$$\mu_{r+1} = \frac{l_{r+1}}{2(l_r + l_{r+1}) - \mu_r l_r}.$$

Bei gleichen Stützweiten wird daraus

$$\mu_{r+1} = \frac{1}{4 - \mu_r}$$

und mit $\mu_{r+1} \approx \mu_r$

$$\mu_r^2 - 4\mu_r + 1 = 0, \qquad \mu = 2 - \sqrt{3} = 0{,}268,$$

womit das Abklingen der Stützmomente gekennzeichnet ist. Das bisher besprochene gilt für die linken Festpunkte; für die rechten ergeben sich entsprechende Formeln, wobei man jetzt vom rechten Balkenende auszugehen hat.

Nach Ermittlung der Festpunkte kann die Auflösung der Gleichungen (2) für beliebige Belastung in folgender Weise erfolgen. Man nimmt zunächst an, daß nur *ein* Feld, z.B. das Feld von r bis $r + 1$, belastet ist. Die beiden Dreimomentengleichungen für die Lager r und $r + 1$ enthalten dann die vier Unbekannten X_{r-1}, X_r, X_{r+1} und X_{r+2}. Mit Hilfe von μ_r läßt sich aber jetzt X_{r-1} durch X_r ausdrücken und entsprechend X_{r+2} durch X_{r+1}, wenn der zugehörige μ-Wert der rechten Festpunkte benutzt wird. Die beiden Dreimomentengleichungen liefern dann sofort X_r und X_{r+1}. Die Stützmomente der unbelasteten Balkenteile ergeben sich ferner für den Bereich links vom belasteten Feld wie in Bild 49.3a, rechts vom belasteten Feld wie in Bild 49.3b. In dieser Weise wird jedes belastete Feld für sich behandelt und das Endergebnis durch Superposition der Teilergebnisse gewonnen.

Diese kurze Beschreibung der Festpunktmethode möge hier genügen. Als besonderes Auflösungsverfahren eines dreigliedrigen Gleichungssystems hat die Methode heute kaum noch Bedeutung. Sie wurde früher gern angewendet, da sie sich gut in eine graphische Konstruktion fassen läßt. Für das Folgende ist nur der Begriff des Festpunktes wichtig und die Tatsache, daß in der Festpunktmethode ein Verfahren zum Ausdruck kommt, das als einfacher Sonderfall des sogenannten *Übertragungsverfahrens* angesehen werden kann. Bei diesem Verfahren werden bestimmte Zustandsgrößen — hier die Stützmomente — durch das gesamte System übertragen. Hierauf wird später zurückzukommen sein.

50. Allgemeine Last- und Eigenspannungszustände

50.1. Bezeichnungsweise

Bisher sind nur spezielle Lastspannungszustände mit verschwindenden Schnittgrößen an den Schnittstellen des Hauptsystems und spezielle Eigenspannungszustände mit Schnittgrößen vom Betrag Eins an jeweils nur einer Schnittstelle benutzt worden. Vielfach ist jedoch die Verwendung allgemeiner Zustände, wie sie bereits in Abschnitt 43 besprochen wurden, zweckmäßig. Dazu ist zunächst eine Verabredung der Bezeichnungen erforderlich.

Der in Bild 50.1 dargestellte durchlaufende Balken möge als Beispiel dienen. Als Hauptsystem sei der von einem bis zum anderen Ende reichende Balken auf zwei Stützen benutzt, da sich an diesem — an sich rechentechnisch ungünstigen System — die Bezeichnungsweise am besten erläutern läßt. Die einzelnen Lager seien wie im vorhergehenden Abschnitt mit $1, 2, \ldots, r, \ldots$ bezeichnet. Die Lagerkräfte seien $1 \cdot Y_1, 1 \cdot Y_2, \ldots, 1 \cdot Y_r, \ldots$, wobei wieder die Eins die Dimension enthalten möge und die Y-Werte reine Zahlen sein mögen. Die Entstehungsursache wird durch einen zweiten Index gekennzeichnet. Für den Lastspannungszustand möge z.B. nach Bild 50.1 b gelten: $Y_{1,L}, Y_{2,L}, \ldots, Y_{r,L}, \ldots$. Alle Y-Werte seien im folgenden *Einzelwirkungen* genannt im Unterschied zu den Last- und Eigenspannungszuständen, bei denen Gruppen von Einzelwirkungen auftreten.

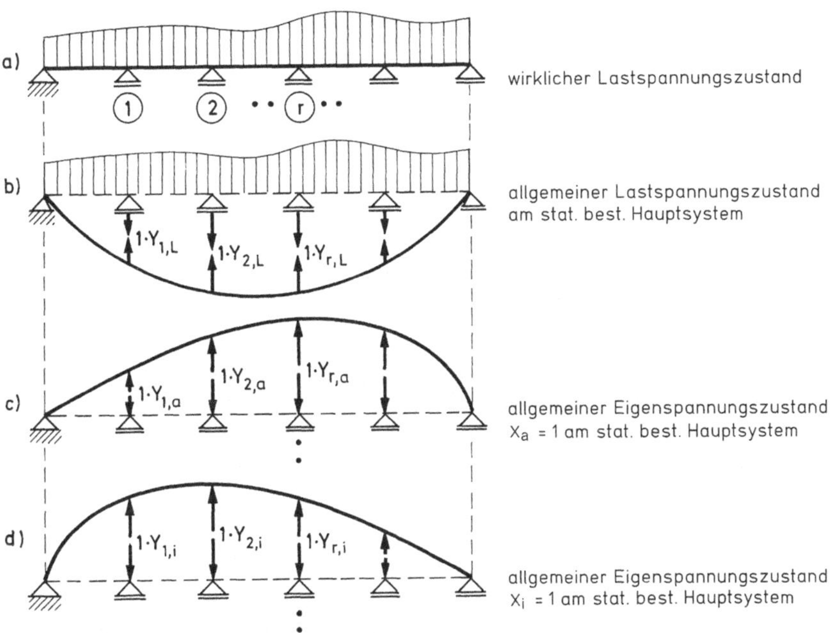

Bild 50.1 a–d.
Allgemeine Last- und Eigenspannungszustände beim durchlaufenden Balken mit Biegelinien

Die Eigenspannungszustände mögen, wie früher, die Indizes $a, b, \ldots, i, \ldots$ haben. Nach Bild 50.1 c, d bestehe

$$X_a = 1 \quad \text{aus} \quad Y_{1,a}, Y_{2,a}, \ldots, Y_{r,a}, \ldots,$$
$$X_b = 1 \quad \text{aus} \quad Y_{1,b}, Y_{2,b}, \ldots, Y_{r,b}, \ldots,$$
$$\cdots \cdots \cdots \cdots \cdots \cdots \cdots \cdots \cdots$$
$$X_i = 1 \quad \text{aus} \quad Y_{1,i}, Y_{2,i}, \ldots, Y_{r,i}, \ldots,$$
$$\cdots \cdots \cdots \cdots \cdots \cdots \cdots \cdots \cdots$$

Irgendeine Zustandsgröße eines Eigenspannungszustandes ergibt sich durch Superposition der Einzeleinflüsse. Als Beispiel sei das Biegemoment eines Eigenspannungszustandes betrachtet. Im Einklang mit der früheren Bezeichnungsweise möge gelten

M_i Biegemoment des Eigenspannungszustandes $X_i = 1$,

M_r Biegemoment infolge $Y_r = 1$, wobei alle anderen Einzelwirkungen Null sind.

Dann wird

$$M_i = M_1 Y_{1,i} + M_2 Y_{2,i} + \ldots + M_r Y_{r,i} + \ldots \tag{50.1a}$$

Diese Gleichung ist für ein Gleichungssystem repräsentativ, das auch in Matrizenform, wie folgt, geschrieben werden kann

$$
\begin{bmatrix} M_a \\ M_b \\ \vdots \\ M_i \\ \vdots \end{bmatrix}
=
\begin{bmatrix}
Y_{1,a} & Y_{2,a} & \cdots & Y_{r,a} & \cdots \\
Y_{1,b} & Y_{2,b} & \cdots & Y_{r,b} & \cdots \\
\vdots & & & & \\
Y_{1,i} & Y_{2,i} & \cdots & Y_{r,i} & \cdots \\
\vdots & \vdots & & &
\end{bmatrix}
\begin{bmatrix} M_1 \\ M_2 \\ \vdots \\ M_r \\ \vdots \end{bmatrix}
\tag{50.1b}
$$

oder in leicht verständlicher Kurzform

$$\mathbf{M}_i = \mathbf{Y}_{r,i} \mathbf{M}_r. \tag{50.1c}$$

Bild 50.1 d und die Gleichungen (1 a, b, c) drücken auf vier verschiedene Weisen denselben Tatbestand aus. Es sei noch angemerkt, daß bei der Verwendung der bisher benutzten speziellen Eigenspannungszustände die Matrix $\mathbf{Y}_{r,i}$ der Einzelwirkungen nur in der Hauptdiagonalen Einsen enthält, während alle anderen Elemente Null werden; sie wird also gleich der Einheitsmatrix und es wird $\mathbf{M}_i = \mathbf{M}_r$.

Bei der Zusammensetzung des Lastspannungszustandes am Hauptsystem mit den Eigenspannungszuständen zum wirklichen Lastspannungszustand bleiben die bereits früher benutzten Bezeichnungen bestehen. Insbesondere gilt nach Gleichung (44.7), die hier wiederholt sei, für das Biegemoment

$$M = M_\mathrm{L} + M_a X_a + M_b X_b + \ldots \tag{50.2}$$

und, um noch ein weiteres Beispiel anzuführen, für die wirklichen Lagerkräfte

$$Y_r = Y_{r,L} + Y_{r,a} X_a + Y_{r,b} X_b + \dots$$

50.2. Bestimmungsgleichungen für die Unbekannten

Bei den speziellen Last- und Eigenspannungszuständen wurden zur Bestimmung der X_i die anschaulichen Verformungsbedingungen benutzt, daß an allen Schnittstellen des Hauptsystems die wirklichen Verformungen gleich Null sein müssen. Diese Bedingungen müssen natürlich auch jetzt noch gelten, d.h. — um bei dem Beispiel von Bild 50.1 zu bleiben — für jedes Lager muß

$$1 \cdot \delta_r = \int\limits_{(s)} \frac{M M_r}{EI} \, ds = 0 \tag{50.3}$$

sein, wobei der Ausdruck (47.1) für die Rechenkontrolle als abgekürzte Formulierung für die Verformungsbedingungen benutzt sei.

Nach (1a) gilt nun für M_r

$$M_r = \frac{1}{Y_{r,i}} (M_i - M_1 Y_{1,i} - M_2 Y_{2,i} - \dots$$
$$- M_{r-1} Y_{(r-1),i} - M_{r+1} Y_{(r+1),i} - \dots).$$

Setzt man dies in (3) ein, so folgt

$$1 \cdot \delta_r = \frac{1}{Y_{r,i}} \left(\int\limits_{(s)} \frac{M M_i}{EI} \, ds - Y_{1,i} \int\limits_{(s)} \frac{M M_1}{EI} \, ds - Y_{2,i} \int\limits_{(s)} \frac{M M_2}{EI} \, ds - \dots \right) = 0.$$

In dem Klammerausdruck auf der rechten Seite werden aber das zweite und alle folgenden Integrale als Verformungskontrollen für die Lager $1, 2, \dots$ gleich Null und es verbleibt allein

$$\int\limits_{(s)} \frac{M M_i}{EI} \, ds = 0.$$

Auch für die allgemeinen Last- und Eigenspannungszustände gilt also die Orthogonalitätsbedingung (47.1). Setzt man in diese Bedingung die M_i nach (1a) ein, so folgt mit den alten Bezeichnungen

$$\delta_{i,L} = \int\limits_{(s)} \frac{M_i M_L}{EI} \, ds, \qquad \delta_{ik} = \int\limits_{(s)} \frac{M_i M_k}{EI} \, ds$$

wieder entsprechend (44.3)

$$\delta_{ia} X_a + \delta_{ib} X_b + \dots + \delta_{i,L} = 0. \tag{50.4}$$

Die Gleichungen (2) und (4) sagen aus, *daß bei allgemeinen Last- und Eigenspannungszuständen der Formalismus der Berechnung der Unbekannten derselbe wie im speziellen Fall ist.* Man muß nur in Kauf nehmen, daß eine »Verformung δ_i« nicht mehr vorstellbar ist, da es eine »Stelle i« nicht mehr gibt. Die Größen δ_i, $\delta_{i,L}$, δ_{ik} sind nur noch Rechenausdrücke ohne unmittelbare anschauliche Bedeutung. Mit diesem Nachteil erhandelt man sich jedoch häufig erhebliche rechentechnische Vorteile.

50.3. Anwendungen

Die Anwendungsmöglichkeiten allgemeiner Lastspannungszustände bestehen darin, *daß geschätzte Unbekannte verwendet werden können.* Hierbei sind die Unbekannten naturgemäß die Differenzen zwischen den wirklichen Werten und den geschätzten Werten. Es wird damit möglich, die Nachteile eines zu weichen Hauptsystems zu vermeiden. Zum Beispiel kann man bei dem System von Bild 50.1 als geschätzte Einzelwirkungen die Lagerkräfte von Bild 49.1 verwenden. Dazu wäre in dem einfachen Fall $q = \text{const}$

$$Y_{r,\mathrm{L}} = \frac{q}{2}(l_r + l_{r+1})$$

zu setzen.

Geschätzte Unbekannte kann man zweckmäßig auch zur Verbesserung einer Rechnung verwenden, die infolge von Rechenfehlern oder nachträglicher Änderung der Lasten und der Querschnittswerte nur angenähert richtig geworden ist. Die Unbekannten dieser ersten Rechnung können dann als geschätzte Unbekannte für einen zweiten Rechenschritt benutzt werden.

Allgemeine Eigenspannungszustände kann man sehr gut bei der Ausnutzung der Symmetrie eines Systems verwenden. Bild 50.2 zeigt hierzu einen beiderseits eingespannten Balken als Beispiel, das keiner weiteren Erläuterung bedarf. Die verschiedenen Zustände sind nur durch Angabe des Systems und der Belastungen gekennzeichnet; Biegelinien oder Biegemomentenlinien sind nicht dargestellt.

Weiterhin können Eigenspannungszustände aus mehreren Einzelwirkungen benutzt werden, um eine günstige Matrix δ zu erhalten. Zum Beispiel kann bei dem System von Bild 50.1 wieder eine dreigliedrige Bandmatrix erhalten werden, wenn an jeweils drei aufeinander folgenden Lagern $r-1$, r und $r+1$ eine Gleichgewichtsgruppe von Lagerkräften angebracht wird, die beim Lager r ein Stützmoment von der Größe Eins wie in Bild 49.1 erzeugt. Ist der zugehörige Eigenspannungszustand $X_i = 1$, so muß dieser sich aus folgenden Einzelwirkungen zusammensetzen

$$1 \cdot Y_{(r-1),i} = -\frac{1}{l_r}, \qquad 1 \cdot Y_{r,i} = \frac{1}{l_r + l_{r+1}}, \qquad 1 \cdot Y_{(r+1),i} = -\frac{1}{l_{r+1}}.$$

Selbstverständlich ist es einfacher, denselben Effekt mit dem Hauptsystem von Bild 49.1 zu erreichen.

Bei der Bildung von Last- und Eigenspannungszuständen ist das statisch bestimmte Hauptsystem offenbar nur ein — allerdings sehr zweckmäßiger —

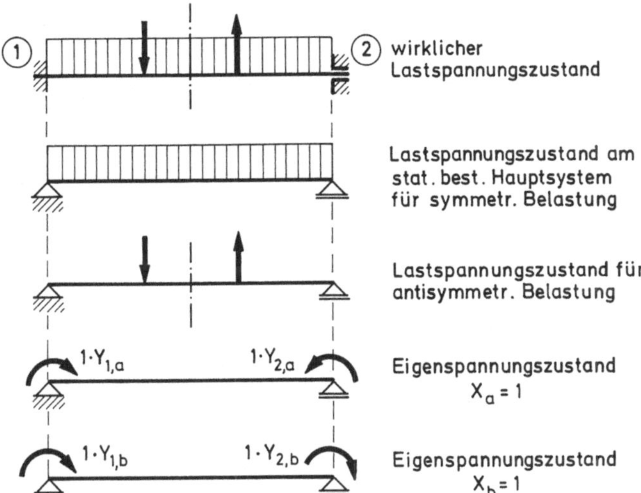

Bild 50.2. Beiderseits eingespannter Balken mit Eigenspannungszuständen zur Symmetrieausnutzung

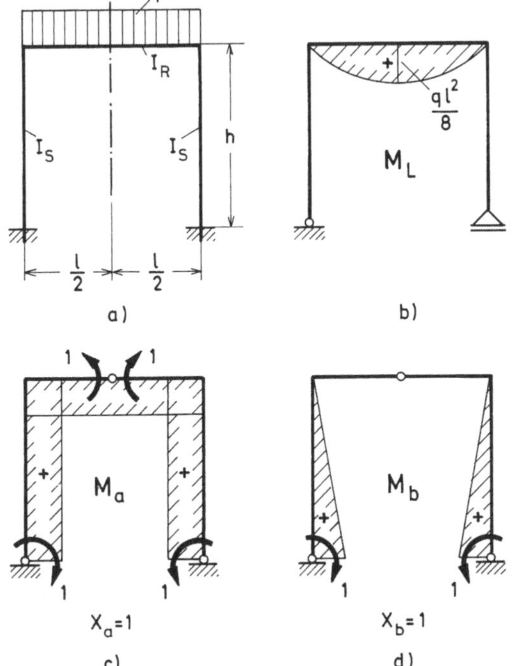

Bild 50.3 a–d. Dreifach statisch unbestimmter Dreigelenkrahmen mit Wechsel des Hauptsystems

Hilfsbegriff, der zur Prüfung der Gleichgewichtsbedingungen dient. Daraus folgt, daß es gleichgültig sein muß, welches Hauptsystem man gerade verwendet, und *daß beim Lastspannungszustand und jedem der Eigenspannungszustände ein anderes Hauptsystem benutzt werden kann.*

Ein Beispiel hierfür zeigt Bild 50.3. Dort ist derselbe Rahmen wie in Bild 45.1 dargestellt, jedoch mit einer gleichförmig verteilten Belastung des Riegels. Als

Eigenspannungszustände kommen hier nur die beiden symmetrischen Zustände $X_a = 1$ und $X_b = 1$ in Frage, die in Bild 50.3c, d noch einmal wieder dargestellt sind. Hier sind sie jedoch an einem Dreigelenkrahmen mit symmetrisch angeordneten Einzelwirkungen gewonnen, während sie in Bild 45.1d, e an dem in Riegelmitte durchschnittenen Rahmen entstanden waren. Dabei ist lediglich der Zustand $X_b = 1$ gegenüber Bild 45.1e um einen konstanten Faktor $-h$ verschieden, was selbstverständlich nichts ausmacht. Durch die Änderung der Eigenspannungszustände von Bild 50.3 gegenüber Bild 45.1 sollen lediglich die Variationsmöglichkeiten bei Benutzung von mehreren Einzelwirkungen gekennzeichnet werden.

Wichtig ist aber nun der Lastspannungszustand. Er ist in Bild 50.3b an einem Rahmen ermittelt, der wie ein Balken auf zwei Stützen gelagert ist. Bei dieser Wahl des Hauptsystems ergibt sich ein sehr einfacher Verlauf des Biegemomentes des Lastspannungszustandes. Die Rechnung liefert

$$\delta_{aa} = 2\,\frac{h}{EI_S} + \frac{l}{EI_R}, \qquad \delta_{bb} = \frac{2}{3}\,\frac{h}{EI_S}, \qquad \delta_{ab} = \frac{h}{EI_S};$$

$$\delta_{a,L} = \frac{2}{3}\,\frac{q\,l^2}{8}\,\frac{l}{EI_R} = \frac{q}{12}\,\frac{l^3}{EI_R}, \qquad \delta_{b,L} = 0.$$

$$\delta_{aa}\,X_a + \delta_{ab}\,X_b + \delta_{a,L} = 0,$$

$$\delta_{ba}\,X_a + \delta_{bb}\,X_b = 0, \qquad X_b = -\frac{\delta_{ab}}{\delta_{bb}}\,X_a;$$

$$X_a = \frac{-\delta_{a,L}}{\delta_{aa} - \dfrac{\delta_{ab}^2}{\delta_{bb}}} = \frac{-\dfrac{q}{12}\,\dfrac{l^3}{EI_R}}{2\dfrac{h}{EI_S} + \dfrac{l}{EI_R} - \dfrac{3}{2}\dfrac{h}{EI_S}} = -\frac{q}{6}\,\frac{l^2}{h + 2l\,\dfrac{I_S}{I_R}}.$$

Als letzte Anwendung allgemeiner Last- und Eigenspannungszustände sei die Benutzung von Hauptsystemen besprochen, die nicht statisch bestimmt sind. Am einfachsten ist hier der Fall eines *verschieblichen Hauptsystems*. Da es nur auf das Gleichgewicht ankommt, kann man selbstverständlich verschiebliche Systeme verwenden, wenn sie nur unter der gegebenen Belastung im Gleichgewicht sind. Zum Beispiel könnte beim Zustand von Bild 50.3b auch das linke Lager verschieblich gemacht werden.

Wichtiger ist der Fall eines *statisch unbestimmten Hauptsystems*. Bei jeder statisch unbestimmten Rechnung wird man natürlich in erster Linie versuchen, das Ergebnis bereits in der Literatur zu finden. In zahlreichen Büchern, insbesondere in Handbüchern und Taschenbüchern, sind nun Formeln für gängige Systeme zu finden, z.B. für den Rahmen von Bild 45.1 und 50.3. Diese Formeln kann man auch dann ausnutzen, wenn nur für einen Teil des zu untersuchenden Systems Formeln vorliegen. Hierfür verwendet man ein statisch unbestimmtes Hauptsystem. In Bild 50.4a ist eine fünffach statisch unbestimmte Rahmenkonstruktion dargestellt. Für den stark ausgezogenen Rechteckrahmen seien nun für alle in Betracht kommenden Lastfälle fertige Formeln vorhanden und zwar auch für die von dem restlichen Rahmenteil ausgeübte Eckbeanspruchung nach Bild 50.4c. Dann ist es

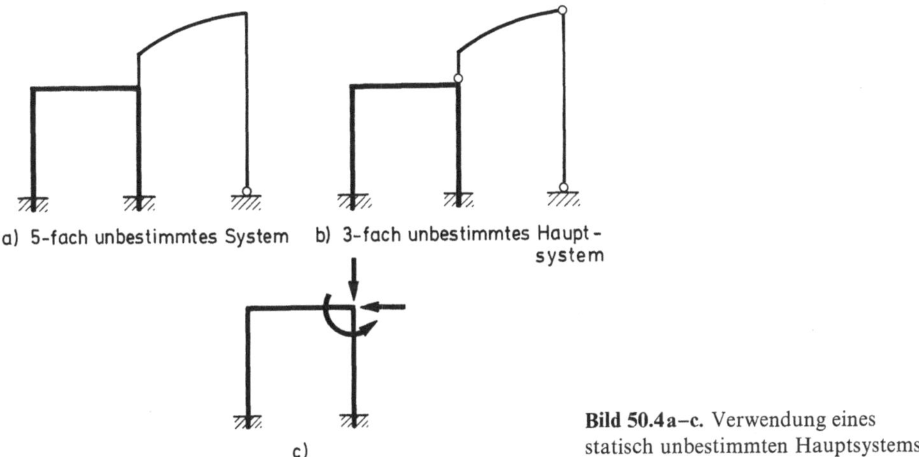

Bild 50.4a–c. Verwendung eines statisch unbestimmten Hauptsystems

zweckmäßig, ein dreifach unbestimmtes Hauptsystem nach Bild 50.4b zu verwenden, das nur noch zwei neue Unbekannte mit sich bringt. Die gewonnene Rechenvereinfachung ist offensichtlich.

Die bisher geschilderten Anwendungsmöglichkeiten beliebiger Last- und Eigenspannungszustände seien noch einmal in einem Beispiel zusammengefaßt, das besonders deutlich die Vorteile der Methode erkennen läßt. Nach Bild 50.5 sei ein Kreisring mit vier unverschieblichen Gelenklagern betrachtet, der in seiner Ebene durch eine in Richtung der Stabachse wirkende Schubbelastung q_s belastet wird. Diese Streckenlast möge sich sinusförmig über den Kreisumfang verteilen. Mit den Bezeichnungen von Bild 50.5 sei

$$q_s = \frac{W}{4r} \sin \varphi,$$

wobei W die Gesamtlast der Beanspruchung ist, da

$$2 \int_0^\pi q_s \, r \, d\varphi = 2 \int_0^\pi \frac{W}{4} \sin \varphi \, d\varphi = W$$

ist. W ist etwa eine Windkraft, die sich auf den Fußring eines kreiszylindrischen Behälters in der angegebenen Form absetzt. Das System ist 8-fach statisch unbestimmt, und zwar innerlich 3-fach und äußerlich 5-fach.

In Bild 50.5 sind außer dem wirklichen System der Lastspannungszustand am Hauptsystem und die Eigenspannungszustände angedeutet, indem lediglich die jeweils zugehörigen Belastungen und Lagerkräfte angegeben sind. Für alle Zustände gilt, daß der geschlossene, durch Gleichgewichtsgruppen beanspruchte Kreisring als Hauptsystem verwendet wird.

Beim Lastspannungszustand des Hauptsystems wird die Belastung durch zwei Auflagerkräfte von der Größe $\frac{1}{2}W$ aufgefangen. Der Zustand ist symmetrisch zur x-Achse und antisymmetrisch zur z-Achse. Er weist damit dieselben Symmetrien auf

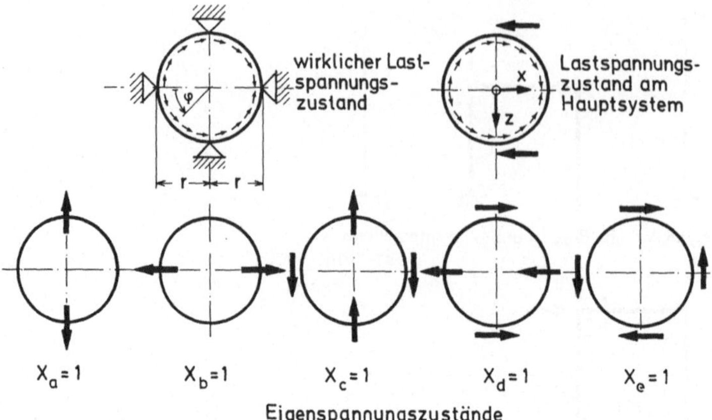

Bild 50.5. Vierfach gelagerter geschlossener Kreisring mit Schubbelastung

wie der wirkliche Lastspannungszustand. Denkt man sich den Ring von allen vier Lagern gelöst, so ist ein innerlich 3-fach unbestimmtes, äußerlich aber 3-fach verschiebliches Hauptsystem gewählt worden. Die Lagerkräfte sind dabei als unbekannte Einzelwirkungen geschätzt, jedoch so, daß Gleichgewicht herrscht.

Die Eigenspannungszustände X_a bis X_e sind nun an demselben Hauptsystem wie beim Lastspannungszustand unter Beachtung und Ausnutzung der Symmetriebedingungen festgelegt. Man bestätigt leicht, daß sie voneinander linear unabhängig sind, da sich kein Zustand durch Superposition der übrigen gewinnen läßt. Die Zustände $X_a = 1$ und $X_b = 1$ einerseits und $X_c = 1$, $X_d = 1$ andererseits unterscheiden sich übrigens nur durch eine Drehung von 90° um den Kreismittelpunkt, so daß praktisch jeweils nur ein Zustand berechnet werden müßte.

Die Symmetriebedingungen aber erfordern nun, daß alle Eigenspannungszustände zu Null werden müssen, die nicht dieselben Symmetrieeigenschaften wie der wirkliche Lastspannungszustand haben. Es ergibt sich dann, daß nur X_d zu berechnen ist, während

$$X_a = X_b = X_c = X_e = 0$$

werden. Der geringe Arbeitsaufwand dieser Rechnung ist nicht annähernd vergleichbar mit dem Aufwand, der sich bei Benutzung eines statisch bestimmten Hauptsystems ohne Ausnutzung der Symmetrieeigenschaften ergeben würde.

51. Orthogonalisierung von Eigenspannungszuständen

51.1. Probiermethode

Bei den Beispielen des vorigen Abschnitts war es durch Ausnutzung von Symmetriebedingungen mehrfach gelungen, einige der δ_{ik}-Werte zu Null werden zu lassen. So war für den Rahmen von Bild 45.1 bzw. 50.3 $\delta_{ac} = \delta_{bc} = 0$. Es ergibt sich

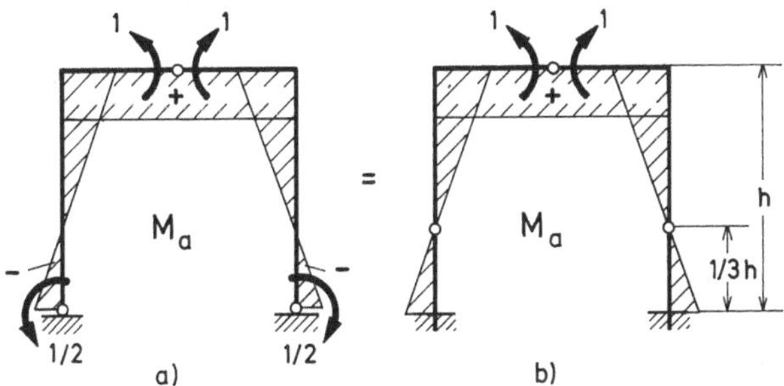

Bild 51.1a u. b. Geänderter Eigenspannungszustand $X_a = 1$ des Rahmens von Bild 50.3a

nun die Frage, ob es nicht grundsätzlich möglich ist, die Einzelwirkungen so zu wählen, daß alle

$$\delta_{ik} = \int\limits_{(s)} \frac{M_i M_k}{EI}\, ds = 0 \quad \text{für } i \neq k$$

werden. Die Eigenspannungszustände sind dann *zueinander orthogonal* und die Auflösung der Gleichungen für die Unbekannten X ist dann mit keiner Arbeit mehr verbunden, da für jede Unbekannte $X_i = -\delta_{i,\mathrm{L}}/\delta_{ii}$ gilt.

Das ist nun in der Tat möglich. Zum Beispiel kann man für die beiden symmetrischen Eigenspannungszustände von Bild 50.3 auch noch $\delta_{ab} = 0$ bekommen, wenn man den Zustand $X_a = 1$ so verändert, daß man in den Fußgelenken statt der Momente »1« solche von der Größe » $-\frac{1}{2}$ « nach Bild 51.1a ansetzt. Dasselbe kann man nach Bild 51.1b auch durch Verschieben der Fußgelenke in ein Drittel der Stielhöhe, also durch Änderung des Hauptsystems erreichen. Es wird dann mit M_a nach Bild 51.1 und M_b nach Bild 50.3d

$$\delta_{ab} = \frac{2h}{EI_s}(\tfrac{1}{6}\cdot 1 - \tfrac{1}{3}\cdot\tfrac{1}{2}) = 0.$$

Dieses Vorgehen dürfte allerdings im vorliegenden Fall unzweckmäßig sein, da der vereinfachten Berechnung der Unbekannten X_a und X_b eine umständlichere Berechnung des Wertes δ_{aa} gegenübersteht. Außerdem muß ja die erforderliche Größe der Einzelwirkungen in den Fußgelenken erst gefunden werden, was nur durch zusätzliche Rechnung bzw. »Probieren« möglich ist.

51.2. Elastischer Schwerpunkt

Ein Verfahren, mit dem man bei beiderseits eingespannten Bögen — und damit auch für den Rahmen von Bild 45.1 und 50.3 — orthogonale Eigenspannungszustände zwangsläufig errechnen kann, ist die »Methode des elastischen Schwerpunktes«. Da diese Methode jedoch für praktische Rechnungen kaum noch Bedeutung hat, sei sie hier nur angedeutet, um die Vielfalt der Möglichkeiten zur Gewinnung von orthogonalen Eigenspannungszuständen zu zeigen.

Nach Bild 51.2a sei ein beiderseits eingespannter symmetrischer Bogen betrachtet. Der elastische Schwerpunkt ist ein noch zu definierender Punkt auf der

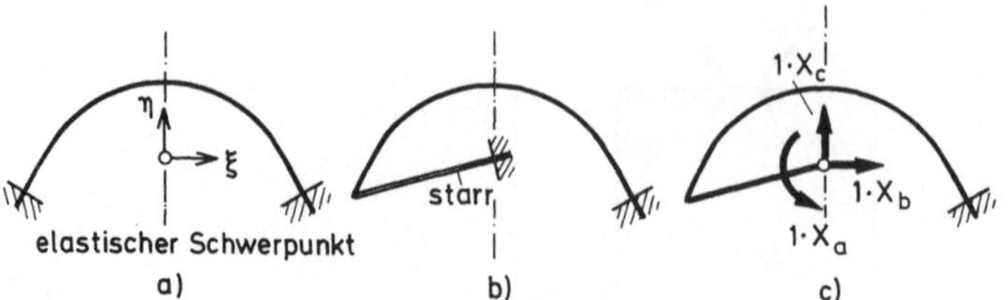

Bild 51.2 a–c. Zur Methode des elastischen Schwerpunkts

Symmetrieachse. Er sei Nullpunkt eines Koordinatensystems ξ, η. Der Bogen ist gleichwertig dem System von Bild 51.2b, bei dem die linke Einspannung durch einen starren Arm ersetzt ist, der im elastischen Schwerpunkt eingespannt ist. Es wird nun nach Bild 51.2c ein statisch bestimmtes Hauptsystem durch Entfernen der Einspannung des Arms gebildet. Dabei sei $1 \cdot X_a$ das Einspannmoment, $1 \cdot X_b$ und $1 \cdot X_c$ seien die Lagerkräfte in Richtung der ξ- und η-Achse. Dann gilt für die Biegemomente

$$M_a = 1, \qquad M_b = -1 \cdot \eta, \qquad M_c = 1 \cdot \xi$$

und damit als Forderung für die Orthogonalität

$$\delta_{ab} = -\int_{(s)} \eta \frac{ds}{EI} = 0, \qquad \delta_{ac} = \int_{(s)} \xi \frac{ds}{EI} = 0, \qquad \delta_{bc} = -\int_{(s)} \xi \eta \frac{ds}{EI} = 0. \qquad (51.1\,a, b, c)$$

Die Gleichungen (1a, b) sind nun die Bedingungen dafür, daß der Koordinatennullpunkt Schwerpunkt einer Bogenachse ist, die mit dem »elastischen Gewicht« $1/EI$ je Längeneinheit belegt ist. Nach (1b) muß der Schwerpunkt — wie in Bild 51.2 bereits vorausgesetzt — auf der Symmetrieache liegen. Da ferner die ξ und η-Achsen Schwerpunktshauptachsen sind, für die das Zentrifugalmoment verschwindet, wird auch die Gleichung (1c) erfüllt.

Das Verfahren läßt sich auch auf nichtsymmetrische Bögen erweitern. Die Achsen ξ und η bilden dann keinen rechten Winkel mehr und müssen »konjugierte« Achsen sein.

51.3. Lastgruppenverfahren

Unter dem Lastgruppenverfahren[18] versteht man eine Methode, bei der die Eigenspannungszustände nach einer bestimmten Regel so aus Einzelwirkungen zusammengesetzt werden, daß auch bei beliebigen unsymmetrischen Systemen Orthogonalität entsteht. Als Beispiel denke man für das Folgende etwa an den durchlaufenden Balken von Bild 50.1.

---

18 S. Müller: Zur Berechnung mehrfach statisch unbestimmter Tragwerke. *Zentralbl. d. Bauverwaltung* (1907) 23.

Die Koeffizientenmatrix $\mathbf{Y}_{r,i}$ von (50.1b) wird folgendermaßen gewählt

$$\mathbf{Y}_{r,i} = \begin{bmatrix} 1 & Y_{1,b} & Y_{1,c} & Y_{1,d} & \\ 0 & 1 & Y_{2,c} & Y_{2,d} & \cdots \\ 0 & 0 & 1 & Y_{3,d} & \cdots \\ 0 & 0 & 0 & 1 & \cdots \\ \vdots & \vdots & \vdots & \vdots & \ddots \end{bmatrix}. \tag{51.2}$$

In dieser Dreiecksmatrix stehen in der Hauptdiagonale Einsen, darunter Nullen. Von den Werten oberhalb der Diagonalen wird $Y_{1,b}$ verwendet, um δ_{ab} zu Null zu machen; $Y_{1,c}$ und $Y_{2,c}$ werden so gewählt, daß δ_{ac} und δ_{bc} zu Null werden usw. Die Rechnung verläuft im einzelnen wie folgt.

Nach (50.1a) gilt allgemein mit $i=b$

$$M_b = M_1 Y_{1,b} + M_2 Y_{2,b} \cdots$$

und mit den speziellen Werten der Matrix (2)

$$M_b = M_1 Y_{1,b} + M_2 \cdot 1.$$

Die Forderung $\delta_{ab}=0$ liefert dann

$$\delta_{ab} = \int\limits_{(s)} \frac{M_a M_b}{EI} \, \mathrm{d}s$$

$$= \int\limits_{(s)} \frac{M_a}{EI} (M_1 Y_{1,b} + M_2 \cdot 1) \, \mathrm{d}s = 0.$$

Dabei ist

$$\int\limits_{(s)} \frac{M_i M_r}{EI} \, \mathrm{d}s = \delta_{ir},$$

wobei das Komma zwischen i und r fehlen darf, da M_i durch $X_i=1$ und M_r durch $Y_r=1$ erzeugt werden. Man erhält

$$\delta_{ab} = \delta_{a1} Y_{1,b} + \delta_{a2} = 0,$$

$$Y_{1,b} = -\frac{\delta_{a2}}{\delta_{a1}}. \tag{51.3a}$$

Die erste unbekannte Einzelwirkung ist damit festgelegt.

Für $Y_{2,c}$ und $Y_{1,c}$ erhält man entsprechend

$$\delta_{bc} = \int\limits_{(s)} \frac{M_b M_c}{EI} \, \mathrm{d}s$$

$$= \int\limits_{(s)} \frac{M_b}{EI} (M_1 Y_{1,c} + M_2 Y_{2,c} + M_3 \cdot 1) \, \mathrm{d}s$$

$$= \delta_{b1} Y_{1,c} + \delta_{b2} Y_{2,c} + \delta_{b3} = 0.$$

Da nach (2) $M_1 = M_a$, also $\delta_{b1} = \delta_{ba}$ wird, und $\delta_{ba} = \delta_{ab} = 0$ ist, folgt

$$Y_{2,c} = -\frac{\delta_{b3}}{\delta_{b2}}. \tag{51.3b}$$

Ferner wird

$$\delta_{ac} = \int\limits_{(s)} \frac{M_a M_c}{EI} \, ds$$

$$= \int\limits_{(s)} \frac{M_a}{EI} (M_1 Y_{1,c} + M_2 Y_{2,c} + M_3 \cdot 1) \, ds$$

$$= \delta_{a1} Y_{1,c} + \delta_{a2} Y_{2,c} + \delta_{a3} = 0,$$

$$Y_{1,c} = -\frac{1}{\delta_{a1}} (\delta_{a2} Y_{2,c} + \delta_{a3}). \tag{51.3c}$$

Hierin ist $Y_{2,c}$ bereits nach (3b) bekannt.

In dieser Art verläuft die Rechnung weiter, wobei stets für eine neu zu berechnende Einzelwirkung eine Gleichung aufgestellt werden kann, in der auf der rechten Seite bekannte Größen stehen. Nach Kenntnis der Einzelwirkungen können die Eigenspannungszustände ermittelt und die Unbekannten X bestimmt werden.

Das Lastgruppenverfahren ist damit im Prinzip erläutert. Auf ein Anwendungsbeispiel sei verzichtet, da das Verfahren praktisch nur noch sehr selten benutzt wird. Es entstehen nämlich ziemlich komplizierte Eigenspannungszustände $X_i = 1$ und die Berechnung der Werte δ_{ii} und $\delta_{i,L}$ wird recht fehlerempfindlich. Entscheidend ist aber, daß die einzelnen Rechenoperationen mit denen übereinstimmen, die beim *Gauß*schen Algorithmus ausgeführt werden müssen. *Das Lastgruppenverfahren stellt damit eine anschauliche Deutung des Gaußschen Algorithmus dar.* So unentbehrlich für den Ingenieur die bildhafte Denkungsweise ist, so unsinnig ist es aber auch, die Anschauung bei gut organisierten mathematischen Rechenanweisungen zu mißbrauchen. Hinzu kommt, daß bei Benutzung elektronischer Anlagen die Auflösung linearer Gleichungen keinerlei Schwierigkeiten macht (vgl. Abschnitt 47). Wenn das Lastgruppenverfahren hier kurz angedeutet wurde, so deswegen, weil es einen guten Einblick in die Möglichkeiten bietet, die bei Benutzung allgemeiner Eigenspannungszustände entstehen.

51.4. Verwendung von Affinlastgruppen

Im Gegensatz zum Lastgruppenverfahren hat die Benutzung von Affinlastgruppen durchaus noch praktische Bedeutung. Die Ableitung sei wieder an dem Beispiel des durchlaufenden Balkens durchgeführt und der Eigenspannungszustand $X_i = 1$ nach Bild 51.1d betrachtet. Die in dieser Abbildung nicht mit angegebenen Verformungen an den Stellen $1, 2, \ldots, r, \ldots$ sind $\delta_{1i}, \delta_{2i}, \ldots, \delta_{ri}, \ldots$. Sie sind wie immer positiv in Richtung der positiven Kräfte $1 \cdot Y_{1,i}, 1 \cdot Y_{2,i}, \ldots, 1 \cdot Y_{r,i}, \ldots$ zu rechnen.

Es wird nun verlangt, daß Proportionalität zwischen den Einzelwirkungen und den Durchbiegungen besteht, d.h. daß

$$\delta_{ri} = \omega_i Y_{r,i} \tag{51.4}$$

ist für jeden Eigenspannungszustand $X_i = 1$. Dabei muß $\omega_i \neq \omega_k$ sein wegen der linearen Unabhängigkeit der Eigenspannungszustände. Nach (4) ist eine Biegelinie, die durch geradlinige Verbindung der Ordinaten δ_{ri} in vereinfachter Weise dargestellt wird, affin zu einem Linienzug, der sich durch Verbindung der in irgendeinem Maßstab aufgetragenen Einzelwirkungen $Y_{r,i}$ ergibt.

Zur Berechnung der ω_i-Werte wird δ_{ri} aus den Einzelwirkungen so zusammengesetzt, wie es in Abschnitt 50.1 für das Biegemoment ausführlich erläutert wurde. Entsprechend (50.1) ist

$$\delta_{ri} = \delta_{r1} Y_{1,i} + \delta_{r2} Y_{2,i} + \ldots + \delta_{rr} Y_{r,i} + \ldots$$

Zusammen mit (4) bekommt man dann

$$\delta_{r1} Y_{1,i} + \delta_{r2} Y_{2,i} + \ldots + (\delta_{rr} - \omega_i) Y_{r,i} + \ldots = 0. \tag{51.5}$$

Diese Gleichung ist repräsentativ für ein Gleichungssystem, das sich mit $i = a, b, c, \ldots$ ergibt und in den Y homogen ist. Eine nichttriviale Lösung kann bekanntlich nur dann existieren, wenn die Koeffizientendeterminante verschwindet. Es muß also gelten

$$\begin{vmatrix} \delta_{11} - \omega_i & \delta_{12} & \delta_{13} & \ldots & \delta_{1r} & \ldots \\ \delta_{21} & \delta_{22} - \omega_i & \delta_{23} & \ldots & \delta_{2r} & \ldots \\ \vdots & \vdots & \vdots & & \vdots & \\ \delta_{r1} & \delta_{r2} & \delta_{r3} & & \delta_{rr} - \omega_i & \ldots \\ \vdots & \vdots & \vdots & & \vdots & \end{vmatrix} = 0. \tag{51.6}$$

Die Entwicklung dieser Determinante liefert eine Gleichung n-ten Grades für die ω_i. Sind diese bekannt, so können aus (5) die zu jedem Eigenspannungszustand gehörigen Einzelwirkungen Y bis auf einen konstanten Faktor berechnet werden.

Es ist nun zunächst zu beweisen, daß die entstandenen Eigenspannungszustände in der Tat zueinander orthogonal sind, daß also $\delta_{ik} = 0$ wird für $i \neq k$. Hierzu wird $1 \cdot \delta_{ik}$ als Verschiebungsarbeit berechnet, die von den Einzelwirkungen $Y_{r,k}$ des Zustandes $X_k = 1$ auf den Wegen δ_{ri} des Zustandes $X_i = 1$ geleistet wird. Man erhält

$$\delta_{ik} = Y_{1,k} \delta_{1i} + Y_{2,k} \delta_{2i} + \ldots + Y_{r,k} \delta_{ri} + \ldots \tag{51.7a}$$

Entsprechend ergibt sich δ_{ki} als Arbeit des Zustandes $X_i = 1$ auf den Wegen des Zustandes $X_k = 1$ zu

$$\delta_{ki} = Y_{1,i} \delta_{1k} + Y_{2,i} \delta_{2k} + \ldots + Y_{r,i} \delta_{rk} + \ldots \tag{51.7b}$$

Setzt man nach (4) in (7a, b)

$$\delta_{ri}=\omega_i\,Y_{r,i}, \qquad \delta_{rk}=\omega_k\,Y_{r,k},$$

so erhält man

$$\delta_{ik}=\omega_i(Y_{1,k}\,Y_{1,i}+Y_{2,k}\,Y_{2,i}+\ldots+Y_{r,k}\,Y_{r,i}+\ldots),$$
$$\delta_{ki}=\omega_k(Y_{1,i}\,Y_{1,k}+Y_{2,i}\,Y_{2,k}+\ldots+Y_{r,i}\,Y_{r,k}+\ldots).$$

Die Klammerausdrücke in beiden Gleichungen stimmen nun überein. Setzt man den zweiten in die erste Gleichung ein, so folgt

$$\delta_{ik}=\frac{\omega_i}{\omega_k}\,\delta_{ki} \qquad \text{oder} \quad \omega_k\,\delta_{ik}-\omega_i\,\delta_{ki}=0.$$

Da nach Maxwell $\delta_{ki}=\delta_{ik}$ ist und $\omega_i \neq \omega_k$ vorausgesetzt war, wird

$$\delta_{ik}(\omega_k-\omega_i)=0, \qquad \delta_{ik}=0,$$

was zu beweisen war.

Denkt man sich eine Maschinenwelle, die wie der Balken von Bild 50.1 d nur in den Endauflagern gestützt ist, in den Punkten r Einzelmassen trägt und im übrigen masselos ist, so läuft die Ermittlung der Biegeeigenschwingungen auf eine Rechnung hinaus, die der hier durchgeführten Rechnung genau entspricht. Analog zu (4) sind nämlich die Ordinaten der Schwingungsbiegelinie den Trägheitskräften der Einzelmassen proportional. Die Gleichung n-ten Grades zur Bestimmung der ω wird daher auch Frequenzgleichung genannt. Unter Hinweis auf dieses Schwingungsproblem sei darauf verzichtet zu beweisen, daß die ω-Werte stets reell sind und $\omega_i \neq \omega_k$ ist.

Das Aufsuchen der Wurzeln der Frequenzgleichung kann recht mühsam sein. Die Benutzung von Affinlastgruppen lohnt sich daher nur in bestimmten Sonderfällen. Diese sind gegeben bei Trägerrosten, auch Kreuzwerke genannt. Das sind Tragwerke, die aus zwei Scharen sich im allgemeinen rechtwinklig kreuzender Träger bestehen und im Brückenbau häufig Verwendung finden. Die obige Rechnung ist dann natürlich zu erweitern, da jeder Träger einer Schar nicht starr, sondern elastisch auf den Trägern der anderen Schar gelagert ist. Da aber die Träger einer Schar in der Regel konstanten Querschnitt haben und in gleichem Abstand voneinander liegen, kann die Berechnung der Affinlastgruppen für häufig vorkommende Trägerrostformen ein für allemal erfolgen und in Tabellen gespeichert werden [19].

Ein besonderer Vorteil der Benutzung von Affinlastgruppen muß aber noch betont werden. Da Trägerroste im Brückenbau Verwendung finden, ist die Er-

---

19 H. Homberg: *Kreuzwerke: Statik der Trägerroste und Platten.* (Forschungshefte aus dem Gebiete des Stahlbaues, Heft 8). Berlin, Göttingen, Heidelberg: Springer 1951.

mittlung von Einflußflächen zur Erfassung der Verkehrslast erforderlich. Diese liegen aber für die Unbekannten X bereits vor, wenn die Affinlastgruppen mit ihren Einzelwirkungen bekannt sind. Für das Beispiel von Bild 50.1, wobei es sich jetzt natürlich um eine Einflußlinie, nicht Einflußfläche handelt, gilt zunächst $X_i = -\delta_{i,L}/\delta_{ii}$. Ist X_i eine Einflußlinie, deren Ordinaten in den Punkten r gesucht sind, so wird zweckmäßig

$$X_i = X_{i,r} = -\frac{\delta_{ir}}{\delta_{ii}}$$

geschrieben. Der Index r kennzeichnet dabei die wandernde Last Eins bei ihrer Stellung in den Punkten r. Mit (4) ergibt sich dann die Einflußlinie aus

$$X_{i,r} = -\frac{\omega_i}{\delta_{ii}} Y_{r,i},$$

also proportional den bekannten Größen $Y_{r,i}$. Um die Ordinate η der Einflußlinie zu bekommen, ist $X_{i,r}$ noch durch die Last Eins zu dividieren.

Damit sind bereits in einem Sonderfall Einflußlinien statisch unbestimmter Systeme gefunden. Der übernächste Abschnitt wird sich hiermit ausführlicher befassen.

52. Kehrmatrix der δ-Matrix

Aus der Mathematik sei folgendes als bekannt vorausgesetzt. Wird die Kehrmatrix der Koeffizientenmatrix δ mit δ^{-1} bezeichnet, so gilt die Beziehung $\delta\delta^{-1} = 1$, wobei 1 die Einheitsmatrix ist. Die Auflösung des Gleichungssystems (44.3) nach den Unbekannten X kann dann wie folgt geschrieben werden:

$$\delta X + \delta_L = 0, \qquad X = -\delta^{-1}\delta_L. \qquad\qquad (52.1\,a,b)$$

Transponiert man die Gleichung $\delta\delta^{-1} = 1$, so erhält man

$$\delta^T(\delta^{-1})^T = 1 \quad \text{oder} \quad (\delta^{-1})^T = (\delta^T)^{-1}.$$

Die Transponierte der Kehrmatrix ist also gleich der Kehrmatrix der Transponierten. *Das bedeutet bei symmetrischer Matrix δ, daß auch die Kehrmatrix δ^{-1} symmetrisch ist.* Für die angeführten Zusammenhänge ist Voraussetzung, daß $\det \delta \neq 0$ ist, was nach den Ausführungen von Abschnitt 44 stets erfüllt ist.

Für das Folgende ist es wichtig, der Kehrmatrix δ^{-1} und ihren Elementen eine in statischer Hinsicht anschauliche Bedeutung zu geben. Hierzu sei zunächst ein bereits in Abschnitt 27 besprochenes Problem der räumlichen Fachwerkstatik betrachtet. In Bild 52.1 ist ein Dreibein dargestellt, dessen drei Stäbe ideal reibungsfreie Gelenke besitzen. Im gemeinsamen Knotenpunkt ist das System durch eine Kraft P belastet, die durch ihre drei Komponenten P_x, P_y, P_z bestimmt

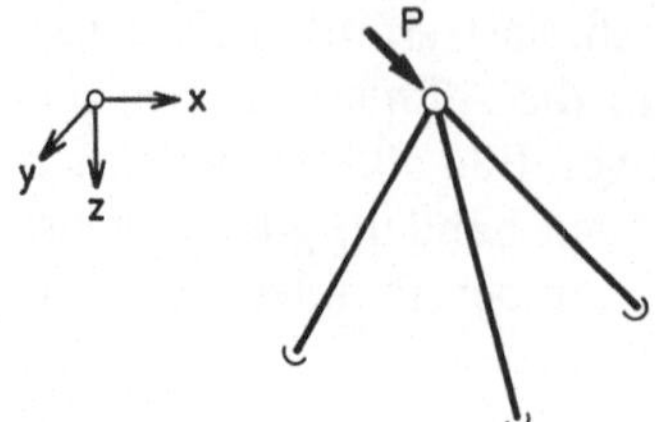

Bild 52.1. Dreibein als räumliches Fachwerk

sei. Die Stabkräfte lassen sich aus den Gleichgewichtsbedingungen (27.3) berechnen, wozu drei Gleichungen mit drei Unbekannten aufzulösen sind.

Es sei nun angenommen, daß die Stabkräfte für sehr viele Lasten P in unterschiedlicher Größe und Richtung zu berechnen sind. Dann wird man die Rechnung nicht für jeden Lastfall von vorn durchführen, sondern zunächst für Einheitsbelastungen $P_x = 1$, $P_y = 1$, $P_z = 1$. Für jeden Lastfall wird man dann die Stabkräfte durch Superposition gewinnen; z.B. für eine beliebige Stabkraft S in leicht verständlicher Bezeichnungsweise zu

$$S = \frac{S(P_x = 1)}{1} P_x + \frac{S(P_y = 1)}{1} P_y + \frac{S(P_z = 1)}{1} P_z.$$
(52.2)

Die Eins im Nenner der Einheitsstabkräfte hat die Dimension einer Kraft.

Die Darstellung der Gleichung (2) kann man auch benutzen, wenn man (44.3) nach den Unbekannten auflöst. Eine beliebige Unbekannte X_i kann dann in folgender Form geschrieben werden:

$$X_i = \frac{X_i(\delta_{a,L} = 1)}{1} \delta_{a,L} + \frac{X_i(\delta_{b,L} = 1)}{1} \delta_{b,L} + \ldots + \frac{X_i(\delta_{k,L} = 1)}{1} \delta_{k,L} + \ldots .$$
(52.3)

Die Eins im Nenner muß jetzt die Dimension einer Länge haben, wenn die δ_L-Werte Längen sind. (Die X_i sind stets reine Zahlen.)

Zur Abkürzung sei nun (3) wie folgt geschrieben:

$$X_i = \beta_{i,a} \delta_{a,L} + \beta_{i,b} \delta_{b,L} + \ldots + \beta_{i,k} \delta_{k,L} + \ldots$$

mit
(52.4a, b)

$$\beta_{i,k} = \frac{X_i(\delta_{k,L} = 1)}{1}.$$

Der erste Index bei $\beta_{i,k}$ weist auf die Unbekannte hin, die durch eine Verschiebung entsteht, welche durch den zweiten Index gekennzeichnet ist. $1 \cdot \beta_{i,k}$ *mit* $i = a, b, c, \ldots,$ *sind also die Unbekannten* X_i, *die entstehen, wenn* $\delta_{k,L} = 1$ *ist und alle anderen* δ_L *gleich Null sind.* Hiermit ist die Rechenvorschrift zur Berechnung der β-Werte festgelegt. Beispielsweise ergibt sich für $k = a, b, c, \ldots,$ daß die Gleichungen (44.3) mit den folgenden Lastgliedern aufgelöst werden müssen, um die angegebenen β-Werte zu liefern. Es gilt

$$\delta_L = \begin{bmatrix} 1 \\ 0 \\ 0 \\ \vdots \end{bmatrix} \quad \text{liefert} \quad \begin{bmatrix} 1 \cdot X_a = \beta_{a,a} \\ 1 \cdot X_b = \beta_{b,a} \\ 1 \cdot X_c = \beta_{c,a} \\ \vdots \end{bmatrix},$$

$$\delta_L = \begin{bmatrix} 0 \\ 1 \\ 0 \\ \vdots \end{bmatrix} \quad \text{liefert} \quad \begin{bmatrix} 1 \cdot X_a = \beta_{a,b} \\ 1 \cdot X_b = \beta_{b,b} \\ 1 \cdot X_c = \beta_{c,b} \\ \vdots \end{bmatrix}$$

usw. Die Gleichungen (44.3) müssen n-mal aufgelöst werden.

Schreibt man das System der Gleichungen, für die Gleichung (4a) repräsentativ ist, in Matrizenform, so bekommt man

$$\begin{bmatrix} X_a \\ X_b \\ \vdots \\ X_i \\ \vdots \end{bmatrix} = \begin{bmatrix} \beta_{a,a} & \beta_{a,b} & \cdots & \beta_{a,k} \\ \beta_{b,a} & \beta_{b,b} & \cdots & \beta_{b,k} \\ \vdots & \vdots & \vdots & \vdots \\ \beta_{i,a} & \beta_{i,b} & & \beta_{i,k} \\ \vdots & \vdots & \vdots & \vdots \end{bmatrix} \begin{bmatrix} \delta_{a,L} \\ \delta_{b,L} \\ \vdots \\ \delta_{k,L} \\ \vdots \end{bmatrix} \qquad (52.5)$$

oder symbolisch

$$\mathbf{X} = \boldsymbol{\beta}\,\boldsymbol{\delta}_L. \qquad (52.5\,\text{a})$$

Der Vergleich mit (1 b) zeigt nun, daß

$$\boldsymbol{\beta} = -\boldsymbol{\delta}^{-1} \qquad (52.6)$$

ist. *Die Matrix der β-Werte ist also die negative Kehrmatrix der Matrix der δ-Werte.*

Es war oben bereits betont, daß die Kehrmatrix einer symmetrischen Matrix wieder symmetrisch ist. Es gilt also

$$\beta_{i,k} = \beta_{k,i}. \qquad (52.7)$$

Da diese Aussage nicht — wenigstens nicht direkt — aus dem Maxwellschen Satz folgt, wird das Komma zwischen den Indizes beibehalten.

Die β-Werte werden nun nicht nur bei Berücksichtigung vieler Lastfälle benutzt, sondern vor allem auch bei der Ermittlung von Einflußlinien statisch unbestimmter Systeme, die im folgenden Abschnitt besprochen werden sollen.

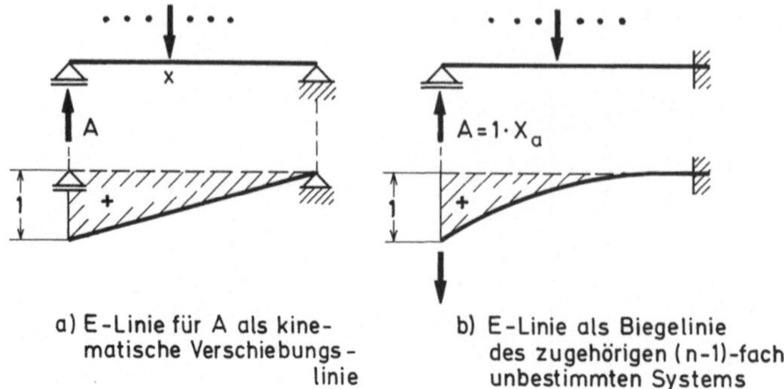

Bild 53.1 a u. b. Einflußlinien für die Auflagerkraft eines statisch bestimmten und eines statisch unbestimmten Systems

53. Einflußlinien für Kraftgrößen statisch unbestimmter Systeme

53.1. Benutzung des (n − 1)-fach unbestimmten Systems

Einflußlinien für Verformungsgrößen statisch unbestimmter Systeme wurden
bereits in Abschnitt 41 besprochen; im folgenden handelt es sich daher nur noch
um Kraftgrößen-Einflußlinien. Zunächst sei gezeigt, daß es einen Weg zur
Ermittlung der Einflußlinien gibt, der unmittelbar an die kinematische Methode
bei statisch bestimmten Systemen anschließt (vgl. Abschnitt 23.2). Es war früher
der Begriff der zugehörigen kinematischen Kette benutzt worden. Allgemein sei
jetzt ein »zugehöriges $(n-1)$-fach unbestimmtes System« definiert, das sich
ergibt, wenn man bei dem ursprünglichen n-fach unbestimmten System die
Kraftgröße entfernt, deren Einflußlinie gesucht ist. Durch $n=0$ ist dabei ein
statisch bestimmtes System und mit $n-1=0-1=-1$ eine zwangläufige kinematische Kette gekennzeichnet.

In Bild 53.1 a ist zunächst die Einflußlinie für die Auflagerkraft A eines
Balkens auf zwei Stützen in bekannter Form als kinematische Verschiebungslinie dargestellt. Bild 53.1 b zeigt entsprechend für ein statisch unbestimmtes —
hier einfach unbestimmtes — System die Einflußlinie als Biegelinie. In beiden
Fällen ist die Verschiebung in Richtung von A gleich -1. Während jedoch bei
der kinematischen Kette die Verschiebung ohne Zwang möglich ist, muß in
Bild 53.1 b eine Kraft in Richtung von $-A$ aufgebracht werden.

Zum Beweis wird das $(n-1)$-fach unbestimmte System als statisch unbestimmtes Hauptsystem aufgefaßt und die Kraftgröße als — einzige — Unbekannte angesetzt. Man erhält für das einfach unbestimmte System von
Bild 53.1 b als Sonderfall

$$A = 1 \cdot X_a = -1 \cdot \frac{\delta_{a,\mathrm{L}}}{\delta_{aa}}$$

und allgemein

$$X_{a,x}^{(n)} = -\frac{\delta_{ax}^{(n-1)}}{\delta_{aa}^{(n-1)}}, \tag{53.1}$$

wenn durch Einführung des Index x noch darauf hingewiesen wird, daß die Belastung nur aus der wandernden Last Eins besteht. Wie in Abschnitt 41 wird nun wieder der Maxwellsche Satz $\delta_{ax} = \delta_{xa}$ benutzt und statt Gleichung (1) geschrieben

$$X_{a,x}^{(n)} = -\frac{1}{\delta_{aa}^{(n-1)}}\,\delta_{xa}^{(n-1)}.$$

(53.2)

Gleichung (2) besteht auf der rechten Seite aus dem von der Belastung unabhängigen Faktor

$$-\frac{1}{\delta_{aa}^{(n-1)}}$$

und der *Biegelinie* $\delta_{xa}^{(n-1)}$. Diese wird hervorgerufen durch die Kraftgröße Eins an der Stelle a und hat hier die Verformung $\delta_{aa}^{(n-1)}$. Nach Multiplikation mit dem Faktor

$$-\frac{1}{\delta_{aa}^{(n-1)}}$$

ergibt sich daraus in der Tat der Wert -1, wie in Bild 53.1 b angegeben. Es gilt also: *Die Einflußlinie einer Kraftgröße eines statisch n-fach unbestimmten Systems ist gleich der Biegelinie des zugehörigen (n−1)-fach unbestimmten Systems, wenn der Kraftgröße ein solcher Wert erteilt wird, daß die Verschiebung -1 entsteht.* Dabei sind die Dimensionen besonders zu beachten, wie am Beispiel von Bild 53.2 verdeutlicht sei.

Gesucht sei für das System von Bild 53.2 a die Einflußlinie für das Einspannmoment $M_{a,x}$ des Stiels. Bild 53.2 b zeigt die Biegelinie am zugehörigen $(n-1)$-fach unbestimmten System. Sie entsteht durch ein Einspannmoment, das anders herum gerichtet ist als die positive Drehrichtung von $M_{a,x}$, und das gerade so

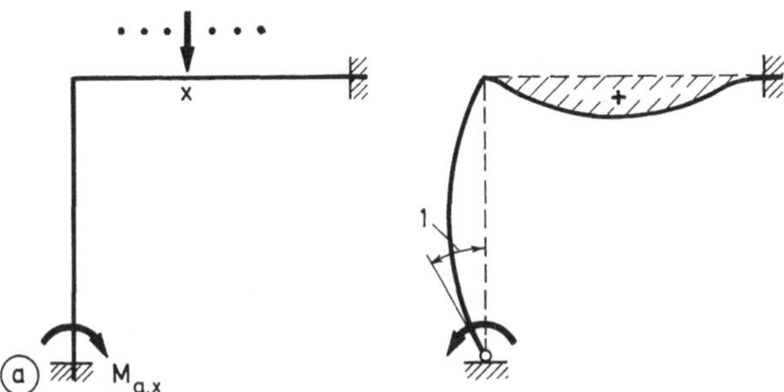

Bild 53.2a u. b. Einflußlinie für das Stieleinspannmoment eines zweifach unbestimmten Rahmens

groß sein muß, daß die Verdrehung -1 entsteht. Bei der Ableitung treten nun vier verschiedene Einsen auf, die im folgenden durch Indizes gekennzeichnet seien. Es wird entsprechend Gleichung (1) und (2)

$$X_{a,x}^{(n)} = -\frac{\varphi_{ax}^{(n-1)}}{\varphi_{aa}^{(n-1)}}, \qquad 1_1\,\varphi_{ax} = 1_2\,\delta_{xa},$$

$$M_{a,x} = 1_3\,X_{a,x}^{(n)}, \qquad\qquad \eta = \frac{M_{a,x}}{1_4}.$$

Dabei ist der Maxwellsche Satz, der Unterschied zwischen Kraftgröße und Unbekannter und schließlich die Definition der Einflußlinienordinate zu beachten. Man erhält im vorliegenden Fall, wenn man die Dimensionen mit einsetzt,

$$\eta^{[L]} = -\frac{1_3^{[KL]}}{1_4^{[K]}}\,\frac{1_2^{[K]}}{1_1^{[KL]}}\,\frac{\delta_{xa}^{[L]}}{\varphi_{aa}^{[L/L]}}.$$

Man erkennt, daß es zwar grundsätzlich möglich ist, z.B. das Einspannmoment in Nm, die wandernde Last in Mp und die Durchbiegungen in cm zu rechnen, daß ein solches Vorgehen aber nicht zu empfehlen ist.

Die in diesem Abschnitt besprochene Methode ist sehr gut geeignet, den Verlauf einer Einflußlinie qualitativ zu beschreiben. Insbesondere ergeben sich sofort Vorzeichen, Nullpunkte, horizontale Tangenten, Knickpunkte usw. Die Methode ist daher unerläßlich zur Kontrolle bereits berechneter Einflußlinien. Die Berechnung selbst erfolgt allerdings zweckmäßiger am statisch bestimmten Hauptsystem unter Benutzung der β-Werte, worauf jetzt eingegangen sei.

53.2. Benutzung eines statisch bestimmten Hauptsystems

Die Grundlage der Berechnung sind die Gleichungen (44.7) und (52.4a), die sich für eine Einflußlinie, die stets durch die Last Eins an der Stelle x entsteht, folgendermaßen schreiben lassen

$$X_{i,x} = \beta_{i,a}\,\delta_{ax} + \beta_{i,b}\,\delta_{bx} + \dots, \qquad\qquad (53.3\,\text{a})$$

$$M_{m,x} = M_{m,x}^{(0)} + M_{m,a}\,X_{a,x} + M_{m,b}\,X_{b,x} + \dots. \qquad\qquad (53.3\,\text{b})$$

M_m ist dabei das Biegemoment an einer festen Stelle m und ist als Beispiel für eine beliebige Kraftgröße aufzufassen. Die Biegemomente auf der rechten Seite von (3b) sind sämtlich am statisch bestimmten Hauptsystem zu berechnen. Dabei muß der obere Index (0) beim Biegemoment $M_{m,x}^{(0)}$ hinzugefügt werden, da eine Verwechslung mit dem wirklichen Biegemoment vermieden werden muß; bei $M_{m,a}, M_{m,b}, \dots$ ist der Index entbehrlich. Die Eigenspannungszustände $X_{i,x} = 1$ sollen spezielle Eigenspannungszustände mit nur einer Einzelwirkung sein. Die Verwendung allgemeiner Eigenspannungszustände ist zwar auch hier möglich, in der Regel aber unzweckmäßig.

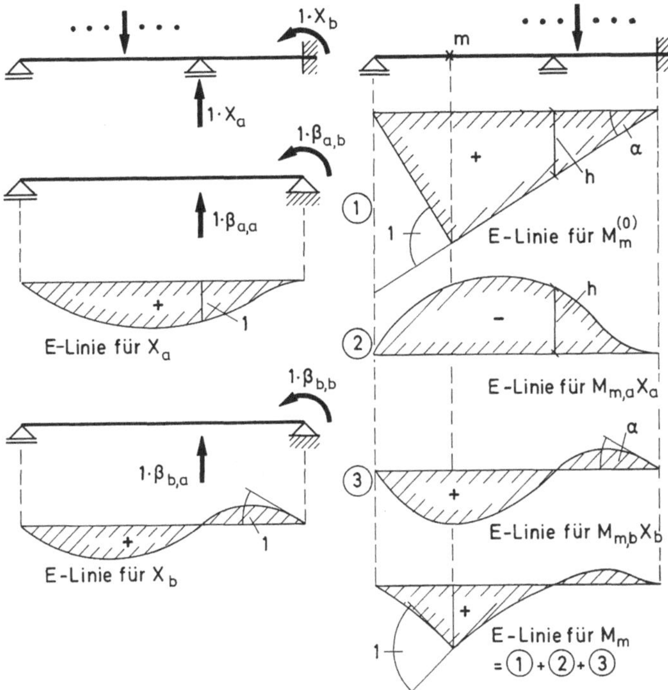

Bild 53.3. Einflußlinie mit Hilfe von β-Werten

Aus (3a) bekommt man nach Anwendung des Maxwellschen Satzes

$$X_{i,x} = \beta_{i,a}\,\delta_{xa} + \beta_{i,b}\,\delta_{xb} + \dots ,$$

woraus zu entnehmen ist, daß $X_{i,x}$ aus der Summe der jeweils durch die Kraftgröße Eins erzeugten Biegelinien $\delta_{xa},\ \delta_{xb},\dots$ besteht, wenn diese noch mit den zugehörigen β-Werten multipliziert werden. Dasselbe läßt sich auch so ausdrücken: *Die Einflußlinie für eine Unbekannte X_i ergibt sich als Biegelinie des Hauptsystems, wenn dieses an den Stellen a, b, ... mit $1\cdot\beta_{i,a}$, $1\cdot\beta_{i,b}$,... belastet wird.*

Die Einflußlinie für das Biegemoment M_m folgt dann einfach durch Überlagerung der verschiedenen Einflußlinien nach (3b). Die Einflußlinie für $M_m^{(0)}$ am statisch bestimmten Hauptsystem ist dabei nach bekannten Regeln zu finden; die Größen $M_{m,a}$, $M_{m,b}$,... sind feste Werte und nicht von der Laststellung x abhängig. Der gesamte erforderliche Rechnungsgang ist in Bild 53.3 skizziert. Die gewonnenen Aussagen über Einflußlinien als Biegelinien am zugehörigen $(n-1)$-fach unbestimmten System sind dabei besonders zu beachten. Für $X_{a,x}$, $X_{b,x}$ und $M_{m,x}$ kommt jeweils ein anderes $(n-1)$-fach unbestimmtes System in Frage. Gleiche Strecken und gleiche Winkel sind in Bild 53.3 besonders gekennzeichnet (h und α bei $M_m^{(0)}$, $M_{m,a}X_a$ und $M_{m,b}X_b$).

Bei Benutzung von β-Werten ist noch eine Zusammenfassung möglich, die dann eine Vereinfachung darstellt, wenn bei relativ vielen Unbekannten X_i die

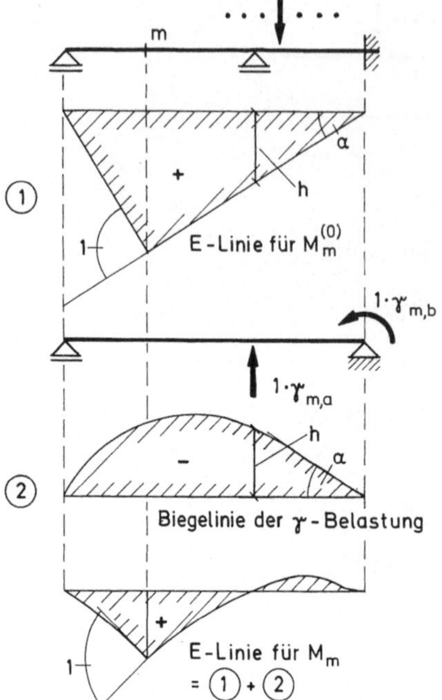

Bild 53.4. Einflußlinie mit Hilfe von γ-Werten

Einflußlinien für wenige Kraftgrößen gesucht sind. Hierzu wird (3a) in (3b) eingesetzt und eine Zusammenfassung der von x nicht abhängigen Glieder durchgeführt. Man erhält:

$$M_{m,x} = M_{m,x}^{(0)} + M_{m,a}(\beta_{a,a}\,\delta_{ax} + \beta_{a,b}\,\delta_{bx} + \ldots)$$
$$+ M_{m,b}(\beta_{b,a}\,\delta_{ax} + \beta_{b,b}\,\delta_{bx} + \ldots)$$
$$+ \ldots$$
$$= M_{m,x}^{(0)} + (M_{m,a}\,\beta_{a,a} + M_{m,b}\,\beta_{b,a} + \ldots)\,\delta_{ax}$$
$$+ (M_{m,a}\,\beta_{a,b} + M_{m,b}\,\beta_{b,b} + \ldots)\,\delta_{bx} + \ldots$$
$$+ \ldots .$$

Für die Klammerausdrücke werden nun folgende Abkürzungen eingeführt

$$\gamma_{m,a} = M_{m,a}\,\beta_{a,a} + M_{m,b}\,\beta_{b,a} + \ldots$$
$$\gamma_{m,b} = M_{m,a}\,\beta_{a,b} + M_{m,b}\,\beta_{b,b} + \ldots \tag{53.4a}$$

$$\cdots\cdots\cdots\cdots\cdots\cdots\cdots\cdots\cdots\cdots\cdots\cdots\cdots$$

Damit bekommt man

$$M_{m,x} = M_{m,x}^{(0)} + \gamma_{m,a}\,\delta_{ax} + \gamma_{m,b}\,\delta_{bx} + \ldots . \tag{53.4}$$

Das weitere verläuft genauso wie bei den β-Werten: Man muß jetzt das System mit γ-Werten belasten. Die erforderliche Rechnung ist in Bild 53.4 skizziert. Man sieht, daß jetzt nur zwei Einflußlinien überlagert zu werden brauchen. Allerdings muß man dann für jede Stelle m die Biegelinie aus der γ-Belastung neu berechnen, während bei der β-Belastung die erhaltenen Einflußlinien für die Unbekannten X_i für alle Kraftgrößen gelten. Das gesamte Kraftgrößen-Verfahren zur Berechnung statisch unbestimmter Systeme sei hiermit abgeschlossen.

E. Statisch unbestimmte Systeme. Formänderungsgrößen-Verfahren

54. Drehwinkelverfahren

54.1. Vorbemerkungen

Beim Kraftgrößen-Verfahren wurde die Benutzung von Formänderungsgrößen möglichst vermieden. So mußten bei den Last- und Eigenspannungszuständen nur die Gleichgewichtsbedingungen beachtet werden. Die Verformungen kamen lediglich bei Erfüllung der Bedingungen $\delta_i = 0$ ins Spiel, woraus die unbekannten Kraftgrößen ermittelt wurden. Im Gegensatz hierzu sollen jetzt Formänderungsgrößen als Unbekannte verwendet werden. Da in der Regel die Formänderungen erst in zweiter Linie interessieren, die Schnittgrößen aber für den Spannungsnachweis unbedingt gebraucht werden, erscheint der geplante Weg zunächst als ein Umweg. Daß dieser aber doch zweckmäßig sein kann, zeigt folgendes Beispiel.

In Bild 54.1 ist ein Rahmenkreuz dargestellt, das neunfach statisch unbestimmt ist. Der Verformungszustand läßt sich aber durch den einen Winkel φ beschreiben, um den sich der Mittelknoten verdreht. Es wird also zweckmäßig sein, zuerst eine Gleichung für φ aufzustellen, und dann hinterher die Schnittgrößen als Funktion von φ zu berechnen. Dabei ist allerdings zu bemerken, daß an sich zur Unbekannten φ noch zwei unbekannte Knotenverschiebungen hinzukommen. Das ist aber nur dann der Fall, wenn die Längsdehnungen der

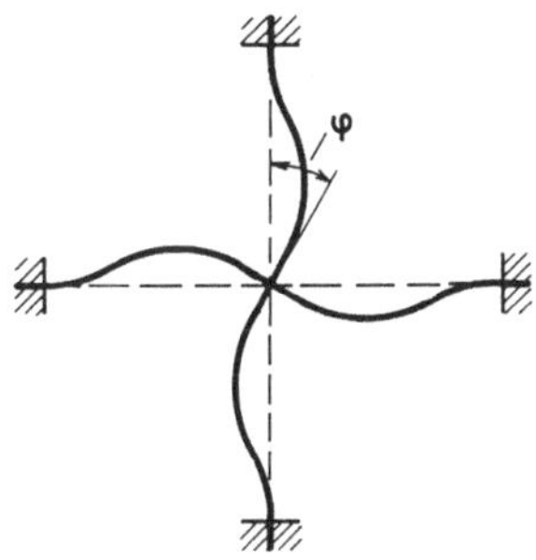

Bild 54.1. 9fach statisch unbestimmtes Rahmenkreuz

Stabachsen berücksichtigt werden. Vernachlässigt man sie, so ist der Knoten unverschieblich. In Abschnitt 37.4 wurde bereits ausführlich besprochen, daß die Formänderungsarbeit der Längskräfte sehr häufig vernachlässigt werden kann. Besonders bei Rahmenkonstruktionen ist das in der Regel erlaubt und es wurde bei allen bisher behandelten Beispielen auch so gehandhabt. Es sei verabredet, daß diese Vereinfachung im folgenden stets beibehalten werden soll.

Bild 54.1 zeigt, daß bei Rahmenkonstruktionen die Benutzung gewisser Drehwinkel als Unbekannter zweckmäßig sein kann. Man kommt so zu einer Methode, die als *Drehwinkelverfahren* bekannt ist[20]. Mit ihm sollen sich die folgenden Ausführungen befassen. Damit ist dann allerdings nur ein spezielles Formänderungsgrößen-Verfahren beschrieben, wenn auch das wichtigste.

Das Kraftgrößen-Verfahren ist im Prinzip durch die Gleichungen (44.3) und (44.7) gegeben, die noch einmal wiederholt seien:

$$\delta_i = \delta_{ia} X_a + \delta_{ib} X_b + \ldots + \delta_{i,\mathrm{L}} = 0, \qquad (54.1\,\mathrm{a})$$

$$M = M_\mathrm{L} + M_a X_a + M_b X_b + \ldots . \qquad (54.1\,\mathrm{b})$$

Nach den Gleichungen (1 a) sind die Unbekannten X_i zu ermitteln, mit deren Hilfe entsprechend (1 b) die Schnittgrößen berechnet werden können. Für das Drehwinkelverfahren seien jetzt zuerst die Gleichungen entwickelt, die (1 b) analog sind.

54.2. Statisch und geometrisch bestimmtes Hauptsystem

In Bild 54.2 ist ein Stab dargestellt, der an seinen Enden 1 und 2 unverschieblich gelagert ist. Er ist elastisch drehbar in die anschließenden Stabteile eingespannt, was stets durch kurze Striche senkrecht zur Stabachse angedeutet wird. Es seien

M_1, M_2 *Stabendmomente*, positiv rechtsdrehend,
τ_1, τ_2 *Stabendwinkel*, ebenfalls positiv rechtsdrehend.

Die Biegelinie ist in Bild 54.2 a S-förmig mit einer dazu passenden Belastung angenommen, um positive Stabendwinkel zu bekommen. Die Vorzeichenfestsetzung der Stabendmomente geht über die bisherige Verabredung hinaus, nach der für Lagerreaktionen keine einheitliche Festlegung erfolgen sollte; für das Folgende ist jedoch eine konsequente Vorzeichengebung nützlich. Der Betrag von M_1 ist gleich dem des Biegemomentes an der Stelle 1, der Betrag von M_2 gleich dem des negativen Biegemomentes an der Stelle 2.

Man kann nun den Stab nach dem Kraftgrößen-Verfahren unter Benutzung eines Balkens auf zwei Stützen als Hauptsystem berechnen. M_1 und M_2 sind dann die unbekannten Kraftgrößen. Die Überlagerung von Last- und Eigenspannungszuständen erfolgt nach Bild 54.2 b in bekannter Weise; insbesondere ergibt sich für die Stabendwinkel

$$\tau_1 = \tau_{1,\mathrm{L}} + \tau_{11}\frac{M_1}{1} + \tau_{12}\frac{M_2}{1}, \qquad (54.2\,\mathrm{a})$$

---

20 Vergl. R. Guldan: *Rahmentragwerke und Durchlaufträger*. 6. Aufl. Wien: Springer 1959.

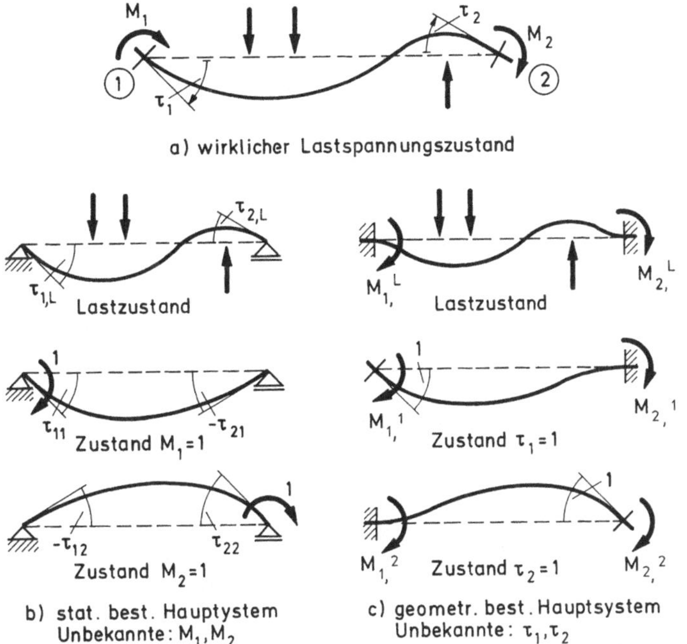

Bild 54.2 a–c. Gegenüberstellung von statisch und geometrisch bestimmtem Hauptsystem

$$\tau_2 = \tau_{2,\mathrm{L}} + \tau_{21}\frac{M_1}{1} + \tau_{22}\frac{M_2}{1}. \tag{54.2 b}$$

Analog zu dieser Darstellung kann man eine andere wählen, bei der die Stabendwinkel als unbekannte Verformungsgrößen benutzt werden. Hierzu ist ein *geometrisch bestimmtes Hauptsystem* zu definieren, *bei dem die Stabenden fest eingespannt sind*, so daß die zugehörigen Stabendwinkel zu Null werden. Den wirklichen Lastspannungszustand von Bild 54.2a bekommt man dann durch Überlagerung des Lastzustandes am geometrisch bestimmten Hauptsystem mit Zuständen, bei denen jeweils ein Stabendwinkel Null und der andere gleich Eins ist. Dieses Vorgehen, das dem des Kraftgrößen-Verfahrens genau entspricht, wird durch Bild 54.2c erläutert. Die verschiedenen Stabendmomente, die den Stabendwinkeln $\tau_{1,\mathrm{L}}$, τ_{11}, τ_{12},... entsprechen, seien mit $M_{1,}^{\mathrm{L}}$, $M_{1,}^{1}$, $M_{1,}^{2}$,... bezeichnet. Der untere Index bezeichnet den Ort, der obere die Ursache.

Man erhält analog zu (2a, b)

$$M_1 = M_{1,}^{\mathrm{L}} + M_{1,}^{1}\tau_1 + M_{1,}^{2}\tau_2, \tag{54.3 a}$$

$$M_2 = M_{2,}^{\mathrm{L}} + M_{2,}^{1}\tau_1 + M_{2,}^{2}\tau_2. \tag{54.3 b}$$

Löst man die Gleichungen (2) nach M_1 und M_2 auf, so müssen sich zwei Gleichungen ergeben, die mit (3) identisch sind. Setzt man zur Abkürzung für die Koeffizientendeterminante von (2)

$$D = \tau_{11}\,\tau_{22} - \tau_{12}^2, \tag{54.4}$$

so erhält man

$$M_1 = \frac{1}{D}\left[(\tau_1 - \tau_{1,L})\,\tau_{22} - (\tau_2 - \tau_{2,L})\,\tau_{12}\right],$$

$$M_2 = \frac{1}{D}\left[(\tau_2 - \tau_{2,L})\,\tau_{11} - (\tau_1 - \tau_{1,L})\,\tau_{12}\right]$$

oder

$$M_1 = \frac{1}{D}(\tau_{2,L}\,\tau_{12} - \tau_{1,L}\,\tau_{22}) + 1 \cdot \frac{\tau_{22}}{D}\,\tau_1 + 1 \cdot \frac{-\tau_{12}}{D}\,\tau_2, \tag{54.5a}$$

$$M_2 = \frac{1}{D}(\tau_{1,L}\,\tau_{12} - \tau_{2,L}\,\tau_{22}) + 1 \cdot \frac{-\tau_{12}}{D} + 1 \cdot \frac{\tau_{11}}{D}\,\tau_2. \tag{54.5b}$$

Vergleich der Gleichungen (3) und (5) liefert

$$M_{1,}{}^{L} = \frac{1}{D}(\tau_{2,L}\,\tau_{12} - \tau_{1,L}\,\tau_{22}), \quad M_{1,}{}^{1} = 1 \cdot \frac{\tau_{22}}{D}, \qquad M_{1,}{}^{2} = -1 \cdot \frac{\tau_{12}}{D}$$

$$M_{2,}{}^{L} = \frac{1}{D}(\tau_{1,L}\,\tau_{12} - \tau_{2,L}\,\tau_{11}), \quad M_{2,}{}^{1} = -1 \cdot \frac{\tau_{12}}{D}, \quad M_{2,}{}^{2} = 1 \cdot \frac{\tau_{11}}{D}. \tag{54.6a–f}$$

Die Matrix der M-Werte ist die Kehrmatrix der τ-Werte:

$$\begin{bmatrix} \tau_{11} & \tau_{12} \\ \tau_{21} & \tau_{22} \end{bmatrix} \begin{bmatrix} M_{1,}{}^{1} & M_{1,}{}^{2} \\ M_{2,}{}^{1} & M_{2,}{}^{2} \end{bmatrix} = \mathbf{1}.$$

Da die erstere symmetrisch ist, muß es auch die letztere sein, was durch Gleichungen (6c) und (6e) unmittelbar bestätigt wird. Es ist also $M_{1,}{}^{2} = M_{2,}{}^{1}$.

54.3. Bezeichnungsänderungen, Stabfestwerte und Belastungsglieder

Einige Bezeichnungsänderungen sind teils erforderlich, teils üblich. In Bild 54.3 b ist ein Stab dargestellt, bei dem sich die Knoten 1 und 2 unterschiedlich durchsenken. Der Stab kann z.B. der Riegel 1–2 des Rahmens von Bild 54.3 a sein. Es seien nun eingeführt

φ_1, φ_2 *Knotendrehwinkel*, positiv rechtsdrehend,
ψ *Stabdrehwinkel*, positiv linksdrehend.

Aus Bild 54.3 b läßt sich sofort ablesen, daß

$$\tau_1 = \varphi_1 + \psi, \quad \tau_2 = \varphi_2 + \psi \tag{54.7a, b}$$

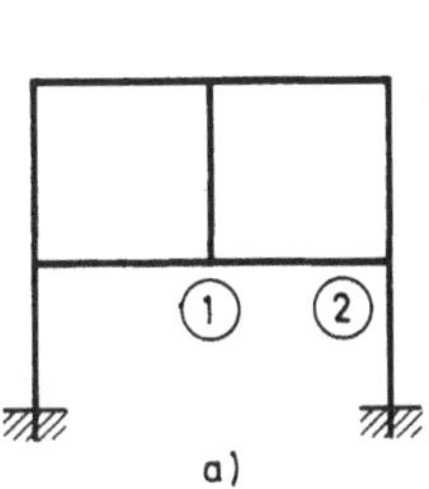 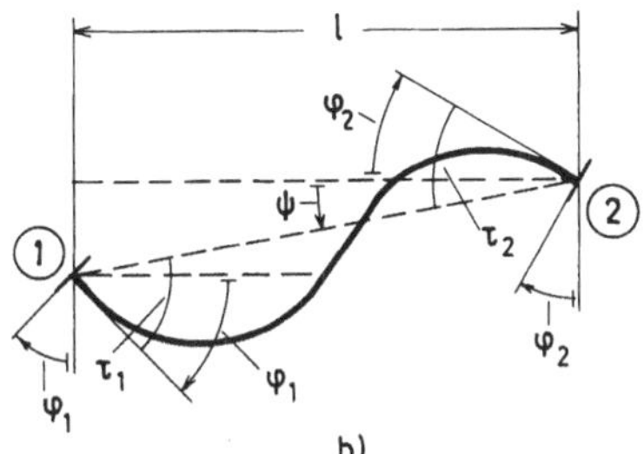

Bild 54.3a u. b.
Rahmen mit Stabdrehwinkel

ist. Hiermit ergibt sich aus (3)

$$M_1 = M_{1,}{}^{L} + M_{1,}{}^{1}\varphi_1 + M_{1,}{}^{2}\varphi_2 + (M_{1,}{}^{1} + M_{1,}{}^{2})\psi, \tag{54.8a}$$

$$M_2 = M_{2,}{}^{L} + M_{2,}{}^{1}\varphi_1 + M_{2,}{}^{2}\varphi_2 + (M_{2,}{}^{2} + M_{2,}{}^{1})\psi. \tag{54.8b}$$

Lediglich der kürzeren Schreibweise wegen wird nun gesetzt

$$\begin{bmatrix} M_{1,}{}^{1} & M_{1,}{}^{2} \\ M_{2,}{}^{1} & M_{2,}{}^{2} \end{bmatrix} = \begin{bmatrix} a_1 & b \\ b & a_2 \end{bmatrix}, \quad \begin{bmatrix} M_{1,}{}^{1} + M_{1,}{}^{2} \\ M_{2,}{}^{2} + M_{2,}{}^{1} \end{bmatrix} = \begin{bmatrix} c_1 \\ c_2 \end{bmatrix}, \tag{54.9a, b}$$

womit die Gleichungen (8) in folgender Form geschrieben werden können:

$$M_1 = a_1\varphi_1 + b\varphi_2 + c_1\psi + M_{1,}{}^{L}, \tag{54.10a}$$

$$M_2 = a_2\varphi_2 + b\varphi_1 + c_2\psi + M_{2,}{}^{L}. \tag{54.10b}$$

Nachteil der neuen Bezeichnungsweise ist zweifellos der, daß sie die mechanische Bedeutung der einzelnen Größen nicht mehr erkennen läßt. Die Größen a, b, c sind *Stabfestwerte*, die nichts mit der Belastung zu tun haben. Diese ist nur in den Stabendmomenten des geometrisch bestimmten Hauptsystems enthalten, d.h. in den *Belastungsgliedern* $M_{1,}{}^{L}$ und $M_{2,}{}^{L}$.

Die Stabfestwerte berechnen sich aus den Stabendwinkeln τ_{11}, τ_{22} und τ_{12}. Da diese nach Bild 54.2b Verformungen an einem statisch bestimmten Balken auf zwei Stützen sind, lassen sie sich leicht berechnen. Zum Beispiel ergibt sich für konstantes EI in bekannter Weise nach dem Arbeitssatz, wobei die Biegemomente dreieckförmigen Verlauf haben und sich damit die Vorfaktoren $\frac{1}{3}$ oder $\frac{1}{6}$ ergeben,

$$1 \cdot \tau_{11} = 1 \cdot \tau_{22} = \frac{1}{3}\frac{l}{EI}, \quad 1 \cdot \tau_{12} = -\frac{1}{6}\frac{l}{EI}$$

und nach Gleichung (4)

$$D = \left(\frac{l}{EI}\right)^2 \left(\frac{1}{3}\frac{1}{3} - \frac{1}{36}\right) = \frac{1}{12}\left(\frac{l}{EI}\right)^2.$$

Aus den Gleichungen (9 a) und (6 b, c, e, f) folgt dann

$$a_1 = a_2 = 4\frac{EI}{l}, \qquad b = 2\frac{EI}{l}, \qquad c_1 = c_2 = 6\frac{EI}{l}.$$

Daraus erkennt man, daß man bei konstantem EI mit dem einen Festwert

$$k = 2\frac{EI}{l} \tag{54.11}$$

auskommt. Es wird dann

$$a_1 = a_2 = 2k, \qquad b = k, \qquad c_1 = c_2 = 3k$$

und damit aus den Gleichungen (10) für $EI = \text{const}$:

$$M_1 = k(2\varphi_1 + \varphi_2 + 3\psi) + M_{1,}{}^{L}, \tag{54.12 a}$$

$$M_2 = k(2\varphi_2 + \varphi_1 + 3\psi) + M_{2,}{}^{L}. \tag{54.12 b}$$

Die Berechnung der Belastungsglieder bereitet ebenfalls keine Schwierigkeiten. Zu ihrer Ermittlung wird der beiderseits eingespannte Balken von Bild 54.2c nach dem Kraftgrößen-Verfahren berechnet. Zum Beispiel ergeben sich für $EI = \text{const}$ und $q = \text{const}$ die Stützmomente zu $q\,l^2/12$ und damit unter Beachtung der Vorzeichenfestlegung die Stabendmomente zu

$$M_{1,}{}^{L} = \frac{q\,l^2}{12}, \qquad M_{2,}{}^{L} = -\frac{q\,l^2}{12}.$$

Wesentlich ist aber, daß weder die Belastungsglieder, noch die Stabfestwerte in der Regel neu berechnet zu werden brauchen, sondern Tabellenwerken entnommen werden können[21]. Dabei ist es von Vorteil, daß das Drehwinkelverfahren vor allem für Rahmenkonstruktionen in Betracht kommt, deren Stäbe meist konstanten Querschnitt, gegebenenfalls mit Eckschrägen, haben, und deren Belastungen aus einfachen Regellasten bestehen. Für selten vorkommende Lastfälle findet man in den Tabellen Einflußlinien für $M_{1,}{}^{L}$ und $M_{2,}{}^{L}$, so daß auch dann die Rechenarbeit auf ein Minimum beschränkt bleibt.

In den aufgestellten Formeln ist nun noch eine letzte Bezeichnungsänderung durchzuführen, wodurch es möglich wird, zu kennzeichnen, welcher Stab gemeint ist, wenn in einem Knoten mehrere Stäbe zusammenstoßen. Nach Bild 54.4 seien die Endknoten des betreffenden Stabes n und i. Diese Indizes werden beide mit angegeben, wenn die Zugehörigkeit zum Stab n–i bei einer Größe gekennzeichnet werden soll. Die Gleichungen (10) können dann durch eine Gleichung ersetzt werden. Wenn alle für das weitere benötigten Formeln

---

21 Vgl. z.B. R. Guldan: *Rahmentragwerke und Durchlaufträger.* 6. Aufl. Wien: Springer 1959.

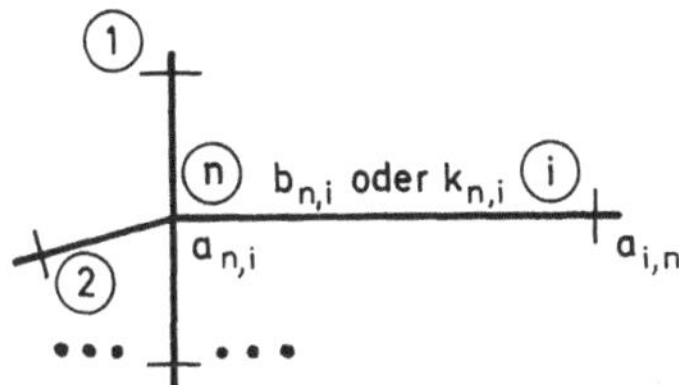

Bild 54.4. Stab $n-i$ mit mehreren anschließenden Stäben

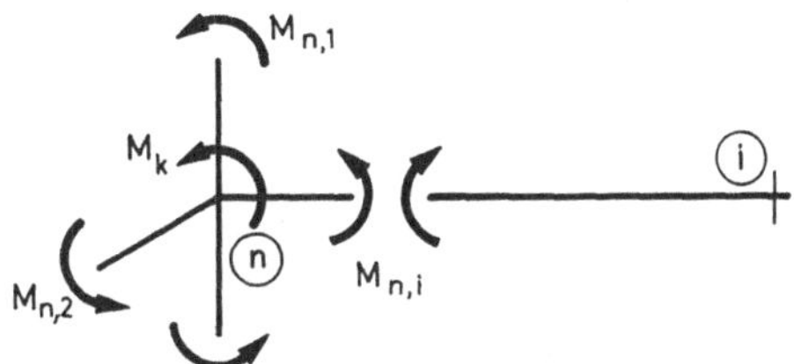

Bild 54.5. Knoten n mit angreifenden Momenten

noch einmal zusammengefaßt werden, erhält man aus (10), (9), (6), (12) und (11) die endgültigen Formeln für die Stabendmomente:

$$M_{n,i} = a_{n,i}\,\varphi_n + b_{n,i}\,\varphi_i + c_{n,i}\,\psi_{n,i} + M_{n,i}^{\mathrm{L}} \tag{54.13}$$

mit

$$a_{n,i} = \frac{\tau_{ii}}{D}, \qquad b_{n,i} = b_{i,n} = -\frac{\tau_{ni}}{D},$$

$$c_{n,i} = a_{n,i} + b_{n,i}, \qquad D = \tau_{nn}\tau_{ii} - \tau_{in}^2 \tag{54.13 a–d}$$

und für $EI = \mathrm{const}$:

$$M_{n,i} = k_{n,i}(2\varphi_n + \varphi_i + 3\psi_{n,i}) + M_{n,i}^{\mathrm{L}} \tag{54.14}$$

mit

$$k_{n,i} = k_{i,n} = 2\,\frac{EI_{n,i}}{l_{n,i}} = 2\,\frac{EI_{i,n}}{l_{i,n}}. \tag{54.14 a}$$

Die Stabfestwerte a und b bzw. k werden am besten in eine Systemskizze eingetragen, wie es Bild 54.4 zeigt. Die Vertauschungsmöglichkeit der Indizes bei b, k, I und l ist natürlich nur durch die Bezeichnungsweise gegeben und hat keine mechanischen Gründe.

54.4. Knotengleichungen

Mit den Gleichungen (13) bzw. (14) sind die Formeln gefunden, die der Gleichung (1 b) beim Kraftgrößen-Verfahren entsprechen. Es fehlen noch die den Gleichungen (1 a) analogen Formeln zur Bestimmung der Unbekannten φ und ψ. Wenn beim Kraftgrößen-Verfahren die Verformungsbedingungen $\delta_i = 0$ benutzt wurden, so wird man beim Formänderungsgrößen-Verfahren Gleichgewichtsbedingungen erwarten müssen. Es liegt nahe, hierzu das Momentengleichgewicht für die aus dem Stabverband herausgeschnittenen Knoten anzuschreiben. Diese Gleichungen heißen *Knotengleichungen*.

In Bild 54.5 ist ein beliebiger Knoten n angedeutet. Die auf den Knoten wirkenden Momente sind dem Betrag nach gleich den Stabendmomente, aber entgegengesetzt gerichtet. Außerdem ist noch ein von außen angreifendes Moment M_K berücksichtigt, das als »Kragarmmoment« bezeichnet wird und wie die negativen Stabendmomente linksdrehend positiv gerechnet wird. Man erhält als Gleichgewichtsbedingung

$$\sum_{(i)} M_{n,i} + M_K = 0.$$

Setzt man hierin Gleichung (13) bzw. (14) ein und beachtet, daß φ_n vor das Summenzeichen gezogen werden kann, so erhält man

$$\varphi_n \sum_{(i)} a_{n,i} + \sum_{(i)} b_{n,i}\, \varphi_i + \sum_{(i)} c_{n,i}\, \psi_{n,i} + \sum_{(i)} M_{n,i}^L + M_K = 0 \tag{54.15}$$

und für $EI = \text{const}$

$$\varphi_n\, 2\sum_{(i)} k_{n,i} + \sum_{(i)} k_{n,i}\, \varphi_i + 3\sum_{(i)} k_{n,i}\, \psi_{n,i} + \sum_{(i)} M_{n,i}^L + M_K = 0. \tag{54.16}$$

Gleichung (15) bzw. (16) gilt für jeden verdrehbaren Knoten n, so daß genausoviel Gleichungen zur Verfügung stehen, wie Knotendrehwinkel vorhanden sind. Kommen noch unbekannte Stabdrehwinkel hinzu, so müssen weitere Gleichgewichtsbedingungen benutzt werden. Dies werden naturgemäß die noch nicht verwendeten Gleichungen für das Kräftegleichgewicht sein. Leider lassen sich diese Gleichungen nicht allgemein formulieren, sondern müssen für das jeweilige Tragwerk individuell angeschrieben werden. Dies sei weiter unten an einem Beispiel gezeigt. Beim Auftreten von Stabdrehwinkeln vermehrt sich die Rechenarbeit erheblich. Glücklicherweise gibt es aber viele Systeme mit unverschieblichen Knoten, bei denen dann die Stabdrehwinkel zu Null werden. Bild 54.1 zeigt hierfür bereits ein Beispiel. In Bild 54.6 sind einige weitere Systeme skizziert, wobei Bild 54.6c ein Tragwerk zeigt, das zwar für symmetrische Lasten unverschiebliche Knoten hat, im allgemeinen aber, z.B. bei seitlicher Windbelastung, verschieblich ist. Im übrigen sei daran erinnert, daß die Dehnungen der Stabachsen stets vernachlässigt werden sollten. Nur unter dieser Voraussetzung haben die Tragwerke von Bild 54.6 unverschiebliche Knoten.

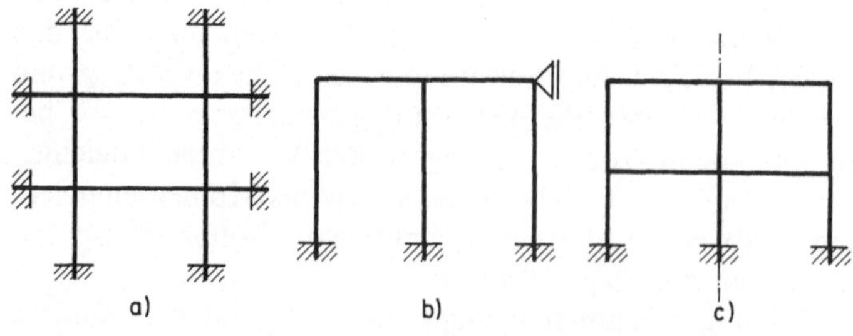

Bild 54.6 a–c. Tragwerke mit unverschieblichen Knoten

54.5. Beispiele

Es sei zunächst ein Tragwerk mit unverschieblichen Knoten nach Bild 54.7 betrachtet. Es ist nur ein unbekannter Drehwinkel φ_1 vorhanden. Das System hat einen Kragarm, der das Moment $M_K = \frac{1}{2} q\, a^2$ erzeugt. EI sei für die einzelnen Stäbe verschieden, aber über jede Stablänge konstant.

Zuerst sind die Festwerte

$$k_{1,2} = 2\frac{EI_{1,2}}{l_{1,2}}, \quad k_{1,3} = 2\frac{EI_{1,3}}{l_{1,3}}, \quad k_{1,4} = 2\frac{EI_{1,4}}{l_{1,4}}$$

zu bestimmen und gegebenenfalls in einer Beiwertskizze zusammenzustellen. Aus der Knotengleichung (16) wird dann mit $n=1$, $i=2$, 3, 4, wenn man noch beachtet, daß alle $\varphi_i = 0$ sind und keine Stabdrehwinkel vorhanden sind,

$$\varphi_1 \, 2\sum_{(i)} k_{1,i} + \sum_{(i)} M^L_{1,i} + M_K = 0.$$

Dabei ist

$$\sum_{(i)} M^L_{1,i} + M_K = M^L_{1,2} + M^L_{1,3} + M^L_{1,4} + M_K$$

$$= 0 - \frac{p\, l^2_{1,3}}{12} + 0 + \frac{q\, a^2}{2}$$

und damit

$$\varphi_1 = \frac{\dfrac{p\, l^2_{1,3}}{12} - \dfrac{q\, a^2}{2}}{2(k_{1,2} + k_{1,3} + k_{1,4})}.$$

Nachdem φ bekannt ist, folgen die Stabendmomente aus Gleichung (14), die sich hier vereinfacht zu

$$M_{n,i} = k_{n,i}(2\varphi_n + \varphi_i) + M^L_{n,i}.$$

Setzt man $n=1$, $i=2$, 3, 4, so ergeben sich die Stabendmomente am Mittelknoten; mit $i=1$, $n=2$, 3, 4 folgen die Stabendmomente an den Einspannstellen. Man

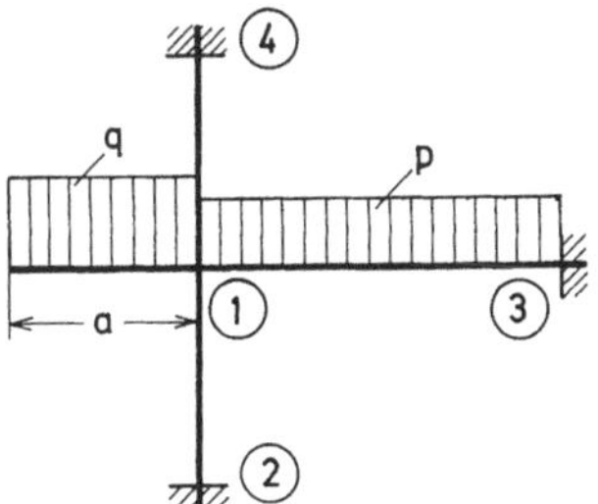

Bild 54.7.
Berechnungsbeispiel eines Rahmens mit unverschieblichen Knoten

bekommt

$$M_{1,2} = k_{1,2}\, 2\varphi_1, \qquad\qquad M_{2,1} = k_{1,2}\, \varphi_1,$$

$$M_{1,3} = k_{1,3}\, 2\varphi_1 - \frac{p\, l_{1,3}^2}{12}, \qquad M_{3,1} = k_{1,3}\, \varphi_1 + \frac{p\, l_{1,3}^2}{12},$$

$$M_{1,4} = k_{1,4}\, 2\varphi_1, \qquad\qquad M_{4,1} = k_{1,4}\, \varphi_1.$$

Die Biegemomente lassen sich nun leicht angeben: In den Stäben 1–2 und 1–3 verlaufen sie zwischen den Endwerten geradlinig; im Stab 1–3 ist noch die Parabel mit der Pfeilhöhe $\frac{1}{8}\, p\, l_{1,3}^2$ zu überlagern.

Als nächstes Beispiel sei der Rahmen von Bild 54.8a betrachtet, bei dem auch Stabdrehwinkel vorkommen. Dieses System wurde bereits in Abschnitt 45 nach dem Kraftgrößen-Verfahren berechnet, so daß ein Vergleich beider Verfahren möglich wird.

Aus Symmetriebedingungen folgt zunächst

$$\varphi_2 = \varphi_3, \qquad \psi_{1,2} = \psi_{3,4}.$$

Es braucht danach nur mit den beiden Unbekannten φ_2 und $\psi_{1,2}$ gerechnet zu werden. Unter der Annahme konstanter Trägheitsmomente für Stiel und Riegel gilt für die Festwerte

$$k_{1,2} = 2\frac{EI_\mathrm{S}}{h}, \qquad k_{2,3} = 2\frac{EI_\mathrm{R}}{l}.$$

Für die Knotengleichung des Knotens 2 ergibt sich nach (16)

$$\varphi_2\, 2(k_{1,2} + k_{2,3}) + k_{2,3}\, \varphi_3 + 3k_{1,2}\, \psi_{1,2} = 0,$$

$$\varphi_2(2k_{1,2} + 3k_{2,3}) + 3k_{1,2}\, \psi_{1,2} = 0. \qquad\qquad (54.17\,\text{a})$$

Einspannmomente des geometrisch bestimmten Hauptsystems treten hierbei nicht auf, da bei Einspannung aller Knoten die Belastung direkt in das Lager hineingeht.

Zur Gewinnung einer weiteren Gleichung für die Unbekannten wird der linke Stiel des Rahmens nach Bild 54.8b vom übrigen Rahmen abgeschnitten und das Momentengleichgewicht des *ganzen* Stiels in bezug auf den Punkt 2 aufgestellt. In diese Gleichung gehen die Belastung im Punkt 2 und die gestrichelt gezeichneten Lagerkräfte bzw. Schnittgrößen nicht mit ein. Man bekommt

$$M_{1,2} + M_{2,1} + \tfrac{1}{2}\, Wh = 0.$$

Dabei ist nach (14)

$$M_{1,2} = k_{1,2}(\varphi_2 + 3\psi_{1,2}), \qquad M_{2,1} = k_{1,2}(2\varphi_2 + 3\psi_{1,2}),$$

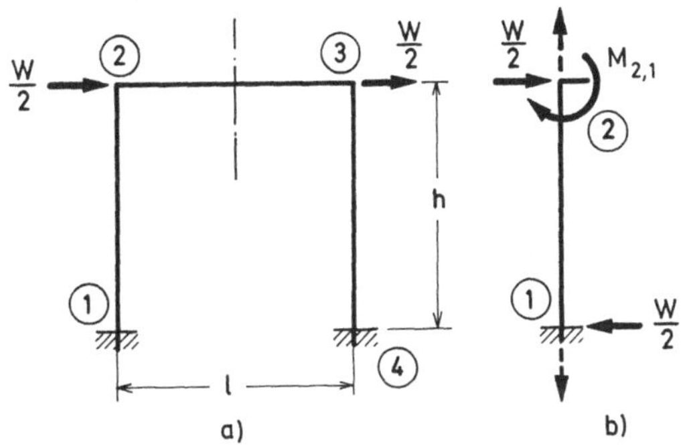

Bild 54.8 a u. b.
Rechteckrahmen als Berechnungsbeispiel

also

$$k_{1,2}(3\varphi_2 + 6\psi_{1,2}) + \tfrac{1}{2}Wh = 0. \tag{54.17b}$$

Aus den beiden Gleichungen (17) können nun φ_1 und $\psi_{1,2}$ berechnet werden. Man erhält nach Auflösung der Gleichungen

$$\varphi_2 = \frac{W}{2}\frac{h}{k_{1,2}+6k_{2,3}}, \qquad 3\psi_{1,2} = -\frac{2k_{1,2}+3k_{2,3}}{k_{1,2}}\varphi_2.$$

Damit ergibt sich z.B. für das Einspannmoment im Knoten 1

$$M_{1,2} = k_{1,2}(\varphi_2 + 3\psi_{1,2})$$

$$= k_{1,2}\varphi_2\left(1 - \frac{2k_{1,2}+3k_{2,3}}{k_{1,2}}\right)$$

$$= -(k_{1,2}+3k_{2,3})\varphi_2$$

$$= -\frac{W}{2}h\frac{k_{1,2}+3k_{2,3}}{k_{1,2}+6k_{2,3}} = -\frac{W}{2}h\frac{\dfrac{EI_S}{h}+3\dfrac{EI_R}{l}}{\dfrac{EI_S}{h}+6\dfrac{EI_R}{l}}.$$

Setzt man $h = l$ und $I_S = I_R$, so folgt

$$M_{1,2} = -\frac{W}{2}l\frac{1+3}{1+6} = -\frac{2}{7}Wl.$$

Dieser Wert war auch in Abschnitt 45 für das dort mit M_1 bezeichnete Einspannmoment erhalten worden. Vergleich der Rechnungen nach dem Formänderungsgrößen- und nach dem Kraftgrößen-Verfahren liefert hier zweifellos eine Überlegenheit des letzteren. Dies resultiert schon einfach daraus, daß den zwei geometrisch Unbestimmten nur eine statisch Unbestimmte gegenübersteht.

Allgemein kann man sagen, daß das Drehwinkelverfahren dann in Frage kommt, wenn viele Knotendrehwinkel und wenig Stabdrehwinkel auftreten, wie es bei hochgradig statisch unbestimmten Stockwerkrahmen der Fall ist. Dabei schreibt man dann übrigens häufig die zusätzlich zu den Knotengleichungen noch erforderlichen Gleichgewichtsbedingungen zweckmäßig in der Form des Prinzips der virtuellen Verrückungen an.

Als letztes Beispiel für das Drehwinkelverfahren sei auf ein System hingewiesen, bei dem die Rechenarbeit praktisch dieselbe ist wie beim Kraftgrößen-Verfahren. Dies ist der durchlaufende Balken, für den sich bei $EI = \text{const}$ die Knotengleichung

$$\frac{1}{l_n}\varphi_{n-1} + 2\left(\frac{1}{l_n}+\frac{1}{l_{n+1}}\right)\varphi_n + \frac{1}{l_{n+1}}\varphi_{n+1}$$

$$+\frac{1}{2EI}(M^{\mathrm{L}}_{n,n-1}+M^{\mathrm{L}}_{n,n+1})=0 \tag{54.18}$$

ergibt, wenn die Knoten i mit $n-1$ und $n+1$ bezeichnet werden und die Stablängen den rechten Knotenpunkt des Feldes als Index erhalten. Man bekommt also wieder ein dreigliedriges Gleichungssystem wie bei der Clapeyronschen Gleichung (49.4).

55. Momenten-Verteilungsverfahren

55.1. Verfahren von Cross

Die Momenten-Verteilungsverfahren hängen sehr eng mit dem Drehwinkelverfahren zusammen. Ihre Erläuterung möge jedoch zunächst unabhängig vom Drehwinkelverfahren erfolgen; nur dessen Bezeichnungen seien von vornherein benutzt. Die Betrachtung möge sich vorläufig nur auf Tragwerke mit unverschieblichen Knotenpunkten erstrecken. Ein Stockwerkrahmen, wie er in Bild 55.1 dargestellt ist, möge also z.B. durch seitliche Lager an der Knotenverschiebung gehindert werden.

Man denke sich nun ein Modell des Rahmens aus Stahlstäben, das in jedem Knotenpunkt eine Schraube besitzt, mit der es auf einem Brett befestigt ist. Werden die Schrauben gelöst, so können sich die Knoten frei verdrehen, werden sie angezogen, so kann der Knoten in einer gewünschten Stellung fixiert werden.

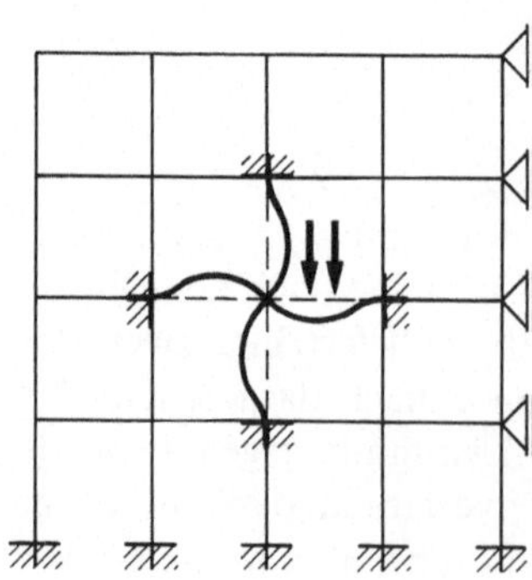

Bild 55.1. Momentenausgleich an einem Knoten

Man beginnt damit, daß man alle Schrauben beim unbelasteten System festzieht und dann erst die Belastung aufbringt. Hiermit ist der Lastspannungszustand am geometrisch bestimmten Hauptsystem dargestellt. Dem wirklichen Zustand, bei dem das System belastet und alle Schrauben gelöst sind, nähert man sich nun schrittweise: Zunächst wird nur eine Schraube gelöst, während alle anderen Knoten festgehalten werden. Nachdem sich der Knoten der Belastung entsprechend verdreht hat, wird er in dieser Stellung wieder festgeschroben. Dieser Zustand ist in Bild 55.1 dargestellt. Als nächstes wird dasselbe mit einem anderen Knoten gemacht und so weiter, bis man zum ersten Knoten zurückkommt, der sich beim Lösen der Schraube erneut wieder etwas verdrehen wird. Das Verfahren ist beendet, wenn sich kein Knoten mehr merkbar beim Losdrehen bewegt. Die Reihenfolge, in der die Knoten behandelt werden, sei beliebig. Insbesondere können auch einzelne Knoten öfter als die anderen an die Reihe kommen.

Faßt man das geschildete Vorgehen in Formeln, so kommt man zu dem Verfahren von Cross[22]. Genau wie beim Drehwinkelverfahren muß man zuerst die Einspannmomente des geometrisch bestimmten Hauptsystems berechnen. Beim Losdrehen eines Knotens kann von der Schraube kein Lagermoment mehr aufgenommen werden. Dieses muß vielmehr mit umgekehrtem Vorzeichen den Knoten belasten und eine Verdrehung erzwingen, bis wieder Gleichgewicht herrscht. Das negative Schrauben-Lagermoment wird als *Ausgleichsmoment* M_a bezeichnet und ist

beim ersten Ausgleich des ersten Knotens

$$M_a = -(\sum_{(i)} M_{n,i}^L + M_K).\tag{55.1}$$

Für den Drehwinkel, der sich hierbei einstellt, gilt nach Gleichung (54.15) mit $\psi_{n,i}=0$, $\varphi_i=0$

$$\varphi_n \sum_{(i)} a_{n,i} = -(\sum_{(i)} M_{n,i}^L + M_K) = M_a.\tag{55.2}$$

Das Ausgleichsmoment setzt sich nun in Stabendmomente der einzelnen Stäbe um. Diese Momente werden als *aufgeteilte Momente* bezeichnet und M_b genannt. Sie sind gleich denjenigen Stabendmomenten $M_{n,i}$, die sich aus (54.13) ergeben, wenn dort wieder $\psi_{n,i}=0$, $\varphi_i=0$, aber auch noch $M_{n,i}^L=0$ gesetzt wird, da die Stabendmomente ermittelt werden sollen, die allein durch einen Drehwinkel φ_n — zusätzlich zu $M_{n,i}^L$ — erzeugt werden. Zusammen mit (2) wird

$$M_b = a_{n,i}\,\varphi_n = \frac{a_{n,i}}{\sum_{(i)} a_{n,i}}\,M_a\tag{55.3}$$

---

22 H. Cross: Analysis of continuous frames by distributing fixed-end moments. *Proc. Am. Soc. Civ. Eng.* 56 (1930) 119.

und wegen $a_{n,i} = 2k_{n,i}$

$$\text{für } EI = \text{const:} \quad M_{\text{b}} = \frac{k_{n,i}}{\sum\limits_{(i)} k_{n,i}} M_{\text{a}}. \tag{55.3a}$$

Die aufgeteilten Momente erzeugen an den Knoten i sogenannte *weiterge-leitete Momente* M_{c}. Diese berechnen sich als Momente $M_{i,n}$ nach (54.13) mit $\varphi_i = 0$, $\psi_{n,i} = 0$ und $M_{i,n}^{\text{L}} = 0$ unter Beachtung von (3) zu

$$M_{\text{c}} = b_{n,i}\, \varphi_n = \frac{b_{n,i}}{a_{n,i}} M_{\text{b}} \tag{55.4}$$

und wegen $b_{n,i} = k_{n,i}$, $a_{n,i} = 2k_{n,i}$

$$\text{für } EI = \text{const:} \quad M_{\text{c}} = \tfrac{1}{2} M_{\text{b}}. \tag{55.4a}$$

Nachdem die M_{c} bekannt sind, kann die Frage nach den Ausgleichsmomenten im allgemeinen Fall beantwortet werden. Gleichung (1) ist ja nur für den ersten Ausgleich des ersten Knotens richtig. Handelt es sich um den ersten Ausgleich an einem Knoten, dessen Nachbarknoten bereits sämtlich oder zum Teil gelöst worden sind, so müssen natürlich die von den Nachbarknoten angekommenen Momente M_c mit ausgeglichen werden, d.h. allgemein gilt

$$\text{beim ersten Ausgleich:} \quad M_{\text{a}} = -\Big(\sum\limits_{(i)} M_{n,i}^{\text{L}} + M_{\text{K}}\Big) - \sum\limits_{(i)} M_{\text{c}} \tag{55.5a}$$

$$\text{und bei weiteren Ausgleichen:} \quad M_{\text{a}} = -\sum\limits_{(i)} M_{\text{c}}. \tag{55.5b}$$

Die $\sum M_{\text{c}}$ ist dabei über alle Momente zu erstrecken, die *seit dem letzten Ausgleich* das Gleichgewicht wieder stören.

Die Rechnung wird abgebrochen, wenn die Ausgleichsmomente die Grenze der Rechengenauigkeit erreichen. Der Abbruch erfolgt stets nach einem Ausgleich, d.h. wenn Gleichgewicht herrscht. Das endgültige Stabendmoment ist dann

$$M = M^{\text{L}} + \sum\limits_{(\text{alle Schritte})} (M_{\text{b}} + M_c), \tag{55.6}$$

wobei, falls wünschenswert, noch alle Momente mit den Indizes n, i versehen werden können.

Das gesamte Rechenrezept ist durch die Formeln (1) und (3) bis (6) gegeben. Es ist außerordentlich einfach und anschaulich. Formeln braucht man sich, besonders in dem häufig vorkommenden Fall $EI = \text{const}$ kaum zu merken. Zum Beispiel ist es fast selbstverständlich, daß zur Berechnung von M_{b} das Ausgleichsmoment M_{a} im Verhältnis $k/\sum k$ aufgeteilt werden muß.

Die Anwendung des Verfahrens zeigt im einzelnen das Beispiel von Bild 55.2. Es gilt für konstantes EI des ganzen Rahmens. Die Stablänge ist jedoch für den Stiel doppelt so groß wie die Riegelweiten. Die Rechnung wird an Hand einer

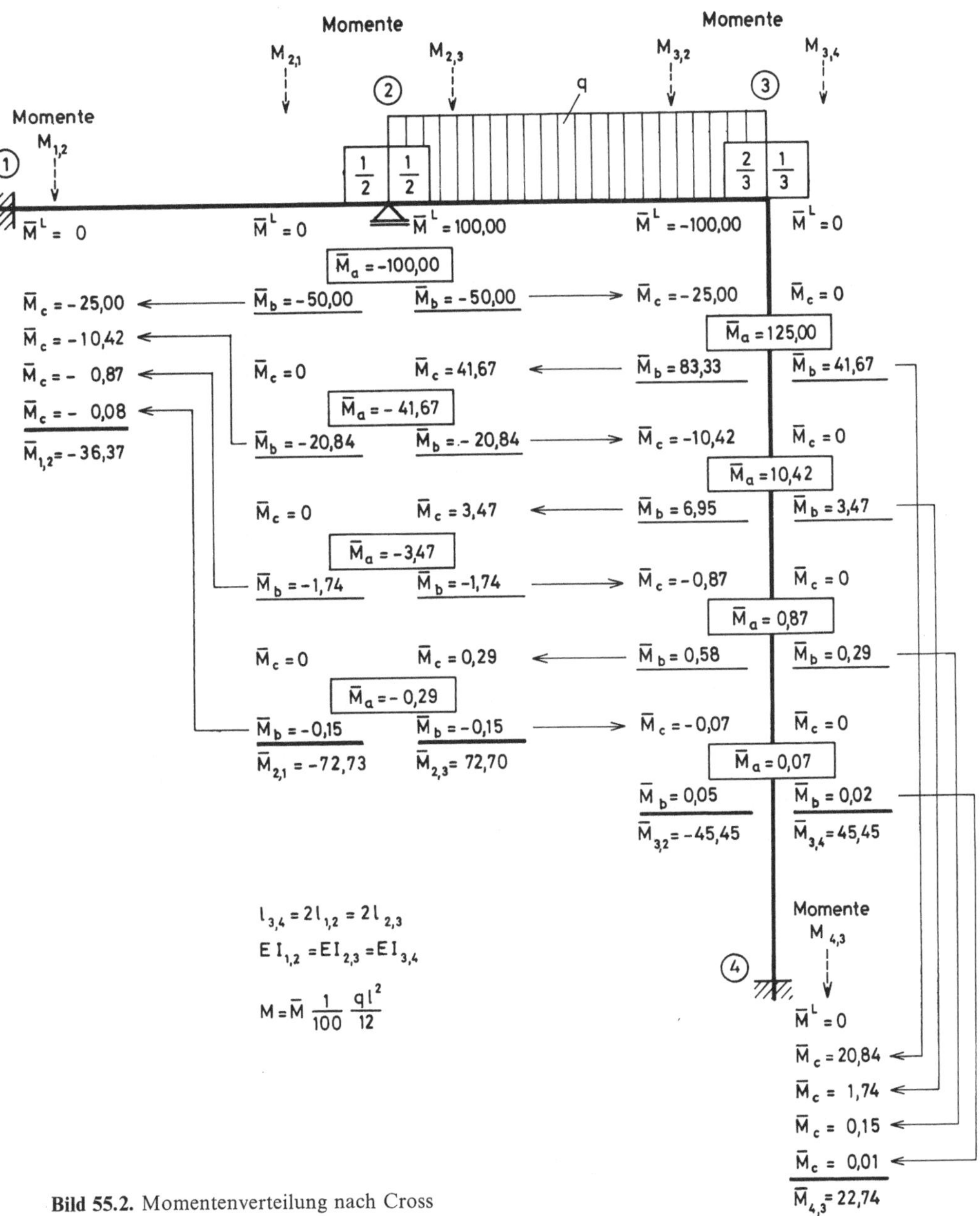

Bild 55.2. Momentenverteilung nach Cross

Systemskizze durchgeführt. Die zur Ermittlung der aufgeteilten Momente M_b erforderlichen »Verteilungszahlen« $k/\sum k$ sind

im Knoten 2 in beiden Stäben die Zahlen $\frac{1}{2}$,

im Knoten 3 die Zahlen $\dfrac{1}{1+\frac{1}{2}}=\dfrac{2}{3}$ und $\dfrac{\frac{1}{2}}{1+\frac{1}{2}}=\dfrac{1}{3}$.

Sie sind in einem Kästchen an den Knotenpunkt geschrieben. In den Knoten 1 und 4 findet kein Ausgleich statt; dort können sämtliche vorkommenden Momente aufgenommen werden. Die zurücklaufenden M_c werden dabei gleich Null. Alle in Bild 55.2 angegebenen Momente $\overline{M}$ sind mit dem Faktor

$$\frac{1}{100}\frac{q\,l^2}{12}$$

zu multiplizieren, um die richtigen Werte zu erhalten. Für die Momente des Hauptsystems gilt dann $\overline{M}^{L}_{2,3}=100$, $\overline{M}^{L}_{3,2}=-100$. Für jeden Ausgleich sind die Momente M_a durch Umrahmung gekennzeichnet. Der Abschluß eines Ausgleichs ist durch einen waagerechten Strich gekennzeichnet, die Weiterleitung der Momente durch Hinweispfeile angegeben. Die Rechnung ist in Bild 55.2 nach dem vierten Ausgleich abgebrochen. Als Probe muß bei Berechnung des Endmomentes im Rahmen der Rechengenauigkeit $M_{2,1}=-M_{2,3}$, $M_{3,2}=-M_{3,4}$ gelten.

Bei praktischen Rechnungen kann natürlich die graphische Darstellung des Rechenschemas erheblich vereinfacht werden. Je nach persönlichem Geschmack kann z.B. auf die Angabe der Ausgleichsmomente, der Hinweispfeile usw. verzichtet werden.

55.2. Verfahren von Kani

Das durch Kani[23] im Bauingenieurwesen bekannt gewordene Verteilungsverfahren unterscheidet sich nur durch eine geringfügige, aber praktisch wichtige Änderung gegenüber dem Crossschen Verfahren. Diese betrifft lediglich die formelmäßige Erfassung des durch Ausgleich erzielten Gleichgewichtszustandes: M_a wird bei jedem Schritt nach (5a) berechnet, (5b) findet keine Anwendung. Bei jedem Ausgleich wird also das gesamte Gleichgewicht der Momente von Null an geprüft und nicht nur die zusätzliche Störung berücksichtigt. Nach Abbruch der Iteration sind dann natürlich nur die Momente des letzten Ausgleichs einzusetzen.

Für das Verteilungsverfahren von Kani gilt im einzelnen

$$\text{für jeden Ausgleich: } M_a = -\Big(\sum_{(i)} M^{L}_{n,i}+M_k\Big)-\sum_{(i)} M_c; \tag{55.7a}$$

M_b und M_c sind wie bisher nach den Gleichungen (3), (3a) und (4), (4a) zu berechnen. Für das endgültige Moment gilt

$$M = M^{L} + \sum_{\text{(letzter Schritt)}} (M_b + M_c), \tag{55.7b}$$

also anders als nach (6).

---

23 G. Kani: *Die Berechnung mehrstöckiger Rahmen.* Stuttgart: Wittwer 1949.

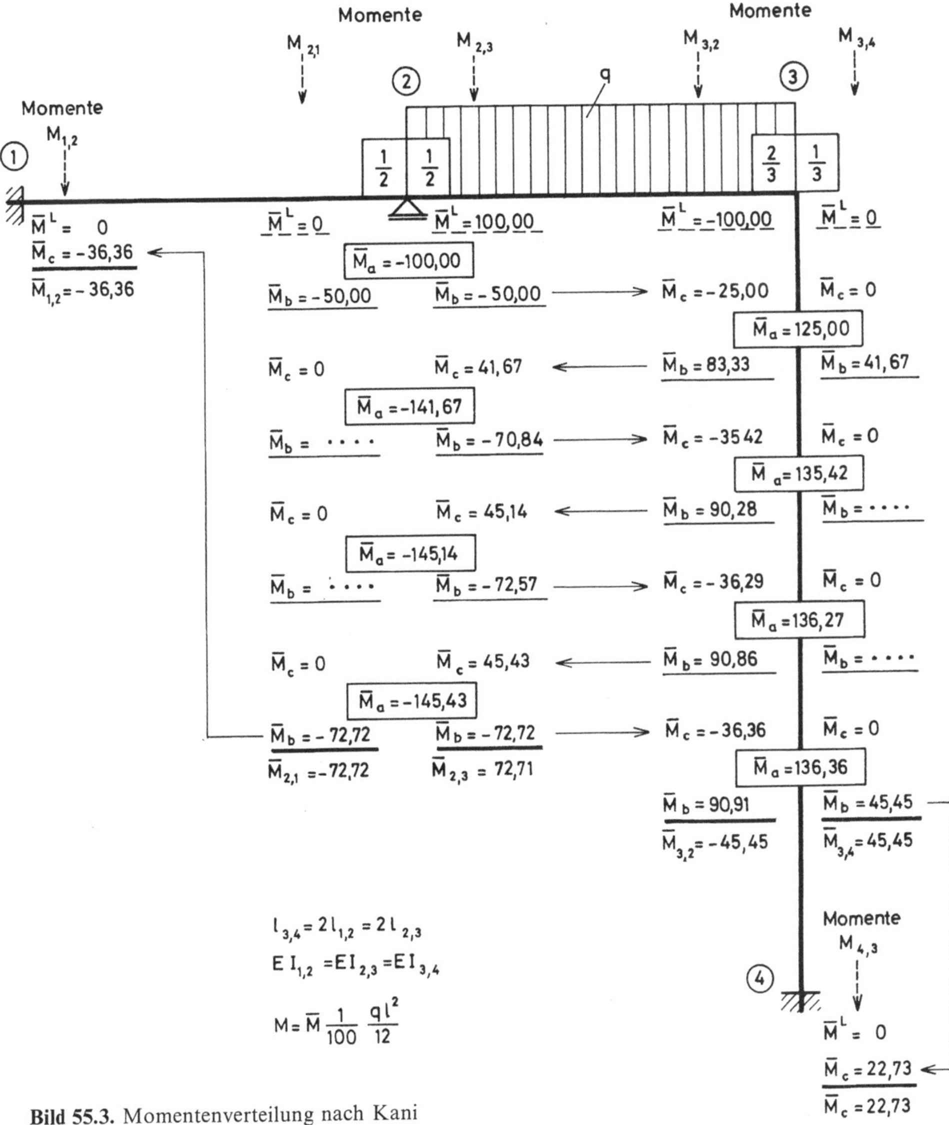

Bild 55.3. Momentenverteilung nach Kani

In Bild 55.3 ist dasselbe Beispiel wie in Bild 55.2 behandelt. Die Darstellung des Rechenganges ist so gewählt, daß der Zusammenhang mit Bild 55.2 deutlich wird. Die Unterschiede gegenüber dem Crossschen Verfahren sind durch Unterstreichung der bei jedem Ausgleich zu berücksichtigenden Momente M^L und Hervorhebung des letzten Ausgleichs besonders betont. Selbstverständlich wird man auch dieses Rechenschema bei praktischen Rechnungen dem individuellen Geschmack entsprechend abändern und vereinfachen. Zusätzlich zum Crossschen Verfahren kann man hierbei beachten, daß man die Momente M_b zum Schluß nur vom letzten Schritt braucht; zwischendurch benötigt man nur die M_c. Man kann für jeden Stab in einem Knoten Verteilungszahl und Weiterleitungszahl zusammenfassen und nur die M_c am Nachbarknoten festhalten. Lediglich bei der Endabrechnung braucht man auch M_b.

Wichtiger als die Gestaltung des Rechenschemas ist folgendes. Da bei der Schlußprüfung des Gleichgewichts die Momente M^L mit berücksichtigt sind, ist das Endergebnis unabhängig von den vorhergegangenen Schritten. Rechenfehler gleichen sich also im Laufe der Rechnung aus; nur der Schlußausgleich muß richtig sein. Damit ist es auch möglich, Änderungen der Steifigkeitszahlen, die sich während der Rechnung als zweckmäßig herausstellen, mit einzubeziehen. Es kann so dafür gesorgt werden, daß Rechnung und Bemessung Hand in Hand gehen.

55.3. Konvergenz der Verfahren

Die Zahlenbeispiele von Bild 55.2 und 55.3 zeigen gute Konvergenz. Es ist aber von Interesse zu wissen, ob das immer so ist. Das zur Begründung der Verfahren benutzte Gedankenmodell läßt zwar keinen Zweifel aufkommen, daß das wiederholte Lösen und Festziehen der Knotenschrauben zum richtigen Endergebnis führt. Es bleibt aber dabei die Frage nach dem mathematischen Kern der Verfahren noch unbeantwortet. Erst wenn diese Frage geklärt ist, kann näheres über die Konvergenz gesagt werden.

Es gilt nun: *Die Momenten-Verteilungsverfahren sind die Lösungen der Knotengleichungen des Drehwinkelverfahrens durch Iteration in Einzelschritten. Beim Verfahren von Kani wird mit den Unbekannten selbst, beim Verfahren von Cross mit deren Verbesserungen gerechnet.* In den Rechenschemata werden nicht die Drehwinkel selbst, sondern die nach Multiplikation mit den entsprechenden Festwerten sich ergebenden Momente aufgetragen, die in den Knotengleichungen vorkommen.'

Die Iteration in Einzelschritten hätte bereits in Abschnitt 47 bei Bestimmung der Kraftgrößen X besprochen werden können und sei jetzt auch an dem Gleichungssystem (44.3) erläutert. Man geht davon aus, daß in der Gleichung

$$\delta_i = \delta_{ia} X_a + \delta_{ib} X_b + \ldots + \delta_{ii} X_i + \ldots + \delta_{i,L} = 0$$

δ_{ii} in der Regel größer als die Absolutwerte der übrigen δ-Werte ist (vgl. Abschnitt 44). Daher schreibt man als erste Näherung für X_i

$$\delta_{ii} X_i = -\delta_{i,L} \tag{55.8}$$

und als genaueren Wert

$$\delta_{ii} X_i = -\delta_{i,L} - \delta_{ia} X_a - \delta_{ib} X_b - \ldots, \tag{55.9}$$

wobei auf der rechten Seite von (9) für X_a, X_b, ... die Werte eingesetzt sind, die man als beste Näherungen aus den Gleichungen $\delta_a = 0$, $\delta_b = 0$, ... zur Verfügung hat. Bei jeder Iteration, d.h. bei jeder einzelnen Gleichung, werden also immer die »neuesten« Werte eingesetzt. (Tut man das nicht, sondern verwendet zuerst für alle X die Näherung nach (8), im nächsten Iterationsschritt für alle auf der rechten Seite von (9) stehenden Unbekannten die Näherungen des ersten Schrittes, so hat man die Iteration in »Gesamtschritten« benutzt, die hier jedoch nicht in Betracht kommt.)

Gleichung (2) entspricht nun genau der Gleichung (8) und die weitere Berechnung der Momente M_a, M_b, M_c der Auswirkung von φ_n auf die übrigen Knotengleichungen, d.h. der Berechnung der φ_i. Man überzeugt sich leicht, daß bei dem Cross-Verfahren die Unterschiede $\Delta\varphi$ eines Iterationsschrittes gegenüber dem vorhergehenden benutzt werden, beim Kani-Verfahren aber mit den φ selbst gerechnet wird. Für die Frage der Konvergenz sind beide Verfahren völlig gleichwertig. Ohne Beweis sei hier angeführt, *daß die Konvergenz des Verfahrens in Einzelschritten* bei den Knotengleichungen (54.15) bzw. (54.16) — ebenso wie bei den Verformungsgleichungen (44.3) — *stets gesichert ist*, da sich diese Gleichungen aus einer »positiv definiten quadratischen Form« herleiten lassen[24].

Im Hinblick auf das Modell mit lösbaren Knotenschrauben ist noch folgendes erwähnenswert. Da beim Momentenausgleich zur Zeit immer nur *eine* Schraube gelöst wird und der Einfluß nur bis zu den Nachbarknoten verfolgt wird, ist die Frage berechtigt, ob man nicht ein unzulässig vereinfachtes Gleichungssystem beim Momentenausgleich iteriert, das aus den wirklichen Knotengleichungen durch Streichung der weiter entfernt liegenden Knotendrehwinkel entstanden ist. Die Gleichungen (54.15) und (54.16) zeigen jedoch, daß in einer Knotengleichung in der Tat nur φ_n und die φ_i vorkommen, weitere Knotendrehwinkel aber nicht.

Zum Schluß sei noch die Güte der Konvergenz besprochen. Hierfür ist maßgeblich das reziproke Verhältnis der — stets positiven — Diagonalglieder der Koeffizientenmatrix zur Summe der Absolutglieder der übrigen Elemente der betreffenden Zeile. Beim Kraftgrößen-Verfahren ist dieses Konvergenzmaß

$$\frac{\Sigma|\delta_{ik}|_{i\neq k}}{\delta_{ii}}$$

und beim Drehwinkelverfahren für $EI = \mathrm{const}$

$$\frac{\Sigma k}{2\Sigma k} = \frac{1}{2}.$$

Das letztere bedeutet eine für alle Rahmensysteme gleich gute Konvergenz. Sie wird durch Bild 55.2 und 55.3 veranschaulicht.

55.4. Verschiebliche Knotenpunkte

Es bleibt noch zu besprechen, wie man vorzugehen hat, wenn ein System, ähnlich dem in Bild 55.1 skizzierten, ohne seitliche Lager vorliegt. Man kann

---

24 Der Beweis, daß bei Gleichungen dieser Art die Iteration in Einzelschritten konvergiert, findet sich bei R. v. Mises; H. Pollaczek-Geiringer: *Z. angew. Math. Mech.* 9 (1929) 58.

zunächst das System mit Lagern, wie besprochen, berechnen. Dabei wird man
dann die in den Lagern auftretenden sog. Festhaltekräfte bekommen. Man hat
nun erneut ein System mit verschieblichen Knoten zu berechnen, das nur mit
den negativen Festhaltekräften belastet ist. Die Ergebnisse beider Rechnungen
sind dann zu superponieren. Den Einfluß der Festhaltekräfte kann man grundsätzlich auch wieder durch Iterationsrechnungen erfassen. In der Regel ist es
jedoch zweckmäßiger, hierzu auf das Drehwinkelverfahren zurückzugehen. Der
große Vorteil der Momenten-Verteilungsverfahren, der in der Anschaulichkeit
liegt, geht nämlich bei verschieblichen Knotenpunkten verloren.

F. Statisch unbestimmte Systeme. Gemischte Verfahren

56. Übertragungsverfahren

Neben dem Kraftgrößen- und dem Formänderungsgrößen-Verfahren sind gemischte Methoden von Bedeutung, die beide Arten von Unbekannten verwenden. Im folgenden soll nur ein Verfahren dieser Art, das *Übertragungsverfahren*,
besprochen werden und auch davon nur ein sehr einfacher Sonderfall. Hierbei
wird sich aber alles Grundsätzliche bereits erläutern lassen.

Es wird ein durchlaufender Balken betrachtet, für dessen Berechnung schon
mehrere Methoden besprochen wurden. Die Bezeichnungen waren hierbei unterschiedlich. Zunächst seien die Bezeichnungen des Drehwinkelverfahrens benutzt,
wie sie in Bild 56.1a angegeben sind. Nach (54.14) gilt für die Stabendmomente
in den Punkten n und i des Balkenabschnitts n–i, wenn als Beispiel im folgenden
nur der Fall eines feldweise konstanten EI behandelt wird,

$$M_{n,i} = M_{n,i}^{L} + 2k_{n,i}\,\varphi_n + k_{n,i}\,\varphi_i,$$

$$M_{i,n} = M_{i,n}^{L} + 2k_{n,i}\,\varphi_i + k_{n,i}\,\varphi_n.$$

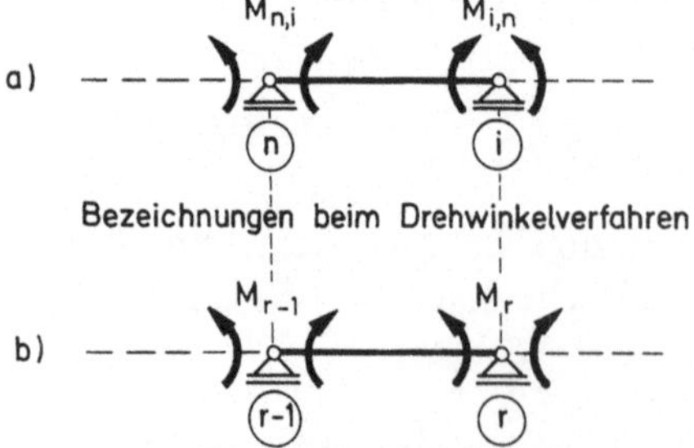

Bild 56.1a u. b. Verschiedene Bezeichnungen
beim durchlaufenden Balken

Hierbei ist $\psi_{n,i}=0$. Löst man die erste Gleichung nach φ_i auf und führt weiter den erhaltenen Ausdruck in die zweite Gleichung ein, so bekommt man

$$\varphi_i = -\frac{M_{n,i}^L}{k_{n,i}}+\frac{M_{n,i}}{k_{n,i}}-2\varphi_n, \tag{56.1a}$$

$$M_{i,n}=M_{i,n}^L-2M_{n,i}^L+2M_{n,i}-3k_{n,i}\varphi_n. \tag{56.1b}$$

Es sei nun auf die alten Bezeichnungen zurückgegangen, wie sie z.B. bei der Dreimomentengleichung benutzt wurden. Dann ist zu setzen

$$k_{i,n}=k_r; \qquad M_{n,i}=M_{r-1}, \qquad M_{i,n}=-M_r;$$

$$\varphi_n=\varphi_{r-1}, \qquad \varphi_i=\varphi_r.$$

Damit erhält man statt der Gleichungen (1a und b)

$$M_r=2M_{r-1}^L+M_r^L-2M_{r-1}+3k_r\varphi_{r-1}, \tag{56.2a}$$

$$\varphi_r = -\frac{M_{r-1}^L}{k_r}+\frac{1}{k_r}M_{r-1}-2\varphi_{r-1}. \tag{56.2b}$$

Durch diese Gleichungen ist bereits der Grundgedanke des Übertragungsverfahrens gegeben: Man kann die Zustandsgrößen M und φ am rechten Ende eines Feldes und weiter des ganzen Balkens ausrechnen, wenn sie am linken Ende bekannt sind. Von diesem Übertragen der Zustandsgrößen hat das Verfahren seinen Namen. In der Literatur sind allerdings auch andere Bezeichnungen in Gebrauch. So wird das Übertragen »Traversieren« und das Verfahren »Traversenmethode« genannt[25]. Vielfach wird der Name »Reduktionsverfahren« gebraucht, da — wie sich zeigen wird — die Anzahl der zu berechnenden Unbekannten reduziert wird[26]. Das Verfahren wurde übrigens bereits 1921 zur Lösung von Schwingungsproblemen bei Maschinenwellen benutzt[27].

Beginnt man am linken Ende eines durchlaufenden Balkens, so sind dort das Biegemoment oder der Drehwinkel unbekannt, je nachdem, ob der Balken eingespannt oder gelenkig gelagert ist. Schätzt man die Unbekannte, so erhält man nach Übertragung von M und φ durch das ganze System hindurch am rechten Ende zwei Werte, von denen einer gleich Null sein müßte: Bei fester Einspannung φ und bei gelenkiger Lagerung M. Da dieses in der Regel nicht erfüllt sein wird, hätte man zunächst nur einen Lastspannungszustand gefunden, der eine Randbedingung nicht befriedigt. Man muß noch einen Eigenspannungszustand ermitteln, wobei man beim Übertragen sämtliche M^L gleich Null zu setzen hat. Last- und Eigenspannungszustand sind dann in bekannter Weise so zu überlagern, daß die Randbedingungen erfüllt werden. Bei fester Einspannung

25 R. Stewart; A. Kleinlogel: *Die Traversenmethode*. Berlin 1952.
26 R. Kersten: *Das Reduktionsverfahren der Baustatik*. Berlin, Göttingen. Heidelberg: Springer 1962.
27 M. Tolle: *Regelung der Kraftmaschinen*. 3. Aufl. Berlin 1921.

(statische Unbestimmtheit) muß am Balkenende die Verformungsbedingung

$$\varphi = \varphi_L + \varphi_E X_{stat} = 0 \tag{56.3a}$$

erfüllt sein, wobei φ_L der Drehwinkel des Lastspannungszustandes, φ_E der Drehwinkel des Eigenspannungszustandes und X_{stat} die statisch Unbestimmte ist. Bei gelenkiger Lagerung (geometrische Unbestimmtheit) muß am Balkenende die Gleichgewichtsbedingung

$$M = M_L + M_E X_{geom} = 0 \tag{56.3b}$$

befriedigt werden, wobei die einzelnen Größen die den φ_L, φ_E, X_{stat} entsprechende Bedeutung haben.

Man sieht, daß man die Berechnung eines Balkens auf beliebig vielen Lagern auf die Ermittlung einer Unbekannten reduziert hat. Bedeutet n jetzt den Grad der (statischen oder geometrischen) Unbestimmtheit, so wird also mit einem $(n-1)$-fach (statisch oder geometrisch) unbestimmten Hauptsystem gerechnet. Dabei ist die Unbekannte geschätzt, indem am linken Anfangslager eine passende Kraft- oder Verformungsgröße gewählt wird.

Zur Anwendung der Formeln (2) ist noch folgendes zu sagen. Man kann die Formeln durch eine graphische Konstruktion wiedergeben. Das geschieht bei der Traversenmethode von Stewart/Kleinlogel[28]. Zweckmäßiger ist es jedoch, rechnerisch vorzugehen und dazu die Gleichungen (2) in Matrizenform zu schreiben. Definiert man

$$\text{Spaltenmatrix der Stützgrößen} \quad \mathbf{z}_r = \begin{bmatrix} M_r \\ \varphi_r \end{bmatrix}, \tag{56.4a}$$

$$\text{Spaltenmatrix der Lastgrößen} \quad \mathbf{q}_r = \begin{bmatrix} 2M_{r-1}^L + M_r^L \\ -\dfrac{M_{r-1}^L}{k_r} \end{bmatrix}, \tag{56.4b}$$

$$\text{Übertragungsmatrix} \quad \ddot{\mathbf{U}} = \begin{bmatrix} -2 & 3k_r \\ \dfrac{1}{k_r} & -2 \end{bmatrix}, \tag{56.4c}$$

so können die Gleichungen (2) zusammengefaßt werden zu

$$\mathbf{z}_r = \mathbf{q}_r + \ddot{\mathbf{U}} \mathbf{z}_{r-1}. \tag{56.5}$$

Die Einzelheiten der Rechnung werden am besten an Hand eines Zahlenbeispiels besprochen, das in Bild 56.2 dargestellt ist. Es ist dasselbe Beispiel wie in Bild 55.2 und 55.3. Der senkrechte Stiel des bisherigen Rahmens ist nur hochgeklappt, um einen durchlaufenden Balken zu bekommen. Da Biegemo-

---

28 R. Stewart; A. Kleinlogel: *Die Traversenmethode.* Berlin 1952.

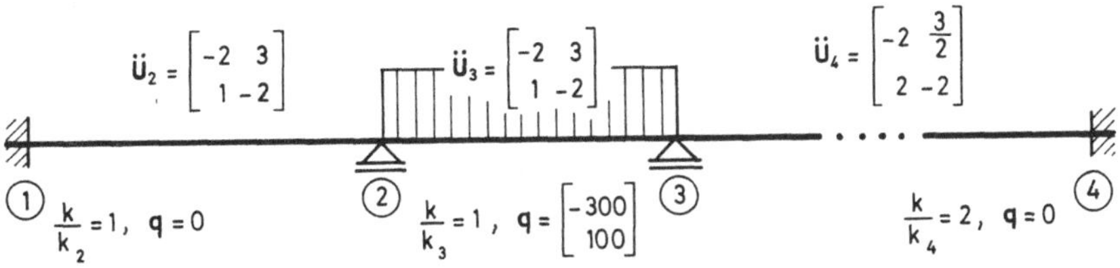

$$\ddot{U}_2 = \begin{bmatrix} -2 & 3 \\ 1 & -2 \end{bmatrix} \qquad \ddot{U}_3 = \begin{bmatrix} -2 & 3 \\ 1 & -2 \end{bmatrix} \qquad \ddot{U}_4 = \begin{bmatrix} -2 & \tfrac{3}{2} \\ 2 & -2 \end{bmatrix}$$

① $\dfrac{k}{k_2} = 1,\ q = 0$ ② $\dfrac{k}{k_3} = 1,\ q = \begin{bmatrix} -300 \\ 100 \end{bmatrix}$ ③ $\dfrac{k}{k_4} = 2,\ q = 0$ ④

Lastspannungs-zustand am Hauptsystem	$\overline{M}_{1,L} = 50$ $\overline{\varphi}_{1,L} = 0$	$\overline{M}_{2,L} = -100$ $\overline{\varphi}_{2,L} = 50$	$\overline{M}_{3,L} = -300 + 200 + 150$ $\quad = 50$ $\overline{\varphi}_{3,L} = 100 - 100 - 100$ $\quad = -100$	$\overline{M}_{4,L} = -100 - 150 = -250$ $\overline{\varphi}_{4,L} = 100 + 200 = 300$
Eigenspannungs-zustand	$\overline{M}_{1,E} = 50$ $\overline{\varphi}_{1,E} = 0$	$\overline{M}_{2,E} = -100$ $\overline{\varphi}_{2,E} = 50$	$\overline{M}_{3,E} = 200 + 150 = 350$ $\overline{\varphi}_{3,E} = -100 - 100 = -200$	$\overline{M}_{4,E} = -700 - 300 = -1000$ $\overline{\varphi}_{4,E} = 700 + 400 = 1100$
wirklicher Lastspannungs-zustand	$\overline{M}_1 = 50 - \dfrac{3}{11} \, 50$ $= 36{,}37$	$\overline{M}_2 = -100 + 100 \dfrac{3}{11}$ $= -72{,}73$	$\overline{M}_3 = 50 - 350 \dfrac{3}{11}$ $= -45{,}45$	$\overline{M}_4 = 250 + 1000 \dfrac{3}{11}$ $= 22{,}72$

Berechnung der Unbekannten: $300 + 1100\, X = 0$

$$X = -\frac{3}{11}$$

Bild 56.2. Beispiel für das Übertragungsverfahren

mente um eine Ecke ungehindert »herumlaufen«, müssen sich hier dieselben Werte wie in den Bildern 55.2 und 55.3 ergeben.

Ähnlich wie bei den Verfahren von Cross und Kani sei gesetzt

$$M = \overline{M}\,\lambda, \qquad \varphi = \overline{\varphi}\,\frac{\lambda}{k} \quad \text{mit} \quad \lambda = \frac{1}{100}\,\frac{q\,l^2}{12}, \qquad k = k_2 = k_3.$$

Setzt man dies in (2) ein und multipliziert die erste Gleichung mit $1/\lambda$, die zweite mit k/λ, so erhält man in Matrizenform

$$\begin{bmatrix} \overline{M}_r \\ \overline{\varphi}_r \end{bmatrix} = \begin{bmatrix} 2\,\overline{M}^{L}_{r-1} + \overline{M}^{L}_r \\ -\dfrac{k}{k_r}\,\overline{M}^{L}_{r-1} \end{bmatrix} + \begin{bmatrix} -2 & 3\dfrac{k_r}{k} \\ \dfrac{k}{k_r} & -2 \end{bmatrix} \begin{bmatrix} \overline{M}_{r-1} \\ \overline{\varphi}_{r-1} \end{bmatrix};$$

dabei ist im vorliegenden Fall

$$\frac{k}{k_2} = \frac{k}{k_3} = 1, \qquad \frac{k}{k_4} = 2.$$

Als Anfangswert ist $\overline{M} = 50$ gewählt worden. Dabei liegt die Überlegung zugrunde, daß der Wert von $\overline{M}$ am Lager 1 sicherlich kleiner sein muß als der Wert $\overline{M}^{L} = 100$ am Lager 2. Weitere Erläuterungen dürften für Bild 56.2 nicht erforderlich sein.

Das Beispiel zeigt, daß das Übertragungsverfahren sehr einfach und übersichtlich ist. Ein Vergleich mit den schon besprochenen Methoden zur Berechnung

durchlaufender Balken — Dreimomentengleichung, Festpunktverfahren, Affinlastgruppen, Drehwinkelverfahren, Methoden von Cross und Kani — zeigt, daß
es nicht unberechtigt ist, wenn man das Übertragungsverfahren als zweckmäßig-
ste Methode bezeichnet. Das gilt sowohl dann, wenn man an elektronische
Großrechenanlagen denkt, bei denen die Matrizenoperationen keine Schwierigkeiten bereiten, als auch dann, wenn nur ein Taschenkomputer oder Rechen-
schieber zur Verfügung steht oder im Kopf gerechnet werden muß.

Damit ist aber nicht gesagt, daß das Übertragungsverfahren völlig problem-
los ist. Es enthält eine Schwierigkeit, die sich zwar beim Beispiel von Bild 56.2
nicht auswirkt, aber doch schon erkennbar wird. Die erhaltenen Zahlenwerte
wachsen nämlich im Laufe der Übertragung immer mehr an, und zwar sowohl
M_L, φ_L, als auch M_E, φ_E. Bei Balken mit vielen Stützen kann sich das insofern
unangenehm auswirken, als bei Berechnung von X kleine Differenzen großer
Zahlen auftreten. Eine einfache Abhilfe besteht darin, den Balken dort abzuschneiden, wo die Werte von M und φ zu stark angewachsen sind, und mit
der Übertragung von vorn zu beginnen. Die an den Schnittstellen auftretenden
Schnittgrößen müssen dann als zusätzliche Unbekannte in die Rechnung eingeführt werden, die dadurch allerdings merklich umständlicher wird.

Das Übertragungsverfahren ist selbstverständlich nicht nur bei durchlaufenden Balken auf starren Lagern mit ebener Beanspruchung anwendbar. In
allgemeineren Fällen, z.B. bei räumlich beanspruchten Balken, sind dann mehr
als nur zwei Zustandsgrößen zu übertragen. Bei elastischen Lagern ist ferner die
Einführung weiterer Matrizen erforderlich, um die Übertragung über eine Stütze
hinweg zu ermöglichen. Bei Stockwerkrahmen und allgemein bei Systemen mit
mehreren Wegen vom Anfangs- bis zum Endlager wird das Verfahren ziemlich
verwickelt und ist dann häufig dem Drehwinkelverfahren eindeutig unterlegen.
In fast jedem Fall — auch bei dem hier besprochenen Balken — ist aber die
Frage nach der zweckmäßigsten Methode nicht nur eine Angelegenheit der
speziellen Aufgabe und der zur Verfügung stehenden Rechenhilfsmittel, sondern
auch eine Angelegenheit des persönlichen Geschmacks.

G. Ergänzungen zur Formänderungsarbeit

57. Prinzip der virtuellen Verrückungen

In Abschnitt 37.3 wurde für die Verschiebungsarbeit die Aussage $A_i^* + A_a^* = 0$,
(37.9), gewonnen. Zur Begründung wurde das Prinzip der virtuellen Verrückungen für elastisch verformbare Körper herangezogen. Dabei blieb die
Frage nach den Zwangsbedingungen bis zu einem gewissen Grade offen. Sie sei
jetzt beantwortet, jedoch nur für einen geraden Balken mit Belastung in einer
Ebene. Im einzelnen seien nur Systeme betrachtet, für welche nach (10.2) und
(39.4) die Differentialgleichungen

$$M'' + q = 0, \tag{57.1a}$$

$$EI\, w'' + M = 0 \tag{57.1b}$$

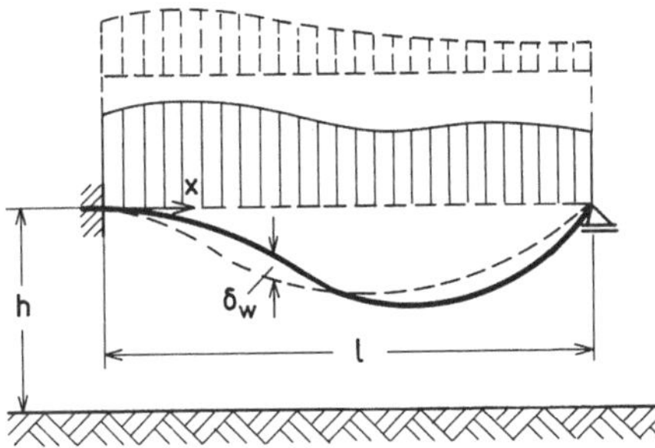

Bild 57.1. Balken mit variierter Biegelinie

gelten, wenn jetzt Ableitungen nach x durch Striche gekennzeichnet werden. Die Gleichungen (1) lassen sich auch zu

$$(EI\,w'')'' - q = 0 \tag{57.1c}$$

zusammenfassen. Die Erweiterung der Betrachtung auf allgemeinere Fälle bereitet keine grundsätzlichen Schwierigkeiten. Gleichung (1a) ist die Gleichgewichtsbedingung, (1b) das Elastizitätsgesetz für M und (1c) die Differentialgleichung für w bei gegebenem q.

In Bild 57.1 ist ein bei $x=0$ eingespannter und bei $x=l$ gelenkig gelagerter Balken als Beispiel für einen beliebigen Stab dargestellt. Der Balken befindet sich — aus einem noch zu erklärenden Grunde — in der Höhe h über einem »Nullniveau«. Die Biegelinie des Balkens ist in Bild 57.1 ausgezogen; die gestrichelte Kurve ist eine Zusatzbiegelinie, deren Ordinaten mit δw bezeichnet sind. Diese seien virtuelle Verrückungen, wie sie in Abschnitt 37.3 und 21 besprochen wurden. Im folgenden ist es zweckmäßig und erforderlich, den Zusammenhang mit der Variationsrechnung herzustellen. δw ist dann als Variation des Verformungszustandes aufzufassen. Die gestrichelt gezeichnete Biegelinie ist jetzt eine »zur Konkurrenz zugelassene Funktion« oder kurz eine »zulässige Funktion«. Die Eigenschaften, die sie zu einer solchen Funktion machen, sind u.a. die gesuchten Zwangsbedingungen.

Multipliziert man (1a) mit δw und integriert über die Stablänge l, so erhält man

$$\int_0^l (M'' + q)\,\delta w\,\mathrm{d}x = 0. \tag{57.2}$$

Hieraus folgt umgekehrt wieder (1a), wenn δw hinreichend beliebig ist. Der Fall, daß $M'' \neq -q$ ist und (2) durch eine passende Wahl von δw zu Null wird, sei also ausgeschlossen. Gleichung (2) wird nun durch zweimalige Teilintegration wie folgt umgeformt:

$$[M'\,\delta w]_0^l - \int_0^l (M'\,\delta w' + q\,\delta w)\,\mathrm{d}x = 0,$$

$$[M'\,\delta w]_0^l - [M\,\delta w']_0^l + \int_0^l (M\,\delta w'' + q\,\delta w)\,\mathrm{d}x = 0. \tag{57.3}$$

Das Integral in (3) ist nun die virtuelle Arbeit, die von den Momenten M auf den Winkelwegen $\delta w''\,\mathrm{d}x$ und den Lasten $q\,\mathrm{d}x$ auf den Wegen δw geleistet wird. Aus (3) folgt dann das Prinzip der virtuellen Verrückungen in der Form

$$\sum A_{\mathrm{v}} = \int\limits_0^l (M\,\delta w'' + q\,\delta w)\,\mathrm{d}x = 0, \tag{57.4}$$

wenn die in den eckigen Klammern stehenden »Randausdrücke« verschwinden. Dies ist der Fall, wenn von der variierten Biegelinie verlangt wird, daß

$$\begin{aligned} &\text{für } x=0,\ x=l\text{:} \quad \delta w = 0\\ &\text{und für } x=0\text{:} \quad\ \delta w' = 0 \end{aligned} \tag{57.5a, b, c}$$

ist. Nur wenn diese Bedingungen erfüllt sind, ist durch (4) das Gleichgewicht nach (1a) gesichert. Die Bedingungen sagen aus, daß die variierte Biegelinie dieselben geometrischen Randbedingungen wie die wirkliche Biegelinie erfüllen muß. Sie sind die gesuchten Zwangsbedingungen für die virtuellen Verrückungen an den Balkenrändern. Beachtenswert ist, daß für $x=l$ das Verschwinden des Biegemomentes der variierten Biegelinie und damit der Krümmung $\delta w''$ trotz des gelenkigen Lagers nicht verlangt wird. Die Zwangsbedingungen für die virtuellen Verrückungen sind also lockerer als die Randbedingungen des wirklichen Problems.

Erfüllt andererseits die variierte Biegelinie alle Randbedingungen, so ist das natürlich erst recht ausreichend. Dieser Fall liegt vor, wenn die variierte Biegelinie durch eine auf das wirkliche System aufgebrachte Zusatzbelastung erzeugt wird, wie es in Bild 57.1 gestrichelt angedeutet ist. Man hat es dann mit der Verschiebungsarbeit eines Kräftesystems auf den Wegen eines zweiten zu tun und kann damit den Satz $A_{\mathrm{i}}^* + A_{\mathrm{a}}^* = 0$ und weiter den Arbeitssatz $1\cdot\delta=\dots$ begründen.

58. Prinzip vom Minimum der potentiellen Energie

58.1. Ableitung

Aus (57.4) läßt sich eine für manche Näherungsrechnungen sehr nützliche und auch noch in anderer Hinsicht brauchbare Aussage gewinnen. Beim Prinzip der virtuellen Verrückungen müssen die Verformungen δw so klein sein, daß sich eine Änderung von M und q während ihrer Arbeitswege nicht bemerkbar machen kann. Es brauchten bisher also auch keine Verabredungen in dieser Hinsicht getroffen zu werden. Jetzt sei angenommen, daß sich während der Variation δw das Biegemoment M so ändert, wie es das Elastizitätsgesetz (57.1b) vorschreibt, q aber konstant bleibt. Diese Annahmen sind mechanisch nicht zu begründen, sondern sind willkürlich und nur dadurch gerechtfertigt, daß sich mit ihnen ein brauchbares Ergebnis erzielen läßt.

Man erhält mit (57.1b) und (57.4) nach Multiplikation mit -1

$$\int_0^l (EI\,w''\,\delta w'' - q\,\delta w)\,dx = 0.$$

Da nun

$$\delta(\tfrac{1}{2}EI\,w''^2) = \frac{\partial}{\partial w''}(\tfrac{1}{2}EI\,w''^2)\,\delta w'' = EI\,w''\,\delta w''$$

ist, wird

$$\delta \int_0^l (\tfrac{1}{2}EI\,w''^2 - q\,w)\,dx = 0. \tag{58.1}$$

Für die einzelnen Ausdrücke dieser Gleichung ist eine anschauliche mechanische Deutung möglich — trotz der willkürlichen Annahmen, durch die sie gewonnen wurden. Nach (37.7a) gilt für die Arbeit der inneren Kräfte im vorliegenden Fall

$$-A_i = \int_0^l \frac{1}{2}\frac{M^2}{EI}\,dx,$$

falls die Arbeit der Querkräfte vernachlässigt wird. Setzt man hierin das Biegemoment nach (57.1b) ein, folgt

$$-A_i = \int_0^l \frac{1}{2}EI\,w''^2\,dx.$$

Man hat damit zwei formal verschiedene Ausdrücke für die Eigenarbeit zur Verfügung. Sie entsprechen den Gleichungen (35.5c) und (35.5a). Da man sich die Biegemomente aus den Spannungen und die Krümmungen aus den Dehnungen entstanden denken kann, seien die beiden Schreibweisen wie folgt unterschieden:

$$-A_i(\sigma) = \int_0^l \frac{1}{2}\frac{M^2}{EI}\,dx, \qquad -A_i(\varepsilon) = \int_0^l \frac{1}{2}EI\,w''^2\,dx. \tag{58.2a, b}$$

Bisher wurde nur $A_i(\sigma)$ benutzt, insbesondere bei dem in Abschnitt 46 behandelten Castiglianoschen Prinzip. $A_i(\varepsilon)$ kommt jetzt in (1) vor. Dazu sei noch folgendermaßen definiert. Allgemein ist $+A$ die bei der *Belastung* eines Systems geleistete Arbeit, bei einer *Entlastung* wird $-A_i$ wieder frei. Die Arbeitsmöglichkeit, die ein verformtes System besitzt, ist die *potentielle Energie*, kurz das *Potential* der inneren Kräfte. Es wird folgende Bezeichnungsweise eingeführt:

$$\Pi_i = \int_0^l \pi_i\,dx = -A_i(\varepsilon). \tag{58.3}$$

Nach (2b) ist $\pi_i = \tfrac{1}{2}EI\,w''^2$.

Das von der Belastung q abhängige Glied in (1) läßt sich ebenfalls als Potential deuten. Faßt man nach Bild 57.1 die Last q als eine Gewichtskraft auf, die bis zu dem angegebenen Niveau Arbeit leisten könnte, so wäre die potentielle Energie der äußeren Kräfte je Längeneinheit der x-Achse $\pi_a = q(h-w)$. Da es aber auf die Höhe h zweifellos nicht ankommt, da sie beim Differenzieren doch wieder herausfällt, kann auch $\pi_a = -qw$ gesetzt werden. Insgesamt wird dann

$$\Pi = \Pi_i + \Pi_a = -A_i(\varepsilon) + \Pi_a = \int\limits_0^l (\tfrac{1}{2} EI\, w''^2 - q\, w)\, \mathrm{d}x \tag{58.4}$$

und damit

$$\delta\Pi = 0. \tag{58.5}$$

Die erste Variation der potentiellen Energie muß also verschwinden, was auch so ausgedrückt wird, *daß die potentielle Energie einen stationären Wert annehmen muß*. Die Erfüllung dieser Forderung ist eine notwendige Bedingung dafür, daß Π einen Extremwert annimmt. Es läßt sich nachweisen, *daß in der linearen Statik Π ein Minimum wird*. Auf den Beweis sei verzichtet, da praktisch nur die Aussage $\delta\Pi = 0$ interessiert. Der Hinweis auf die lineare Statik ist angebracht, da die Aussage in dieser Form bei großen Verformungen nicht mehr gilt. Ferner sei erwähnt, daß es Fälle gibt, in denen ein Potential der äußeren Kräfte nicht existiert.

Das Prinzip vom Minimum der potentiellen Energie ist ein gewisses Gegenstück zum Prinzip von Castigliano. Dort wurde ein Minimum unter verschiedenen Gleichgewichtszuständen gesucht; hier werden verschiedene Verformungszustände miteinander verglichen.

58.2. Anwendungen

Die Aussage $\delta\Pi = 0$ wird in zweifacher Hinsicht verwendet. Erstens zur Ableitung bzw. zur Kontrolle der Ableitung der Differentialgleichung eines Problems. Es läßt sich nämlich häufig der Ausdruck für Π leichter und vor allem fehlerfreier aufstellen als die Differentialgleichung. Zu ihrer Gewinnung aus dem Energieausdruck muß man dann nur die oben durchgeführte Rechnung »rückwärts laufen« lassen.

Dies sei noch einmal gezeigt, wobei der Vollständigkeit halber angenommen sei, daß π noch von w' abhängt. Man erhält dann

$$\delta\Pi = \delta \int\limits_0^l \pi(w'', w', w; x)\, \mathrm{d}x$$

$$= \int\limits_0^l \delta\pi\, \mathrm{d}x = \int\limits_0^l \left(\frac{\partial\pi}{\partial w''}\delta w'' + \frac{\partial\pi}{\partial w'}\delta w' + \frac{\partial\pi}{\partial w}\delta w \right) \mathrm{d}x.$$

Die Glieder mit $\delta w''$ und $\delta w'$ müssen nun durch Teilintegration so umgeformt werden, daß sie nur δw enthalten. Läßt man die entstehenden Randausdrücke gleich fort, so erhält man

$$\delta\Pi = \int_0^l \left[\left(\frac{\partial\pi}{\partial w''}\right)'' - \left(\frac{\partial\pi}{\partial w'}\right)' + \frac{\partial\pi}{\partial w}\right]\delta w\, \mathrm{d}x = 0.$$

Dabei ist der Vorzeichenwechsel bei einmaliger Teilintegration zu beachten. Wegen der Willkürlichkeit von δw muß nun die Differentialgleichung

$$\left(\frac{\partial\pi}{\partial w''}\right)'' - \left(\frac{\partial\pi}{\partial w'}\right)' + \frac{\partial\pi}{\partial w} = 0 \qquad (58.6)$$

erfüllt sein. Das ist die *Eulersche Differentialgleichung* für $\pi = \pi(w'', w', w; x)$. Für

$$\pi = \tfrac{1}{2} EI\, w''^2 - q\, w$$

nach (4) ergibt sich richtig (57.1 c).

Die zweite und wichtigste Anwendungsmöglichkeit des Prinzips $\delta\Pi = 0$ besteht in der Gewinnung von Näherungslösungen. Für die Biegelinie w wird ein Ansatz der Form

$$w = a_1 w_1 + a_2 w_2 + \ldots + a_i w_i + \ldots \qquad (58.7)$$

verwendet. Die w_i sind dabei zur Konkurrenz zugelassene Funktionen, die also bei dem Beispiel von Bild 57.1 die Randbedingungen (57.5) erfüllen müssen. Die a_i sind Freiwerte, die so bestimmt werden, daß die Forderung $\delta\Pi = 0$ im Rahmen der noch vorhandenen Möglichkeiten erfüllt wird. Hierzu hat man den Ansatz in den Ausdruck für Π einzusetzen, die Integrale auszuwerten und nach den a_i zu differenzieren. Setzt man die Differentialquotienten gleich Null, also

$$\frac{\partial\Pi}{\partial a_1} = 0, \quad \frac{\partial\Pi}{\partial a_2} = 0, \quad \ldots, \quad \frac{\partial\Pi}{\partial a_i} = 0, \ldots, \qquad (58.8)$$

so hat man damit die Gleichungen zur Bestimmung der a_i gefunden. Da Π eine quadratische Funktion von w ist, hängt Π auch von den a_i quadratisch ab und die Gleichungen $\partial\Pi/\partial A_i = 0$ werden zu linearen Gleichungen für die a_i.

Dieses *Verfahren von Ritz*[29] ist eines der wichtigsten Verfahren zur Aufstellung von Näherungslösungen bei Ingenieurproblemen. Man kann dabei die Funktionen w_i so wählen, daß sie ein vollständiges Funktionssystem bilden, und kann erreichen, daß die Näherung mit der Anzahl der Ansatzfunktionen zur richtigen Lösung konvergiert. Wesentlich ist aber, daß es nicht Ziel des Verfahrens ist, eine »narrensichere Automatik« zu gewinnen, sondern mit möglichst wenigen Ansatzfunktionen — möglichst mit nur einer — ein brauchbares Resultat zu erhalten. Dies ist erforderlich, weil die Rechenarbeit mit der Zahl der Ansatzfunktionen gleich erheblich ansteigt, andererseits ist es möglich, weil bei der

---

29 W. Ritz: *J. reine angew. Math.* 135 (1909) 1.

Wahl der Ansatzfunktionen die ingenieurmäßige Anschauung weitgehend aus-
genutzt werden kann.

Als Beispiel sei der Balken von Bild 57.1 mit konstanter Biegesteifigkeit
behandelt. Zunächst sei eine gleichmäßig verteilte Belastung $q = q_0$ vorausgesetzt. Hierbei kann ein brauchbarer Durchbiegungsansatz für andere Belastungsarten gewonnen werden. Zugleich ist die Rechnung aber auch ein einfaches
Beispiel für ein gemischtes Verfahren zur Berechnung statisch unbestimmter
Systeme (vgl. Abschnitt 56).

Durch viermalige Integration der Differentialbeziehung (57.1c) erhält man
für $EI = \text{const}$

$$
\begin{aligned}
EI\, w'''' &= q_0, \\[4pt]
EI\, w''' &= q_0\, x + C_1, \\[4pt]
EI\, w'' &= q_0 \frac{x^2}{2} + C_1 x + C_2, \\[4pt]
EI\, w' &= q_0 \frac{x^3}{6} + C_1 \frac{x^2}{2} + C_2 x + C_3, \\[4pt]
EI\, w &= q_0 \frac{x^4}{24} + C_1 \frac{x^3}{6} + C_2 \frac{x^2}{2} + C_3 x + C_4.
\end{aligned}
\qquad (58.9\,\text{a–e})
$$

Die Integrationskonstanten C bestimmen sich aus den Randbedingungen. C_1
und C_2 sind dabei unbekannte Kraftgrößen, C_3 und C_4 unbekannte Verformungsgrößen. Für $x = 0$ müssen w und w' verschwinden, woraus sofort $C_3 = C_4 = 0$
folgt. Für $x = l$ müssen w und $w'' = -M/EI$ zu Null werden. Daraus ergeben sich
die beiden Gleichungen

$$
q_0 \frac{l^4}{24} + C_1 \frac{l^3}{6} + C_2 \frac{l^2}{2} = 0,
$$

$$
q_0 \frac{l^2}{2} + C_1 l + C_2 = 0,
$$

die

$$
C_1 = -\tfrac{5}{8} q_0 l, \qquad C_2 = \tfrac{1}{8} q_0 l^2
$$

liefern. Die Durchbiegung wird dann

$$
w = \frac{q_0 l^4}{16\, EI} \left(\frac{x^2}{l^2} - \frac{5}{3} \frac{x^3}{l^3} + \frac{2}{3} \frac{x^4}{l^4} \right).
\qquad (58.10)
$$

Bei einer beliebig veränderlichen Streckenlast q kann nun mit (10) der ein-
gliedrige Ritz-Ansatz

$$
w = a_1 w_1 = a_1 \left(\frac{x^2}{l^2} - \frac{5}{3} \frac{x^3}{l^3} + \frac{2}{3} \frac{x^4}{l^4} \right)
\qquad (58.11)
$$

gebildet werden. Er erfüllt alle Randbedingungen, nicht nur die geometrischen nach (57.5), sondern auch die Bedingung $M=0$ für $x=l$. Wenn das letztere auch nicht erforderlich ist, um das Ritzsche Verfahren durchführen zu können, so ist es doch im Interesse einer Ergebnisverbesserung wünschenswert.

Aus (11) folgt zunächst

$$w'' = \frac{a_1}{l^2}\left(2 - 10\frac{x}{l} + 8\frac{x^2}{l^2}\right),$$

$$w''^2 = \frac{a_1^2}{l^4}\left(4 - 40\frac{x}{l} + 132\frac{x^2}{l^2} - 160\frac{x^3}{l^3} + 64\frac{x^4}{l^4}\right);$$

$$\int_0^l \frac{1}{2} EI\, w''^2\, dx = EI\frac{a_1^2}{l^3}\left[2\frac{x}{l} - 10\frac{x^2}{l^2} + 22\frac{x^3}{l^3} - 20\frac{x^4}{l^4} + \frac{32}{5}\frac{x^5}{l^5}\right]_0^l$$

$$= \frac{2}{5} EI\frac{a_1^2}{l^3}.$$

Damit wird aus (4)

$$\Pi = \frac{2}{5} EI\frac{a_1^2}{l^3} - a_1\int_0^l q\, w_1\, dx$$

und nach (8)

$$\frac{\partial\Pi}{\partial a_1} = \frac{4}{5} EI\frac{a_1}{l^3} - \int_0^l q\, w_1\, dx = 0,$$

$$a_1 = \frac{5}{4}\frac{l^3}{EI}\int_0^l q\, w_1\, dx.$$

Für die Durchbiegung folgt schließlich nach (11)

$$w = \frac{5}{4}\frac{l^3}{EI}\, w_1\int_0^l q\, w_1\, dx \qquad\qquad (58.12\text{a})$$

mit

$$w_1 = \frac{x^2}{l^2} - \frac{5}{3}\frac{x^3}{l^3} + \frac{2}{3}\frac{x^4}{l^4}. \qquad\qquad (58.12\text{b})$$

Diese Gleichung gilt noch für beliebiges q. In einem bestimmten Fall ist dann nur das Integral in (12a) auszuwerten. Für $q=q_0=$ const ergibt sich selbstverständlich wieder der exakte Ausdruck von (10). Für linear veränderliche Belastung

$$q = q_1\left(1 - \frac{x}{l}\right)$$

erhält man z.B.

$$\int_0^l q\,w_1\,\mathrm{d}x = \int_0^l q_1 \left(1-\frac{x}{l}\right)\left(\frac{x^2}{l^2}-\frac{5}{3}\frac{x^3}{l^3}+\frac{2}{3}\frac{x^4}{l^4}\right)\mathrm{d}x$$

$$= \int_0^l q_1 \left(\frac{x^2}{l^2}-\frac{8}{3}\frac{x^3}{l^3}+\frac{7}{3}\frac{x^4}{l^4}-\frac{2}{3}\frac{x^5}{l^5}\right)\mathrm{d}x = \frac{q_1 l}{45}$$

und damit für die Durchbiegung den Näherungswert

$$w = \frac{q_1 l^4}{36 EI}\left(\frac{x^2}{l^2}-\frac{5}{3}\frac{x^3}{l^3}+\frac{2}{3}\frac{x^4}{l^4}\right). \tag{58.13}$$

Die Güte der Näherung läßt sich beurteilen, wenn man einen Vergleich mit der exakten Lösung anstellt. Diese läßt sich genauso gewinnen, wie es oben für q_0 gezeigt wurde. Sie liefert eine Biegelinie, die an den Stellen $x/l = 0{,}3$; $0{,}5$; $0{,}7$ die — noch mit dem Faktor $q(l^4/EI)\,10^{-3}$ zu multiplizierenden — Werte 1,517; 2,344; 2,070 hat. Gleichung (58.13) ergibt an denselben Stellen die Zahlen 1,400; 2,315; 2,178. Die Näherung ist also für technische Zwecke durchaus brauchbar. Allerdings läßt sich in dem einfachen Fall linear veränderlicher Belastung die exakte Lösung ohne Schwierigkeiten aufstellen, so daß man hier kaum die Näherung benutzen wird. In allgemeineren Fällen kann aber Gleichung (12) durchaus nützlich sein, wobei für die Berechnung des Integrals in Gleichung (12a) auch eine numerische Integration in Betracht zu ziehen ist.

Die sehr kurze Einführung dieses Abschnittes in das Ritzsche Verfahren, über das an sich noch sehr viel zu sagen wäre, muß hier genügen.

Teil III Nichtlineare Statik

A. Werkstoff-Nichtlinearität

59. Biegefaktor

Die bisher behandelte lineare Statik wurde in den Abschnitten 33 und 34 gegenüber einer nichtlinearen Statik abgegrenzt. Für die letztere wurden zwei Ursachen erkannt: Nichtlinearität der Verformungsgeometrie und Nichtlinearität des
Werkstoffgesetzes. Es sei zuerst die *Werkstoff-Nichtlinearität,* die auch als *physi-
kalische Nichtlinearität* bezeichnet wird, an einigen Beispielen besprochen, die
für das Bauwesen von Bedeutung sind. Die geometrischen Beziehungen sollen
aber nach wie vor linearisiert werden. Die Verformungen seien also klein gegenüber den Systemabmessungen.

Das beste Beispiel für die praktische Bedeutung der Berücksichtigung eines
nichtlinearen Werkstoffgesetzes wäre der Stahlbeton. Hierbei würden jedoch
weitgehende Betrachtungen über den »Zweikomponenten-Werkstoff« Stahl-Be-
ton und die Behandlung spezieller Rechenverfahren zur Spannungsermittlung
erforderlich, was den Rahmen dieses Buches überschreiten würde. Das Grundsätzliche kann jedoch auch an anderen Werkstoffen, wie z.B. Stahl, erläutert
werden.

Zuerst ist zu besprechen, wie das nichtlineare Spannungs-Dehnungs-Diagramm aussehen soll. In Bild 59.1 ist noch einmal das Diagramm von Bild 34.1
wiederholt. Bei dem Hookeschen Gesetz kann dem wirklichen Werkstoffverhalten nur dadurch Rechnung getragen werden, daß man die Gerade $\sigma = E\varepsilon$ bei
$\sigma = \sigma_\mathrm{F}$ aufhören läßt. Die Tragfähigkeit eines Systems würde dann erschöpft sein,
wenn an der ungünstigsten Stelle die Spannung die Fließgrenze erreicht hätte,
was mit einem Sicherheitsfaktor zu vermeiden wäre. Das gleiche ergibt sich,
wenn man die Bruchgrenze der Bemessung zugrunde legt, wobei natürlich der
Sicherheitsfaktor entsprechend höher sein muß.

Eine bessere Anpassung an das wirkliche Werstoffverhalten bekommt man,
wenn nach Bild 59.1 die Fließgrenze durch eine horizontale Gerade ersetzt wird.
Dies ist zugleich die einfachste Verallgemeinerung des Hookeschen Gesetzes, die
sich denken läßt. Im Bereich der horizontalen Geraden sind die Verformungen
rein plastisch. Das Gesetz gilt nur für einmalige Belastung. Über das, was bei
Entlastung und wiederholter Belastung geschieht, sagt es nichts aus.

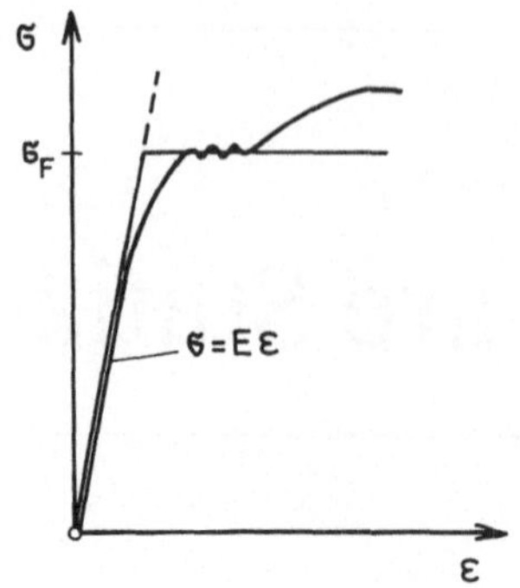

Bild 59.1. Vereinfachung des Spannungs-Dehnungs-Diagramms

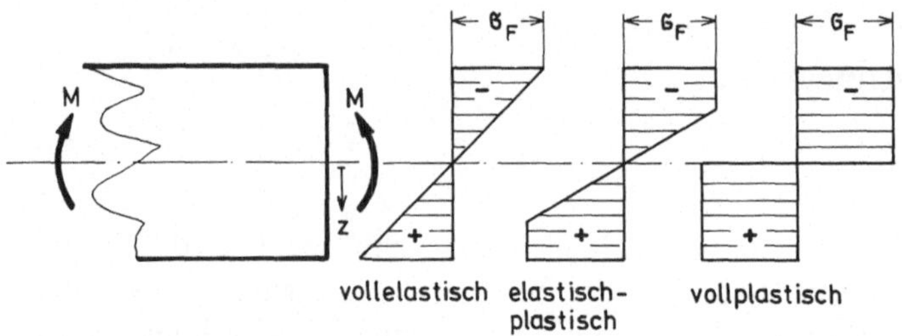

Bild 59.2. Spannungsverteilung bei steigender Belastung

Die Auswirkungen des neuen Gesetzes seien für einen geraden Stab mit reiner Biegungsbeanspruchung untersucht. Dabei ist zunächst zu verabreden, daß die in Abschnitt 34 erwähnte »Fasertheorie« ihre Gültigkeit behalten soll. Danach verhält sich jede Faser parallel zur x-Achse wie ein Einzelstab mit dem Spannungs-Dehnungs-Diagramm von Bild 59.1. Die gegenseitige Beeinflussung der Fasern besteht nur darin, daß die Dehnungen geradlinig über die Trägerhöhe verlaufen sollen. Unter diesen Voraussetzungen ergeben sich dann die in Bild 59.2 z.B. für einen Rechteckquerschnitt skizzierten Spannungsverteilungen. Die Spannung erreicht zunächst im rein elastischen Zustand am äußersten Querschnittsrand die Fließgrenze und geht dann bei weiterer Steigerung des Biegemomentes zum Schluß in den vollplastischen — d.h. für den ganzen Querschnitt plastischen — Zustand über. Die Tragfähigkeitsgrenze ist damit erreicht. Der Spannungsverlauf an der Übergangsstelle zwischen positiven und negativen Spannungen ist selbstverständlich nur als Grenzfall theoretisch möglich.

Die Rechnung liefert für Querschnitte, die zur z-Achse symmetrisch sind, folgendes. Für den vollelastischen Fall gilt in bekannter Weise für die Lage der neutralen Ebene und das Widerstandsmoment

$$\int\limits_{(F)} \sigma \, \mathrm{d}F = 0, \qquad W_\mathrm{e} = \frac{1}{z_\mathrm{R}} \int\limits_{(F)} z^2 \, \mathrm{d}F, \qquad\qquad (59.1\,\mathrm{a,b})$$

wenn der Index e beim Widerstandsmoment den vollelastischen Zustand kennzeichnet und z_R der größte »Randabstand« im Querschnitt ist. Das Fließen beginnt bei dem Biegemoment

$$M_{\mathrm{F,e}} = \sigma_{\mathrm{F}}\, W_{\mathrm{e}}. \tag{59.2}$$

Für den vollplastischen Fall gilt entsprechend

$$\int\limits_{(F)} \frac{z}{|z|}\, dF = 0, \qquad W_{\mathrm{p}} = \int\limits_{(F)} |z|\, dF. \tag{59.3 a, b}$$

Zu dieser Tragfähigkeitsgrenze gehört das *Fließmoment*

$$M_{\mathrm{F}} = \sigma_{\mathrm{F}}\, W_{\mathrm{p}}. \tag{59.4}$$

Beim Übergang vom elastischen zum vollplastischen Zustand ändert sich die Lage der neutralen Ebene im allgemeinen und bleibt nur bei doppeltsymmetrischen Querschnitten erhalten.

Es sei nun mit dem *Biegefaktor*

$$\eta = \frac{W_{\mathrm{p}}}{W_{\mathrm{e}}}, \tag{59.5}$$

auch »Formbeiwert« genannt, die Erhöhung der Tragfähigkeit durch Berücksichtigung der plastischen Effekte bezeichnet. Was sie ausmacht, läßt sich bereits durch folgende Beispiele übersehen.

Es ergibt sich beim Rechteckquerschnitt $b\,h$:

$$W_{\mathrm{e}} = \frac{b h^2}{6}, \qquad W_{\mathrm{p}} = \frac{b h}{2}\,\frac{h}{2} = \frac{b h^2}{4}, \qquad \eta = 1{,}5,$$

also eine recht beachtliche Erhöhung der Tragfähigkeit, selbst wenn man bedenkt, daß der theoretische Grenzfall der Vollplastizierung nie ganz erreicht werden kann. Als zweites Beispiel sei ein I-Querschnitt mit sehr kräftigen Flanschen und schwachem Steg betrachtet. Der Querschnitt kann angenähert als »Zweipunkt-Querschnitt« idealisiert werden, bei dem der Steg ganz vernachlässigt wird und jeder Flansch zu einem Punkt zusammengefaßt wird. Da in diesem Fall unabhängig vom Plastizierungsgrad das Biegemoment M stets statisch bestimmt durch ein Kräftepaar in die Flanschen aufgenommen werden muß, ergibt sich beim Zweipunkt-Querschnitt:

$$\eta = 1{,}0,$$

also keine Steigerung der Tragfähigkeit. Bei I-Normalprofilen ist im Mittel $\eta = 1{,}14$.

Aus diesen Betrachtungen ergibt sich, daß der Biegefaktor durch die statisch unbestimmte Spannungsverteilung im Querschnitt entsteht und umso größer wird, je schlechter die Querschnittsgestaltung den Werkstoff für Biegungsbeanspruchung ausnutzt.

60. Fließgelenktheorie

Wenn bisher die Unbestimmtheit am Stabelement betrachtet wurde, so sei jetzt
die Unbestimmtheit des ganzen Tragwerks in ihrem Einfluß auf das plastische
Verhalten untersucht. Dazu sind zuerst Annahmen darüber erforderlich, was in
einem Stab geschieht, wenn an einer Stelle der vollplastische Endzustand
erreicht wird. In Bild 60.1 ist ein Balken auf zwei Stützen mit gleichmäßig
verteilter Belastung skizziert, dessen maximales Biegemoment die Vollplastizierung in Stabmitte eintreten läßt, wenn der Querschnitt über den ganzen Balken
konstant ist. Es wird nun angenommen, daß sich in Balkenmitte ein *Fließgelenk*
ausbildet, in dem nur das Fließmoment M_F übertragen wird. Das Fließgelenk
konzentriert sich dabei — theoretisch — auf einen Punkt. Damit ist allerdings
der Fall ausgeschlossen, daß das Fließmoment im betrachteten Bereich konstant
verläuft. Das Fließgelenk sei in den statischen Skizzen durch einen Kreis mit
deutlichem Mittelpunkt gekennzeichnet. Das Fließmoment M_F sei der absolute Betrag des im Fließgelenk übertragenen Biegemomentes. Dort kann also
$M = +M_F$ oder $M = -M_F$ sein. Der in Bild 60.1 dargestellte Zustand kennzeichnet die Tragfähigkeitsgrenze und liefert eine *Traglast* oder auch *plastische Grenzlast*

$$q_T = \frac{8}{l^2} M_F. \tag{60.1}$$

Benutzt man diese Vorstellung über die Tragfähigkeitsgrenze, so ergibt sich
für den beiderseits eingespannten Balken von Bild 60.2 bei konstantem Querschnitt folgendes. Ausgehend von rein elastischem Zustand nach Bild 60.2a mit
den Stützmomenten $q l^2/12$ über ein Zwischenstadium nach Bild 60.2b, wo sich
an den Einspannstellen bereits Fließgelenke gebildet haben, ergibt Bild 60.2c die
Tragfähigkeitsgrenze. Hier sind die Stützmomente und das Feldmoment einander gleich. Die Traglast wird

$$q_T = \frac{16}{l^2} M_F. \tag{60.2}$$

Würde man nach dem rein elastischen Zustand von Bild 60.2a bemessen, so
könnte man dem System nur $q = 12/l^2$ als Grenzlast zumuten. Demgegenüber
erhöht sich die Traglast um den Faktor $16/12 = 4/3$, also um 33 %.

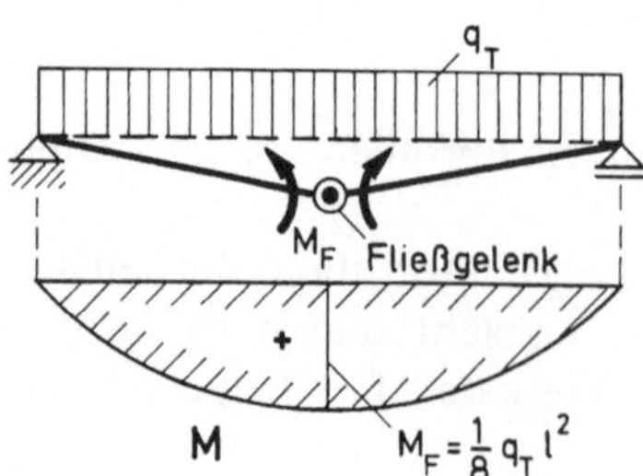

Bild 60.1.
Tragfähigkeitsgrenze beim Balken auf zwei Stützen

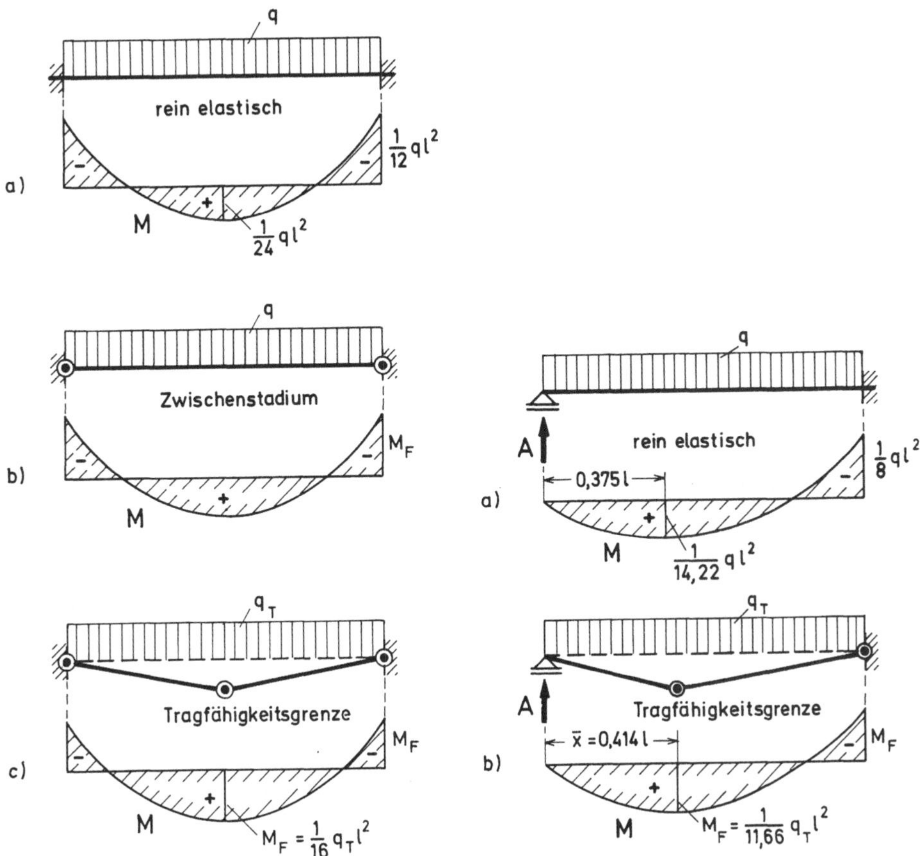

Bild 60.2a–c. Ausbildung der Tragfähigkeitsgrenze beim beiderseits eingespannten Balken

Bild 60.3a u. b. Tragfähigkeitsgrenze bei einem System mit zunächst unbekannter Lage des Fließgelenkes

Bild 60.2 zeigt, daß sich beim Traglastverfahren nur die Festlegung der Eigenspannungszustände im Vergleich mit einer rein elastischen Rechnung ändert. Während bisher die (negative) Formänderungsarbeit ein Minimum werden sollte, muß nunmehr das Biegemoment an bestimmten Stellen vorgegebene Werte annehmen. Dadurch wird der Eindruck erweckt, als ob die Bestimmung der statisch Unbestimmten jetzt durch eine einfachere Rechnung ersetzt wäre. Dies ist jedoch nicht der Fall, da im allgemeinen die Lage der Fließgelenke von vornherein nicht bekannt ist. Ein einfaches Beispiel hierzu zeigt Bild 60.3. Der rein elastische Zustand nach Bild 60.3a ergibt sich aus der linken Hälfte des Systems von Bild 49.2. Das erste Fließgelenk bildet sich an der Einspannstelle aus. Die Traglast ist erreicht, wenn auch das maximale Feldmoment an der Stelle $\bar{x}$ gleich dem Fließmoment geworden ist. $\bar{x}$ muß dabei erst durch folgende Rechnung ermittelt werden.

Das Biegemoment ist an beliebiger Stelle

$$M = A x - q_{\mathrm{T}} \frac{x^2}{2}.$$

(60.3)

An den Stellen $x = \bar{x}$ und $x = l$ muß sein

$$M_{\mathrm{F}} = A \bar{x} - q_{\mathrm{T}} \frac{\bar{x}^2}{2}, \qquad -M_{\mathrm{F}} = A l - q_{\mathrm{T}} \frac{l^2}{2}.$$

Addition beider Gleichungen liefert

$$A(l + \bar{x}) - \tfrac{1}{2} q_{\mathrm{T}} (l^2 + \bar{x}^2) = 0.$$

(60.4)

Da die Querkraft für $x = \bar{x}$ verschwinden muß, gilt

$$A - q_{\mathrm{T}} \bar{x} = 0.$$

(60.5)

Damit wird aus (4)

$$q_{\mathrm{T}} \bar{x}(l + \bar{x}) - \frac{q_{\mathrm{T}}}{2}(l^2 + \bar{x}^2) = 0,$$

$$\bar{x}^2 + 2 l \bar{x} - l^2 = 0,$$

$$\bar{x} = \left(\sqrt{2} - 1\right) l = 0{,}4142\, l.$$

(60.6)

Die Traglast q_{T} folgt nun aus dem Biegemoment an der Stelle $\bar{x}$ nach den Gleichungen (3), (5) und (6)

$$M_{\mathrm{F}} = q_{\mathrm{T}} \frac{\bar{x}^2}{2} = q_{\mathrm{T}}\, 0{,}4142^2 \frac{l^2}{2}$$

$$q_{\mathrm{T}} = \frac{11{,}66}{l^2} M_{\mathrm{F}}.$$

(60.7)

Nach Gleichung (7) und Bild 60.3a beträgt die Erhöhung der Traglast gegenüber einer Dimensionierung nach dem rein elastischen Bereich $14{,}22/11{,}66 = 1{,}220$, also 22%.

Als letztes Beispiel sei ein durchlaufender Balken mit gleichen Stützweiten nach Bild 60.4 betrachtet. Im nicht dargestellten elastischen Bereich hängt der Biegemomentenverlauf von der Anzahl der Stützen ab. Unabhängig davon ist aber bei konstantem Querschnitt das größte Biegemoment gleich dem Stützmoment der Endfelder. Bei steigender Belastung ist die Tragfähigkeit erreicht, wenn die Endfelder den Zustand von Bild 60.3b annehmen. Für die Traglast gilt dann (7). Über jeder Innenstütze entstehen hierbei ebenfalls Fließgelenke, aber noch nicht in der Mitte der Innenfelder. Eine bessere Werkstoffausnutzung kann man

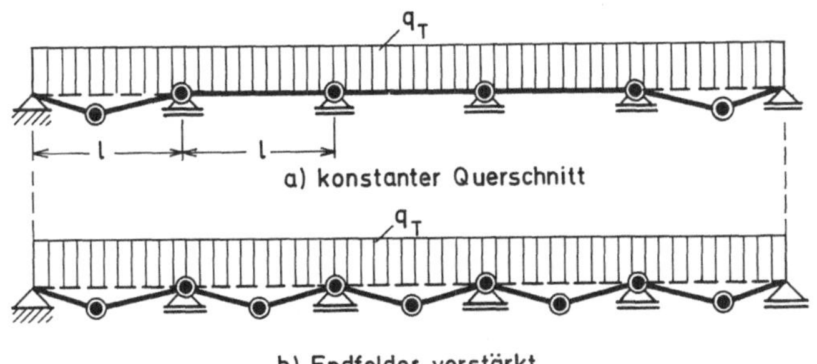

Bild 60.4a u. b.
Tragfähigkeitsgrenze beim
durchlaufenden Balken

erreichen, wenn man die Endfelder so verstärkt, daß sich der Zustand von Bild 60.4 b einstellt. Die Verstärkung muß dabei dafür sorgen, daß die Fließmomente der Außenfelder zu denen der Innenfelder sich wie 16 zu 11,66 verhalten[30]. Für die Traglast gilt dann (2). Das Ergebnis ist von der Stützenanzahl unabhängig, wenn diese größer als drei ist.

Die Betrachtungen über die Fließgelenktheorie seien mit der Bemerkung abgeschlossen, daß die Theorie selbstverständlich nicht nur für gerade Balken gilt, sondern z.B. auch bei Rahmen angewendet werden kann. Wichtig ist aber dabei, immer wieder nachzuprüfen, ob die Annahmen über die Ausbildung eines Fließgelenkes im Hinblick auf die spezielle Konstruktion sinnvoll sind.

B. Geometrische Nichtlinearität

61. Theorie zweiter Ordnung

Es sei jetzt der Fall betrachtet, daß die Nichtlinearität der Verformungsgeometrie eine Rolle spielt. Andererseits möge sich aber der Werkstoff wieder nach dem Hookeschen Gesetz linear-elastisch verhalten. Die gleichzeitige Berücksichtigung beider Nichtlinearitäten sei erst später behandelt.

Die exakte Erfassung des Verformungszustandes ist fast immer recht schwierig. Das betrifft nicht das Aufstellen der in Betracht kommenden Differentialgleichungen, sondern deren Lösung. Es genügt nun in sehr vielen Fällen, eine Näherung zu benutzen, die nur einen Schritt weitergeht als die lineare Statik. Diese letztere war als »Theorie erster Ordnung« bezeichnet worden (vgl. Abschnitt 33); entsprechend kann man die nächste Näherungsstufe »Theorie zweiter Ordnung« nennen. Alle folgenden Ableitungen und Beispielrechnungen sollen sich lediglich auf diese Art der Näherung beziehen.

Wenn in der linearen Statik nur lineare Glieder der Verformungen berücksichtigt werden, so liegt es nahe, in der nächsten Genauigkeitsstufe quadratische Glieder der Verformungen zu berücksichtigen. Das ist aber nicht die Theorie

---

30 Nach DIN 1050, Ausgabe vom 6. 6. 1968, können bei durchlaufenden Deckenträgern und Unterzügen die Endfelder mit $1/11\,q\,l^2$, die Außenfelder mit $1/16\,q\,l^2$ bemessen werden.

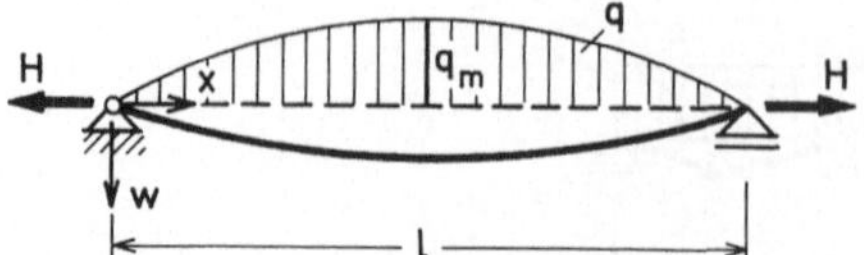

Bild 61.1. Balken mit Horizontalkraft und sinusförmiger Streckenlast

zweiter Ordnung. Diese besteht vielmehr darin, *daß nur in einem Teil der Gleichgewichtsbedingungen genauer als bisher gerechnet wird*, im übrigen aber die linearen Beziehungen der klassischen Statik beibehalten werden. Ein Beispiel möge dies näher erläutern.

Bild 61.1 zeigt einen Balken auf zwei Stützen mit einer Belastung, die aus Horizontalkräften H und einer sinusförmigen Streckenlast

$$q = q_\mathrm{m} \sin \frac{\pi}{l} x \tag{61.1}$$

besteht. Diese Belastung ist nur deswegen gewählt worden, weil dafür die Rechnung sehr einfach wird. q_m und H seien im folgenden stets positiv. Nach der linearen Statik erzeugt H kein Biegemoment. Dieses entsteht nur durch q und ist

$$M_q = q_\mathrm{m} \frac{l^2}{\pi^2} \sin \frac{\pi}{l} x,$$

da die Randbedingungen befriedigt werden und $M_q'' = -q$ ist.

In der Theorie zweiter Ordnung wird nun der Verformungseinfluß auf das Biegemoment nur bei den Kraftkomponenten in Richtung der Stabachse berücksichtigt, bei Komponenten quer zur Stabachse jedoch vernachlässigt. Im vorliegenden Fall wird also gesetzt

$$M = M_q - H w = q_\mathrm{m} \frac{l^2}{\pi^2} \sin \frac{\pi}{l} x - H w. \tag{61.2}$$

Die getroffene Annahme ist berechtigt, da bei einem Stab in der Regel die Verformungen u in Richtung der Stabachse klein gegenüber den Querverformungen w sein werden. Danach wird z.B. die bei einer Längsdehnung des Stabes auftretende Änderung der Länge l in (2) vernachlässigt, was sicherlich erlaubt ist. Der Einfluß von H ist im übrigen in (2) exakt proportional w. Würden quadratische Glieder der Verformungen auftreten, so würde man sie bei einer Theorie zweiter Ordnung unberücksichtigt lassen.

Die Differentialgleichung der Biegelinie wird ungeändert aus der linearen Statik übernommen. Nach Gleichung (39.4b) ist ohne Temperaturänderungen mit Strichen als Ableitung nach x

$$M = -EI w''. \tag{61.3}$$

Aus (2) und (3) folgt dann die Differentialgleichung der Theorie zweiter Ordnung für das Problem von Bild 61.1:

$$EI\,w'' - H\,w + q_{\mathrm{m}}\frac{l^2}{\pi^2}\sin\frac{\pi}{l}x = 0. \tag{61.4}$$

Für eine beliebige Belastung q würde man die zugehörige Differentialgleichung nach zweimaliger Differentiation nach x in folgender Form schreiben können

$$(EI\,w'')'' - H\,w'' - q = 0. \tag{61.5}$$

Gleichung (4) läßt sich leicht integrieren, wenn $EI = \mathrm{const}$ vorausgesetzt wird. Die Partikularlösung, die bereits die Randbedingungen befriedigt, ist

$$w = C\sin\frac{\pi}{l}x,$$

wobei C eine Konstante ist, die aus (4) folgt:

$$-C\,EI\frac{\pi^2}{l^2} - CH + q_{\mathrm{m}}\frac{l^2}{\pi^2} = 0, \qquad C = \frac{q_{\mathrm{m}}\dfrac{l^2}{\pi^2}}{EI\dfrac{\pi^2}{l^2} + H}.$$

Damit ergibt sich w zu

$$w = q_{\mathrm{m}}\frac{\dfrac{l^2}{\pi^2}}{EI\dfrac{\pi^2}{l^2} + H}\sin\frac{\pi}{l}x \tag{61.6a}$$

oder mit $c = q_{\mathrm{m}}/H$ auch in folgender Form

$$w = \frac{q_{\mathrm{m}}}{cEI\dfrac{\pi^2}{l^2} + q_{\mathrm{m}}}\,c\,\frac{l^2}{\pi^2}\sin\frac{\pi}{l}x. \tag{61.6b}$$

Für dieses Ergebnis der nichtlinearen Statik gilt das Superpositionsgesetz grundsätzlich nicht mehr. Das wird deutlich, wenn man q_{m} nach (6b) in Abhängigkeit von der in Stabmitte auftretenden größten Durchbiegung w_{max} aufträgt, wie es Bild 61.2a zeigt. Dabei ist angenommen, daß c eine Konstante ist, womit vorausgesetzt ist, daß die Belastungen q und H von Null an in demselben Verhältnis gesteigert werden. Die lineare Statik stellt sich wieder durch ihre Tangente im Nullpunkt dar. Die Kurve hat im übrigen eine senkrechte Asymptote bei $w_{\mathrm{max}} = cl^2/\pi^2$. Dies entspricht dem Gleichgewichtszu-

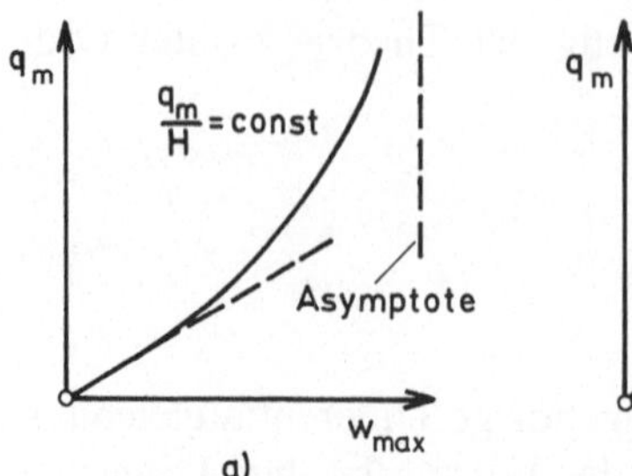
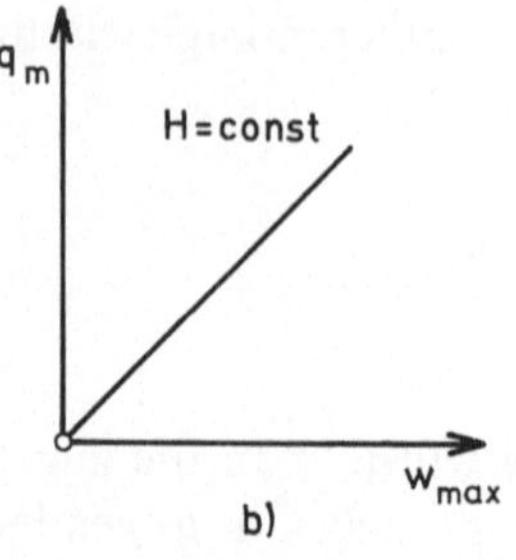

Bild 61.2a u. b.
Kraft-Verformungs-Diagramme
bei der Theorie zweiter Ordnung

stand eines Seiles unter den Lasten q und H, wenn diese so groß geworden sind, daß die Biegesteifigkeit des Balkens keine Rolle mehr spielt.

Das nichtlineare Kraft-Verformungs-Diagramm ist aber nun nach einer Theorie gewonnen worden, die durch die lineare Differentialgleichung (4) dargestellt wird. *Die Theorie zweiter Ordnung ist also mechanisch nichtlinear, aber mathematisch linear.* In dieser mathematischen Einfachheit besteht gerade ihre Brauchbarkeit. Da man bei linearen Differentialgleichungen die Störungsglieder superponieren darf, folgt daraus auch ein geradliniges Kraft-Verformungs-Diagramm, wenn man nur q von Null an steigert, dabei aber H einen von vornherein konstanten Wert gibt. Das wäre ein Belastungsvorgang, bei dem zunächst H aufgebracht wird und dann erst q. Diesen Fall zeigt Bild 61.2b. Man mag zunächst den Eindruck haben, daß diese Belastungsfolge wenig praktisches Interesse hat. Das Gegenteil ist jedoch der Fall, wie es folgendes Beispiel zeigen möge.

62. Hängebrücke

62.1. Rechenvoraussetzungen

Nach Bild 62.1 sei eine »klassische« Hängebrücke betrachtet. Sie besteht aus einem erdverankerten Seil, das über zwei »Pylone« läuft und an dem an senkrechten Hängern der »Versteifungsträger« aufgehängt ist. Dieser sei in seiner einfachsten Form als Balken auf zwei Stützen vorausgesetzt, welcher nur im Hauptfeld zwischen den Pylonen mit dem Seil verbunden ist.

Die Berechnung derartiger Hängebrücken muß nach der Theorie zweiter Ordnung erfolgen, da die Seilverformungen so groß sind, daß sie die Gleichgewichtsbedingungen merklich beeinflussen. Wenn man auch die endgültige Be-

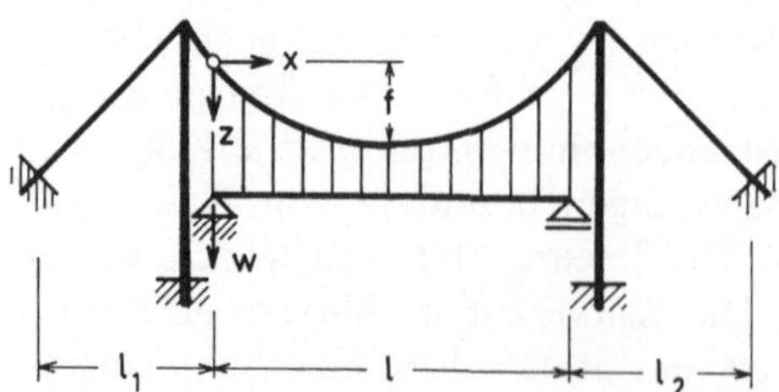

Bild 62.1. Hängebrücke

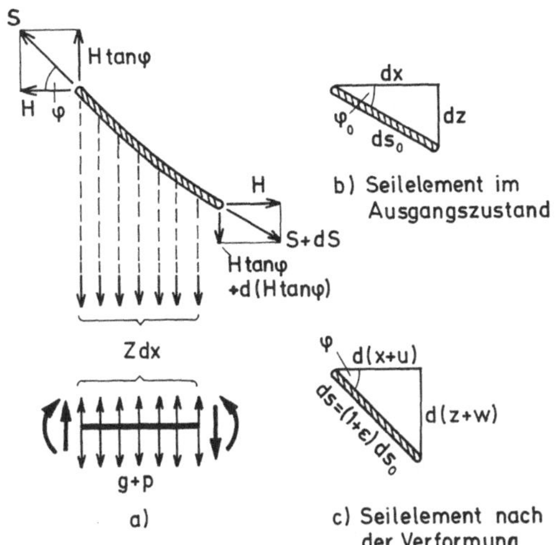

Bild 62.2 a–c.
Elemente von Seil und Versteifungsträger

rechnung der Brücke elektronisch durchführen wird, wobei besondere rechenvereinfachende Annahmen überflüssig sind, so kann man doch für Vorbemessungen folgende Näherungsrechnung[31] verwenden, die überdies einen guten Einblick in die statische Wirkungsweise des Systems vermittelt.

Es sei angenommen, daß die Längenänderung und die Schrägstellung der Hänger und der Pylone vernachlässigt werden können. Das bedeutet, daß die Durchbiegung eines Punktes des Versteifungsträgers mit derjenigen des darüber liegenden Seilpunktes übereinstimmt. Ferner seien die Hänger-Einzelkräfte durch eine kontinuierliche Streckenlast ersetzt. Die Seilachse ist dann eine Kurve mit stetiger Ableitung im Hängerbereich. Das Seil sei vollkommen biegeweich, so daß als einzige Schnittgröße eine Längskraft, die Seilkraft, auftritt. Seil und Hänger seien ferner gewichtslos; ihr Eigengewicht wird zu dem des Versteifungsträgers hinzugeschlagen. Schließlich sei vorausgesetzt, daß bei Belastung der Brücke nur mit Eigengewichtslast, also ohne Verkehrslast, keine Durchbiegungen und damit auch keine Biegemomente des Versteifungsträgers auftreten. Dieser günstige Zustand kann durch geeignete Montagemaßnahmen — auf die hier nicht näher eingegangen werden kann — erzwungen werden. Wird ein Teil des Eigengewichts nicht auf solche Weise aufgenommen, so ist er zur Verkehrslast zu rechnen.

Folgende Bezeichnungen seien eingeführt (vgl. Bilder 62.1 und 62.2), wobei alle Verformungsgrößen ausgehend von dem Zustand unter Eigengewicht zu rechnen sind. Dieser Zustand gilt als »Ausgangszustand«.

x, z Koordinaten zur Festlegung der Seilachse im Ausgangszustand

f größter Seildurchhang

---

31 Kuo-Hao Lie: Praktische Berechnung von Hängebrücken nach der Theorie II. Ordnung. Diss. T.H. Darmstadt, 1940.

s	Koordinate längs der Seilachse im unverformten Zustand
s_0	dasselbe im Ausgangszustand
u, w	Verschiebungen eines Seilpunktes, w zugleich Verschiebung des Versteifungsträgers
φ	Neigung der Tangente an die Seilachse im verformten Zustand
φ_0	dasselbe im Ausgangszustand
S	Seilkraft
H	Horizontalzug, d.h. Horizontalkomponente von S
Z	den Hängerkräften entsprechende Streckenkraft
g	Eigengewichtslast
p	Verkehrslast
$H = H_g + H_p$	mit H_g, H_p Horizontalzüge, die zu g bzw. p gehören
$S = S_g + S_p$	aufgeteilte Seilkräfte
ε	Dehnung der Seilachse
$E_s F$	Dehnungssteifigkeit des Seils
EI	Biegungssteifigkeit des Versteifungsträgers

62.2. Differentialgleichung des Versteifungsträgers

In Bild 62.2a sind ein Element des Versteifungsträgers und das darüber liegende Seilelement mit den angreifenden Kräften im verformten Zustand dargestellt. Für das Seilelement folgt aus der Gleichgewichtsbedingung in horizontaler Richtung sofort, daß H konstant ist, was in Bild 62.2a gleich vorausgesetzt ist. Der Tangens des Neigungswinkels ist nach Bild 62.2c

$$\tan \varphi = \frac{\mathrm{d}(z+w)}{\mathrm{d}(x+u)} = \frac{z'+w'}{1+u'} \approx z'+w',$$

wenn in dieser geometrischen Beziehung nur lineare Glieder der Verformungen berücksichtigt werden. Der Zuwachs der Komponente der Seilkraft in vertikaler Richtung ist dann (Bild 62.2a)

$$H\,\mathrm{d}(\tan \varphi) = H(z'' + w'')\,\mathrm{d}x,$$

und das Gleichgewicht für das Seilelement liefert

$$Z = -H(z'' + w''). \tag{62.1}$$

Für das Versteifungsträgerelement gilt

$$(EI\,w'')'' = g + p - Z. \tag{62.2}$$

Setzt man Z nach (1) in (2) ein, so folgt

$$(EI\,w'')'' - Hw'' - Hz'' - g - p = 0. \tag{62.3}$$

Aus (3) wird nach Voraussetzung über die Aufnahme der Eigengewichtslast

$$p=0, \quad H_p=0, \quad H=H_g, \quad w=0,$$

zunächst

$$g+H_g z''=0, \tag{62.4}$$

eine Gleichung, aus der sich die zu g gehörige Gleichgewichtsfigur des Seiles ergibt. Ist z.B. $g=$ const, so wird auch z'' konstant und z eine quadratische Parabel der Form

$$z=\frac{4f}{l^2}\left(1-\frac{x}{l}\right)x.$$

Setzt man ferner g nach (4) in (3) ein, so folgt als Differentialgleichung für die Durchbiegung des Versteifungsträgers

$$(EI w'')'' - H w'' - H_p z'' - p = 0. \tag{62.5}$$

62.3. Bestimmung des Horizontalzuges

In (5) ist H bzw. H_p unbekannt. Zur Berechnung wird die Bedingung benutzt, daß sich das Seil so verformen muß, daß an den Verankerungsstellen die Seilverschiebung zu Null wird. Hierzu wird nach Bild 62.2b, c ein Seilelement vor und nach der Verformung betrachtet. Für das verformte Element gilt

$$(1+\varepsilon)^2 \, \mathrm{d}s_0^2 = [\mathrm{d}(x+u)]^2 + [\mathrm{d}(z+w)]^2,$$

$$(1+\varepsilon)^2 \, s_0'^2 = (1+u')^2 + (z'+w')^2,$$

$$(1+2\varepsilon+\varepsilon^2) \, s_0'^2 = (1+2u'+u'^2+z'^2+2z'w'+w'^2). \tag{62.6}$$

Für das Seilelement im Ausgangszustand ist nach Bild 62.2b

$$\mathrm{d}s_0^2 = \mathrm{d}x^2 + \mathrm{d}z^2, \quad s_0'^2 = 1 + z'^2.$$

Da außerdem wieder nur lineare Glieder der Verformungen berücksichtigt zu werden brauchen, wird aus (6) zunächst

$$\varepsilon \, s_0'^2 = u' + z' w'.$$

Nach Bild 62.2b ist weiter

$$s_0' = \frac{\mathrm{d}s_0}{\mathrm{d}x} = \frac{1}{\cos \varphi_0},$$

so daß sich

$$u' = \frac{\varepsilon}{\cos^2 \varphi_0} - z' w' \tag{62.7}$$

ergibt.

Für die Seildehnung ε gilt unter Berücksichtigung einer zusätzlichen Temperaturdehnung

$$\varepsilon = \frac{S_p}{E_S F} + \alpha_t t. \tag{62.8}$$

Dabei ist $S_p = H_p / \cos \varphi$ und bei Vernachlässigung höherer Glieder der Verformungen

$$\cos \varphi = \frac{\mathrm{d}(x+u)}{(1+\varepsilon)\,\mathrm{d}s_0} = \frac{1+u'}{1+\varepsilon}\frac{\mathrm{d}x}{\mathrm{d}s_0} = \frac{1+u'}{1+\varepsilon} \cos \varphi_0 \approx \cos \varphi_0$$

und

$$S_p = \frac{H_p}{\cos \varphi_0}.$$

Aus (8) wird dann

$$\varepsilon = \frac{H_p}{E_S F} \frac{1}{\cos \varphi_0} + \alpha_t t$$

und damit aus (7)

$$u' = \frac{H_p}{E_S F} \frac{1}{\cos^3 \varphi_0} + \alpha_t t \frac{1}{\cos^2 \varphi_0} - z' w'.$$

Da nach Bild 62.1 an den Stellen $x = -l_1$ und $x = l + l_2$ die Verschiebung u verschwinden muß, wird

$$\int_{-l_1}^{l+l_2} \left(\frac{H_p}{E_S F} \frac{1}{\cos^3 \varphi_0} + \alpha_t t \frac{1}{\cos^2 \varphi_0} - z' w' \right) \mathrm{d}x = 0.$$

In dieser Gleichung kann noch, weil auch w an den Verankerungsstellen verschwinden muß,

$$\int_{-l_1}^{l+l_2} z' w'\,\mathrm{d}x = [z' w]_{-l_1}^{l+l_2} - \int_{l_1}^{l+l_2} z'' w\,\mathrm{d}x = - \int_{l_1}^{l+l_2} z'' w\,\mathrm{d}x$$

gesetzt werden, was besonders bei einer Parabel im Ausgangszustand zweckmäßig ist. Dann wird nämlich $z'' = \mathrm{const}$. Als Gleichung zur Berechnung von H_p

folgt dann

$$\int\limits_{-l_1}^{l+l_2} \left(\frac{H_{\mathrm{p}}}{E_{\mathrm{S}}F}\,\frac{1}{\cos^3\varphi_0} + \alpha_t\,t\,\frac{1}{\cos^2\varphi} + z''w \right) \mathrm{d}x = 0. \qquad (62.9)$$

Das Problem der Hängebrücke wird durch die Gleichungen (5) und (9) endgültig beschrieben.

62.4. Zur Lösung der Hängebrückengleichungen

Setzt man in (5) für die nicht von w abhängigen Glieder

$$H_{\mathrm{p}}\,z'' + p = q,$$

so erhält man

$$(EI\,w'')'' - H\,w'' - q = 0, \qquad (62.10)$$

eine Gleichung, die formal mit (61.5) übereinstimmt. Sieht man von den Schwierigkeiten in der Bestimmung von H zunächst ab und nimmt an, H wäre bereits bekannt, so liegt ein Problem der Zugbiegung wie in Bild 61.1 vor. Allerdings handelt es sich nur um eine Analogie der Differentialgleichungen; die statischen Probleme sind verschieden, da bei der Hängebrücke die Kraft H keine Zugspannungen im Versteifungsträger hervorruft.

Die mathematische Lösung von (10) kann auf verschiedene Weise erfolgen. Zum Beispiel kann man die Belastung in eine Fourier-Reihe entwickeln, wobei (61.6) schon die Lösung für das erste Glied der Reihe darstellen würde. Sehr zweckmäßig ist ferner die »Methode der schrittweisen Näherung«. Hierzu schreibt man (10) in der Form

$$M = -EI\,w'' = -\int\limits_{0}^{x}\int\limits_{0}^{x} q\,\mathrm{d}x\,\mathrm{d}x + C\,x - H\,w,$$

schätzt dann w in dem letzten Glied $-Hw$ und berechnet sich so eine erste Näherung für das Biegemoment M. Nach Division durch $-EI$ und zweimaliger Integration erhält man einen verbesserten Wert für w, was wiederum zu einem verbesserten Wert für M führt usw. Die Integrationen werden dabei numerisch durchgeführt. Man kann auch das Ritzsche Verfahren verwenden oder die »Methode der finiten Elemente« benutzen. Näher auf diese verschiedenen Methoden einzugehen, würde zu weit führen. Grundsätzlich kann aber gesagt werden, daß eine Lösung von (10) keine besonderen Schwierigkeiten bereitet.

Dabei ist H als unabhängig von w und bekannt vorausgesetzt. Das ist zwar hinsichtlich H_{g} richtig; der Anteil H_{p} muß jedoch noch Gleichung (9) genügen. Hierzu bietet sich folgende Iteration an. H wird zunächst in Gleichung (10) geschätzt und dafür w bestimmt. Aus (9) wird dann H_{p} und damit ein verbessertes H berechnet usw. Die Iteration liefert häufig schon nach dem ersten Schritt ein brauchbares Ergebnis.

In der beschriebenen Weise kann man ruhende Lasten erfassen. Die Verkehrslasten sind aber bei Brücken wandernde Lasten. Die hierfür geeigneten Einflußlinien sind nun leider in der nichtlinearen Statik nicht anwendbar, da das Superpositionsgesetz nicht mehr gilt. Weil aber H_p klein gegen H_g ist, gilt wenigstens näherungsweise Gleichung (1) mit einem mittleren konstanten H auch für wandernde Lasten. Dann liegt aber der Belastungsfall von Bild 61.2b vor, bei dem das Superpositionsgesetz wieder gilt und für den die Ermittlung von Einflußlinien möglich wird. Da diese nur angenähert richtig sind, wird von »beschränkt gültigen Einflußlinien« gesprochen. Es zeigt sich nun, daß eine praktisch brauchbare Genauigkeit erreicht wird, wenn die Einflußlinien zur Ermittlung der ungünstigsten Laststellung benutzt werden, für diese feste Laststellung aber dann eine genauere Rechnung in der oben angegebenen Weise durchgeführt wird.

63. Knicken gerader Stäbe

63.1. Der gewöhnliche Knickstab

Das in Bild 61.1 skizzierte Problem sei jetzt für negative Werte der Längsbelastung H und — zunächst — für den Sonderfall $q=0$ betrachtet. Mit $H=-P$ gilt dann nach (61.4) die Differentialgleichung

$$EIw'' + Pw = 0. \tag{63.1}$$

Die zugehörige statische Aufgabe ist in Bild 63.1 dargestellt. Während beim gezogenen Stab ohne Querlasten offenbar $w=0$ die einzige Lösung darstellt, ist jetzt anschaulich ohne weiteres klar, daß außer dem gerade bleibenden und nur in Längsrichtung zusammengedrückten Stab auch noch Gleichgewichtszustände mit $w \neq 0$ möglich sind. Man spricht in diesem Fall vom *Knicken* des Stabes.

Die Lösung der homogenen Gleichung (1) ist für $EI = \mathrm{const}$ wieder sehr einfach. Außer der trivialen Lösung $w=0$ sind Lösungen

$$w = C \sin n\frac{\pi}{l}x, \qquad n=1,2,3,\ldots \tag{63.2}$$

möglich, die den Randbedingungen gelenkiger Lagerung genügen. $C=w_{max}$ ist dabei eine Konstante, während die Zahl n bedeutet, daß unendlich viele Biegelinien nach Bild 63.2 möglich sind, die sich durch die Anzahl der Knotenpunkte unterscheiden. Setzt man (2) in (1) ein, so erhält man nach Kürzung durch $\sin n\pi x/l$

$$-EICn^2\frac{\pi^2}{l^2} + PC = 0 \tag{63.3}$$

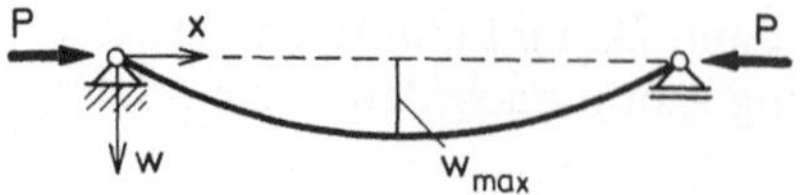

Bild 63.1. Beiderseits gelenkig gelagerter Knickstab

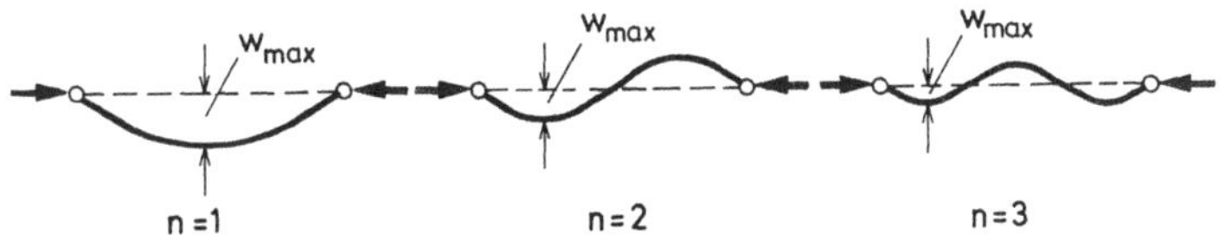

Bild 63.2. Verschiedene Biegelinien des beiderseits gelenkig gelagerten Knickstabes

und

$$P = P_0 = n^2 \frac{\pi^2 EI}{l^2}. \tag{63.4}$$

Mathematisch ist das Ergebnis klar. Es sei als bekannt vorausgesetzt, daß (1) zusammen mit den Randbedingungen ein *Eigenwertproblem* darstellt, dessen Eigenfunktionen die nur bis auf einen konstanten Faktor C bestimmbaren Biegelinien von Bild 63.2 sind, und dessen Eigenwerte P_0 durch (4) gegeben sind.

Mechanisch sind jedoch die gewonnenen Aussagen recht merkwürdig. Der Stab kann danach für die Eigenwerte P_0 Ausbiegungen beliebiger Größe annehmen, für Zwischenwerte von P ist aber nur die nicht ausgebogene Stabachse mit $w = 0$ möglich. Das würde bedeuten, daß schon beim ersten Eigenwert der Stab zu Bruch gehen könnte, darüber aber wieder Lasten bis zum zweiten Eigenwert tragen könnte. Man brauchte also nur während des Baues für passende Abstützung solange zu sorgen, bis etwa die Eigengewichtslast den ersten Eigenwert überschreitet, und könnte dann den Stab bis zum zweiten Eigenwert unbeschadet und ohne Abstützung weiter belasten. Dieses Spiel könnte man bis zum Bruch des geraden Stabes fortsetzen, wenn man nur die »Resonanzstellen« nach (4) vermeiden würde. Das Ergebnis ist noch einmal in Bild 63.3 dargestellt. Es ist zweifellos unsinnig.

Der Fehler kann dabei nur in der angewendeten Näherungstheorie zweiter Ordnung liegen. Die Stabknickung läßt sich in der Tat nur dann richtig beschreiben, wenn man eine genauere Theorie anwendet. Die exakte Lösung, die auf elliptische Integrale führt, ist dabei zwar möglich, aber nicht nötig. Es genügt, eine Näherung zu benutzen, die als Theorie dritter Ordnung bezeichnet werden kann, da sie wieder nur einen Schritt weiter geht als die Theorie zweiter

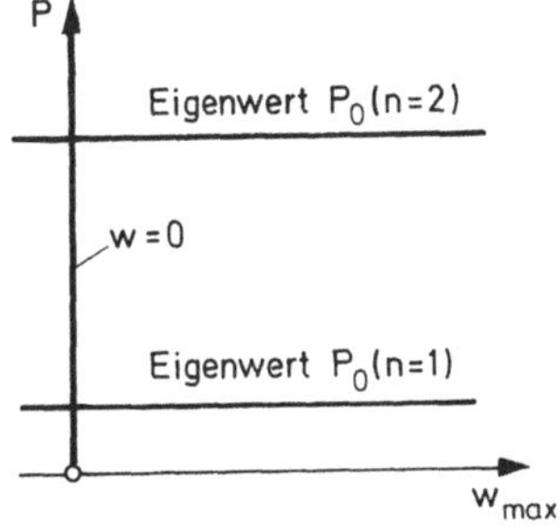

Bild 63.3. Kraft-Verformungs-Diagramm des Knickstabes nach der Theorie zweiter Ordnung

Ordnung. Das Ergebnis der Rechnung soll hier ohne Beweis angeführt werden [32]. Es ist

$$w_{\max} = \pm \frac{1}{n} \frac{l}{\pi} \sqrt{8 \frac{P}{P_0} - 1} \tag{63.5a}$$

oder

$$P = P_0 \left(1 + \frac{n^2}{8} \frac{\pi^2}{l^2} w_{\max}^2\right). \tag{63.5b}$$

Formel (2) für w und Gleichung (4) für P_0 bleiben bestehen.

Hiernach sind die Knickbiegelinien nach wie vor Sinuslinien. Ihre Amplitude ist aber nicht mehr unbestimmt wie nach (3). Für $C = w_{\max}$ ergeben sich vielmehr in Abhängigkeit von der Belastung bestimmte Werte, wie es der Erfahrung entspricht. $w_{\max}$ kann dabei positive und negative Werte annehmen, da der Stab von Bild 63.1 »nach oben oder unten« ausknicken kann. Insgesamt ergibt sich das Kraft-Verformungs-Diagramm von Bild 63.4. Alle Kurven zweigen bei den Eigenwerten in der Form einer quadratischen Parabel ab. Die Tangente verschwindet dabei im Abzweigpunkt. Damit erklärt sich die Lösung für hinreichend kleine w.

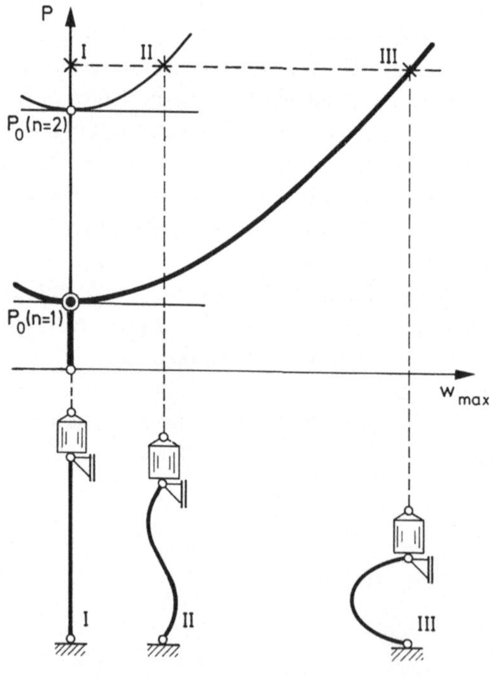

— stabil　　**— labil**　　⊙ **indifferent**　　**Bild 63.4.** Kraft-Verformungs-Kurven für den beiderseits gelenkig gelagerten Knickstab

---

32 Eine ausführliche Darstellung findet sich in A. Pflüger: *Stabilitätsprobleme der Elastostatik*. 3. Aufl. Berlin, Heidelberg, New York: Springer 1975, S. 22.

Die Kurven zeigen im übrigen eine Mehrdeutigkeit, aus der hervorgeht, daß es sich um ein *Stabilitätsproblem* handelt. Für den in Bild 63.4 gelegten Schnitt parallel zur w_{max}-Achse sind z.B. drei verschiedene Gleichgewichtslagen möglich. Zeichnet man sich die zu den Punkten I, II und III gehörigen Biegelinien auf und stellt sich die Belastung als Gewichtskraft vor, so erkennt man, daß die Lagen I und II als labiles, die Lage III als stabiles Gleichgewicht bezeichnet werden müssen. Das Gewichtstück wird sich nämlich nur in seiner tiefsten Lage im stabilen Gleichgewicht befinden. Allgemein ist festzustellen, daß nur die Lage $w=0$ bis zum ersten Eigenwert und von da ab nur die zu $n=1$ gehörige Biegelinie stabil ist, während alle übrigen Gleichgewichtszustände labil sind. Der Übergang zwischen stabil und labil ist als indifferent zu bezeichnen. In diesem Punkt sind entsprechend der horizontalen Tangente sehr kleine Durchbiegungen w möglich, ohne die Last steigern zu müssen.

Der Gleichgewichtszustand des geraden Stabes wird im übrigen als *Grundzustand* bezeichnet. Das hier vorliegende Stabilitätsproblem ist ein *Verzweigungsproblem*, da die Mehrdeutigkeit durch abzweigende Kurvenäste entsteht. Die getroffene Entscheidung über die verschiedenen Gleichgewichtsarten ist hier nach der Anschauung geschehen. Allgemeine Kriterien müßten erst noch entwickelt werden, worauf hier jedoch nicht eingegangen werden soll[33].

Für die Verwendung eines Knickstabes in einer Baukonstruktion ergibt sich folgendes. Labile Gleichgewichtszustände dürfen sicherlich nicht eintreten. Umgekehrt ist der gerade Stab unterhalb von P_0 ($n=1$) zweifellos brauchbar, wobei natürlich ein entsprechender Sicherheitsfaktor zu beachten ist. Auch die stabilen Gleichgewichtszustände des mit $n=1$ ausgeknickten Stabes sind grundsätzlich noch nicht bedenklich. Es muß nur beachtet werden, daß die auftretenden Biegeverformungen hinreichend klein sind. Wie sich in dieser Hinsicht der Knickstab verhält, zeigt Gleichung (5b). Ein Stab, dessen maximale Durchbiegung 10% der Stablänge beträgt, ist sicherlich in einer Konstruktion nicht mehr verwendbar. Dieser Zustand käme einem Zusammenbruch gleich, auch wenn die Spannungen infolge Längskraft und Biegung zulässige Werte noch nicht überschritten hätten. Für $w_{max}=0,1\,l$ und $n=1$ ergibt sich

$$P = P_0(1 + \tfrac{1}{8}\pi^2\,0,1) = 1,012\,P_0.$$

Das würde eine Laststeigerung von nur $1,2\%$ über P_0 hinaus bedeuten. Rechnet man sich umgekehrt aus, welcher Wert von P/P_0 einer zulässigen Verformung entspricht, so bekommt man so niedrige mögliche Laststeigerungen, daß man schließen kann: *Die Tragfähigkeit eines Knickstabes ist mit dem Erreichen des niedrigsten Eigenwertes praktisch erschöpft.* Man nennt diesen Wert *kritische Last* und setzt

$$P_0(n=1) = P_K = \frac{\pi^2 EI}{l^2}.\qquad\qquad(63.6)$$

---

33 A. Pflüger: *Stabilitätsprobleme der Elastostatik*, S. 57 ff.

Damit erweist sich nachträglich die Beschränkung auf die Ermittlung der Tangente im Abzweigpunkt nach der Theorie zweiter Ordnung als berechtigt, sofern man nur das praktische Ergebnis im Auge hat.

63.2. Die vier Eulerfälle

Von den möglichen Randbedingungen eines Knickstabes werden die wichtigsten durch die vier »Eulerfälle«[34] erfaßt. Sie sind in Bild 63.5 dargestellt. Fall 2 ist der beiderseits gelenkig gelagerte Knickstab, der als Normfall bezeichnet werden kann, da sich auf ihn in der Regel die Angaben in den Vorschriften beziehen. Aus diesem Fall 2 lassen sich die Fälle 1 und 4 sehr einfach ableiten, indem man die Stablängen so zueinander in Beziehung setzt, wie es Bild 63.5 angibt. Nur für Fall 3, bei dem die Biegelinie keine reine Sinusfunktion ist, muß man einen anderen Weg einschlagen.

In Bild 63.6 ist der Knickstab noch einmal mit den Lagerreaktionen dargestellt. Wesentlich ist, daß jetzt eine Lagerkraft A auftritt, was im Fall 2 nicht geschieht. Das Biegemoment ist nun

$$M = Pw - Ax$$

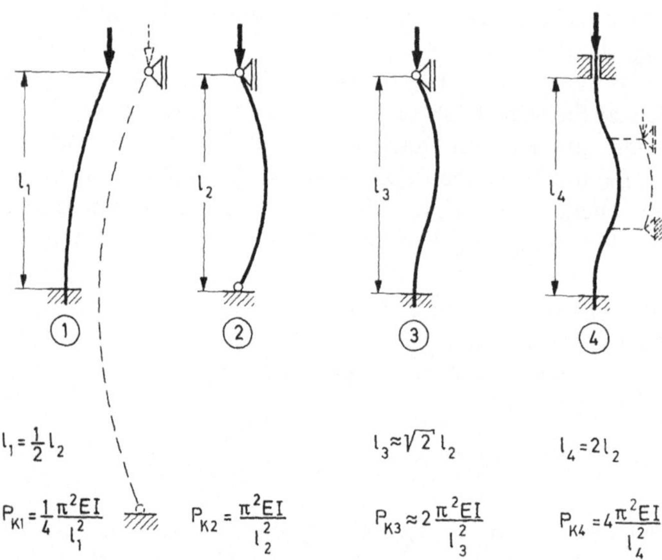

Bild 63.5. Die vier Eulerfälle

Bild 63.6. Dritter Eulerfall

---

34 Bei L. Euler: *De curvis elasticis* (Lausanne 1744) findet sich in Wirklichkeit nur der 2. Fall. Die übrigen drei Fälle wurden zuerst von J.L. Lagrange: »Sur la figure des colonnes« (*Miscellanea Taurinensia*, Tom. V) (1770–1773) angegeben.

und damit ergibt sich die gegenüber (1) geänderte Differentialgleichung

$$EI\,w'' + Pw - Ax = 0.$$

Eine Partikularlösung ist $(A/P)\,x$ und die allgemeine Lösung läßt sich in der Form

$$w = A\,\frac{x}{P} + B\cos k\,x + C\sin k\,x$$

mit

$$k = \sqrt{\frac{P}{EI}}$$

schreiben.

Die Konstanten A, B und C folgen aus den Randbedingungen:

$$x = 0, \quad w = 0 \quad \text{liefert} \quad B = 0,$$

$$x = l, \quad w = 0 \quad \text{liefert} \quad A\,\frac{l}{P} + C\sin k\,l = 0,$$

$$x = l, \quad w' = 0 \quad \text{liefert} \quad A\,\frac{1}{P} + C\,k\cos k\,l = 0.$$

Die letzten beiden Gleichungen sind zwei homogene Gleichungen für A und C, so daß ihre Koeffizientendeterminante verschwinden muß, wenn sich die nichttriviale Lösung ergeben soll. Man bekommt so die *Knickdeterminante*

$$\begin{vmatrix} \dfrac{l}{P} & \sin k\,l \\[2ex] \dfrac{1}{P} & k\cos k\,l \end{vmatrix} = 0.$$

Ihre Entwicklung liefert

$$\frac{l}{P}\,k\cos k\,l - \frac{1}{P}\sin k\,l = 0$$

oder

$$\tan k\,l = k\,l. \tag{63.7}$$

Einen Überblick über die Wurzeln dieser transzendenten Gleichung erhält man am besten durch die graphische Darstellung Bild 63.7. In Abhängigkeit von $k\,l$ sind hier die Funktionen $\tan k\,l$ und die Gerade $k\,l$ aufgetragen. Ihre Schnittpunkte liefern die Eigenwerte. Maßgeblich ist der niedrigste Eigenwert, der sich

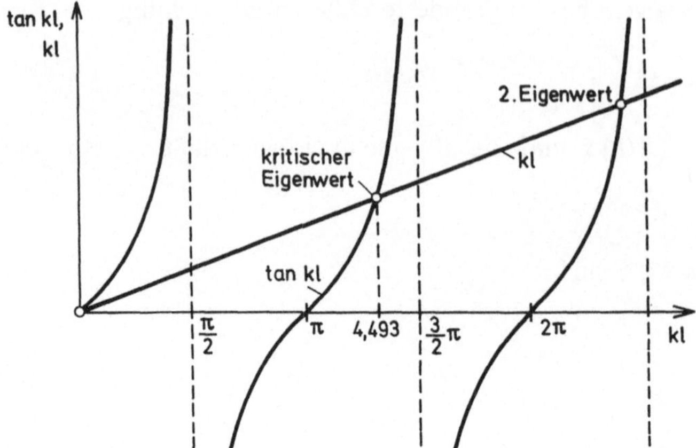

Bild 63.7.
Zur Lösung von Gl. (63.7)

aus einer Tabelle der Tangensfunktion zu $kl = 4{,}493$ ergibt. Daraus folgt

$$k^2 l^2 = \frac{P}{EI} l^2 = 4{,}493^2, \qquad P = P_K = \frac{4{,}493^2}{\pi^2} \frac{\pi^2 EI}{l^2},$$

$$P_K = 2{,}045 \frac{\pi^2 EI}{l^2} \approx 2 \frac{\pi^2 EI}{l^2},$$

was in Bild 63.5 angegeben ist.

64. Knickbiegeprobleme

64.1. Druckstab mit sinusförmiger Querlast

Es sei jetzt das vollständige Problem von Bild 61.1 mit $H = -P$ betrachtet, wobei P jetzt stets positiv ist. Die zugehörige inhomogene Differentialgleichung (61.4) wird dann

$$EIw'' + Pw + q_{\mathrm{m}} \frac{l^2}{\pi^2} \sin \frac{\pi}{l} x = 0. \tag{64.1}$$

Eine Lösung ist nach Gleichung (61.6a), wenn

$$\frac{\pi^2 EI}{l^2} = P_K$$

gesetzt wird,

$$w = q_{\mathrm{m}} \frac{l^2}{\pi^2} \frac{1}{P_K - P} \sin \frac{\pi}{l} x. \tag{64.2}$$

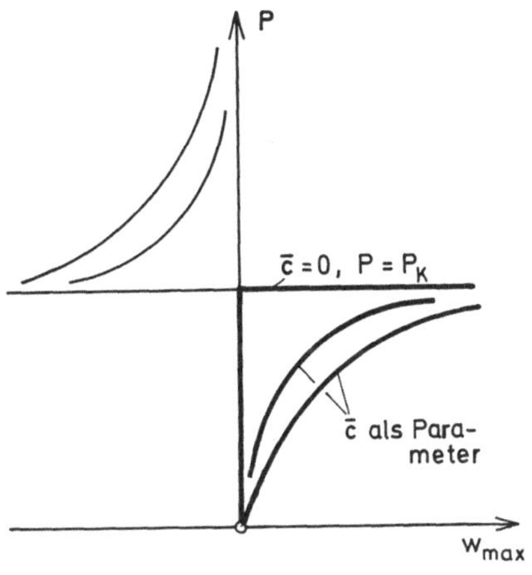

Bild 64.1.
Kraft-Verformungs-Diagramm bei Knickbiegung

Dabei sind Lösungen der homogenen Gleichung mit $n=2,3,\ldots$ als labile Gleichgewichtszustände fortgelassen. Das durch die Gleichungen (1) und (2) gegebene Problem wird als »Knickbiegeproblem« im Gegensatz zum »Zugbiegeproblem« mit positivem H bezeichnet.

Aus (2) folgt mit $q_m/P=\bar{c}=\text{const}$

$$w_{max}=\bar{c}\,\frac{l^2}{\pi^2}\,\frac{P}{P_K-P}.\tag{64.3}$$

Dieser Zusammenhang wird zweckmäßig durch ein Kraft-Verformungsdiagramm $P=P(w_{max})$ nach Bild 64.1 dargestellt. Die stark ausgezogenen Kurven gelten für $P=P_K$. Sie haben $\bar{c}$ als Parameter, wobei $\bar{c}=0$ zum homogenen Knickproblem gehört. Je größer $\bar{c}$ wird, desto mehr unterscheiden sich die Kurven von der horizontalen Geraden des Knickproblems, die für alle Kurven Asymptote ist. Für $P\geqq P_K$ ergeben sich die Kurven für negative w. Sie gelten für den Fall, daß der Stab unter P in Richtung negativer w ausknickt und dann infolge q wieder etwas zurückgedrückt wird. Wenn es sich hierbei auch um stabile Zustände handelt, so kommt ihnen doch offenbar keine praktische Bedeutung zu. Sie sind deshalb in Bild 64.1 nur dünn eingezeichnet.

Der Übergang zur linearen Statik ergibt sich aus (2) sofort, wenn man dort $P=0$ setzt:

$$w=q_m\,\frac{l^2}{\pi^2}\,\frac{1}{P_K}\sin\frac{\pi}{l}x=\frac{q_m}{EI}\,\frac{l^4}{\pi^4}\sin\frac{\pi}{l}x.$$

Daß das nicht immer so einfach ist, zeigt das folgende Problem, das zugleich ein weiteres Beispiel für eine Aufgabe der Knickbiegung sein soll.

64.2. Druckstab mit Einzelkraft als Querbelastung

Nach Bild 64.2 sei ein Knickstab mit $EI=\text{const}$ und einer Querlast V in Stabmitte betrachtet. Im Abschnitt $0\leqq x\leqq\frac{1}{2}l$ ist dann das Biegemoment

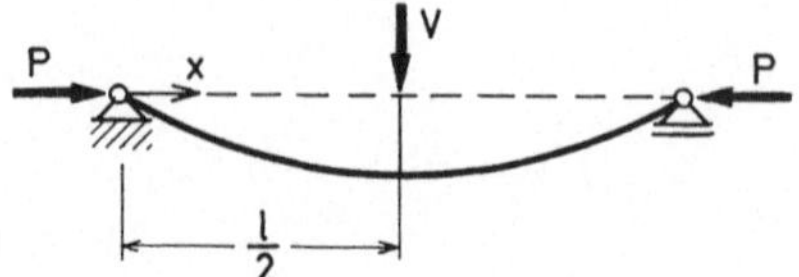

Bild 64.2. Knickstab mit Einzelquerlast

$M = Pw + V\frac{1}{2}x$, so daß sich die Differentialgleichung

$$EI\,w'' + Pw + V\frac{x}{2} = 0$$

ergibt. Als Lösung kommt in Betracht

$$w = C\sin k\,x - \frac{V}{P}\frac{x}{2} \quad \text{mit} \quad k = \sqrt{\frac{P}{EI}}.$$

Die Konstante C bestimmt sich dabei aus der Symmetriebedingung, daß in Stabmitte die Tangente an die Biegelinie parallel zur x-Achse verlaufen muß, d.h.

$$x = \frac{l}{2}, \quad w' = 0 \quad \text{liefert} \quad C\,k\cos k\frac{l}{2} - \frac{1}{2}\frac{V}{P} = 0,$$

$$C = \frac{V}{P}\frac{1}{2k}\,\frac{1}{\cos k\dfrac{l}{2}}.$$

Damit wird

$$w = \frac{V}{P}\frac{1}{2k}\,\frac{\sin k\,x}{\cos k\dfrac{l}{2}} - \frac{V}{P}\frac{x}{2}$$

und für $x = l/2$

$$w_{\text{max}} = \frac{V}{P}\frac{1}{2k}\left(\tan k\frac{l}{2} - k\frac{l}{2}\right). \tag{64.4}$$

Der Wert der linearen Statik läßt sich jetzt nicht mehr sofort ablesen. Man muß vielmehr statt (4) schreiben

$$w_{\text{max}} = \frac{Vl^3}{48\,EI}\,\frac{\tan k\dfrac{l}{2} - k\dfrac{l}{2}}{\dfrac{1}{3}\left(k\dfrac{l}{2}\right)^3} \tag{64.4a}$$

und für kleine Werte von $k = \sqrt{\dfrac{P}{EI}}$ setzen

$$\tan kl = k\frac{l}{2} + \frac{1}{3}\left(k\frac{l}{2}\right)^3 + \ldots$$

Der Grenzübergang $k \to 0$ liefert dann den bekannten Wert für die lineare Statik:

$$w_{\max} = \frac{V l^3}{48\, EI}.$$

64.3. Vorverformungen beim Knickstab

Zu einem Knickbiegeproblem wird man auch geführt, wenn man einen Knickstab berechnet, der zwar keine Querlasten hat, aber im unbelasteten Zustand schon schwach gekrümmt ist. »Schwach« bedeutet dabei, daß nach wie vor mit der Differentialgleichung des geraden Stabes gerechnet werden kann und kein Bogen vorausgesetzt werden muß.

Die Rechnung wird wieder sehr einfach, wenn man $EI = $ const voraussetzt und annimmt, daß eine Vorverformung w_v vorhanden ist, die dem Gesetz

$$w_v = w_{v,\max}\, sin\frac{\pi}{l}x \tag{64.5}$$

folgt. Das Biegemoment ist dann $M = P(w_v + w)$ und die Differentialgleichung hat die Form

$$EI w'' + P(w_v + w) = 0$$

oder mit (5)

$$EI w'' + P w + P w_{v,\max} \sin\frac{\pi}{l}x = 0. \tag{64.6}$$

Diese Gleichung stimmt mit (1) überein, wenn dort

$$q_m \frac{l^2}{\pi^2} = P\, w_{v,\max}$$

gesetzt wird. Die Lösung ergibt sich nach (2) zu

$$w = P w_{v,\max}\, \frac{1}{P_K - P} \cdot \sin\frac{\pi}{l}x.$$

Dies ist die zusätzliche elastische Verformung. Die Gesamtverformung ist $w_v + w$. Ihr Maximalwert wird

$$w_{\max,\, ges} = w_{v,\max}\, \frac{P_K}{P_K - P}. \tag{64.7}$$

Trägt man P als Funktion von $w_{\mathrm{max,ges}}$ auf, so erhält man ein Bild wie Bild 64.1 mit dem einzigen Unterschied, daß zu w_{max} noch die konstante Vorverformung $w_{\mathrm{v,max}}$ hinzukommt. Wenn insofern das Ergebnis zu erwarten war, so vermag es doch folgende neue Erkenntnis zu liefern.

Jeder Stab hat gewisse Vorverformungen; einen exakt geraden Stab gibt es nicht. Man kann nur voraussetzen, daß die Vorverformungen stets so klein sind, daß sie die praktische Verwendung des Stabes nicht beeinträchtigen. Es sei angenommen, daß eine Vorverformung von $w_{\mathrm{v,max}} = l/500$, also 2 mm auf 1 m, vorhanden sein kann, da dieser Wert mit dem bloßen Auge im allgemeinen nicht sichtbar ist. Weiterhin sei vorausgesetzt, daß nach Einbau und Belastung des Stabes eine Gesamtverformung von $w_{\mathrm{max,ges}} = l/100$ eine Verformung darstellt, die einer Tragfähigkeitsgrenze gleichkommt. Dann wird nach (7)

$$\frac{l}{100} = \frac{l}{500}\,\frac{1}{1 - \dfrac{P}{P_{\mathrm{K}}}}, \qquad \frac{P}{P_{\mathrm{K}}} = 0{,}8.$$

Für den theoretisch vollkommenen geraden Stab war P_{K} als Tragfähigkeitsgrenze erkannt. Durch die Vorverformung würde sich dieser Wert um 20 % verringern.

Bisher ist lediglich die Verformung betrachtet worden. Es kann aber durchaus sein, daß sich ein noch ungünstigeres Bild ergibt, wenn man die Spannungen ausrechnet, die infolge Biegung und Längskraft entstehen. Schließlich ist noch zu berücksichtigen, daß für den Stab beim Einbau eine ungewollte, d.h. nicht planmäßige, Exzentrizität des Lastangriffs entstehen kann. Dies bedeutet ein zusätzliches, P proportionales, Biegemoment, das einen ähnlichen Einfluß wie die Vorverformungen hat. Insgesamt ergibt sich so: *Ein Knickstab ist außerordentlich empfindlich gegenüber Vorverformungen und Exzentrizitäten des Lastangriffs.* Ein Kraft-Verformungs-Diagramm, wie es Bild 63.4 zeigt, ist nur theoretisch möglich. Praktisch wird sich stets eine Kurve ohne Verzweigungspunkt einstellen. Die Kurve von Bild 63.4 kann nur in sehr genauen Laborversuchen angenähert erreicht werden.

Eine Berücksichtigung der Empfindlichkeit des Knickstabes bei der Bemessung ist auf zweierlei Weise möglich: Entweder erhöht man den Sicherheitsfaktor gegenüber dem eines Zugstabes oder man macht passende Annahmen über die Imperfektionen und führt eine Knickbiegerechnung durch. Im folgenden wird noch darauf zurückzukommen sein.

65. Durchschlagproblem

65.1. Fachwerk aus zwei Stäben

Bei allen bisherigen Problemen der Abschnitte 61 bis 64 über den Einfluß der Nichtlinearität der Verformungsglieder kam stets die Theorie zweiter Ordnung zum Tragen. Es sei jetzt ein Beispiel behandelt, bei dem eine exakte Lösung erforderlich ist. Sie wird möglich, da das Beispiel sehr einfach ist.

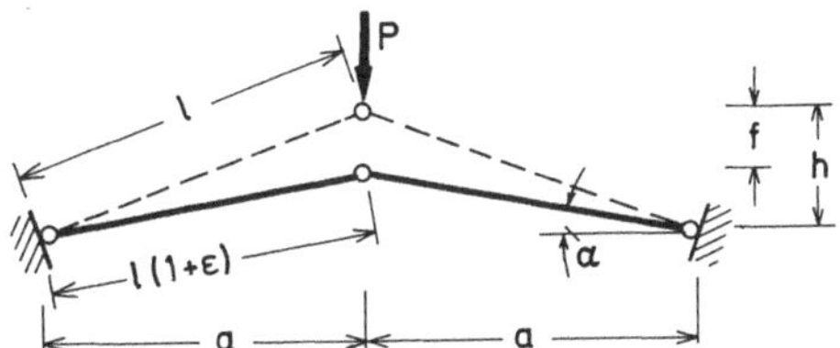

Bild 65.1. Zweistäbiges Fachwerk

Nach Bild 65.1 sei ein aus zwei Stäben bestehendes Fachwerk betrachtet. Der mittlere Knoten sei so geführt, daß er bei Belastung nur eine Verschiebung in Richtung der Last P ausführen kann. Ein Knicken der Stäbe soll nicht untersucht werden; sie sollen vielmehr nur eine reine Längszusammendrückung erfahren. Wird diese so groß, daß f größer als die Höhe h wird, so entsteht ein *Durchschlagen* des Systems, was jetzt berechnet sei. Dabei seien zusätzlich zu den in Bild 65.1 angegebenen Bezeichnungen S die Stabkräfte (wie üblich als Zug positiv) und F der Querschnitt der Stäbe.

Das Gleichgewicht des verformten Systems erfordert für den herausgeschnittenen Mittelknoten

$$S = -\frac{P}{2\sin\alpha} = -\frac{P}{2}\frac{l(1+\varepsilon)}{h-f}. \tag{65.1}$$

Für die Dehnung ε (positiv bei Stabverlängerung) ergibt sich

$$[l(1+\varepsilon)]^2 = a^2 + (h-f)^2 = a^2 + h^2 - 2hf + f^2,$$

$$\varepsilon = \frac{1}{l}\sqrt{l^2 - 2hf + f^2} - 1. \tag{65.2}$$

Nach dem Hookeschen Gesetz gilt

$$S = EF\varepsilon. \tag{65.3}$$

Aus den Gleichungen (1) und (3) folgt dann

$$P = -2EF\frac{h-f}{l}\frac{\varepsilon}{1+\varepsilon}$$

und daraus mit (2)

$$P = 2EF\frac{h-f}{l}\left(\frac{l}{\sqrt{l^2 - 2hf + f^2}} - 1\right). \tag{65.4}$$

Das Ergebnis (4) ist das Kraft-Verformungs-Diagramm $P = P(f)$, das in Bild 65.2 dargestellt ist. Die Kurve beginnt im Nullpunkt mit der Tangente der

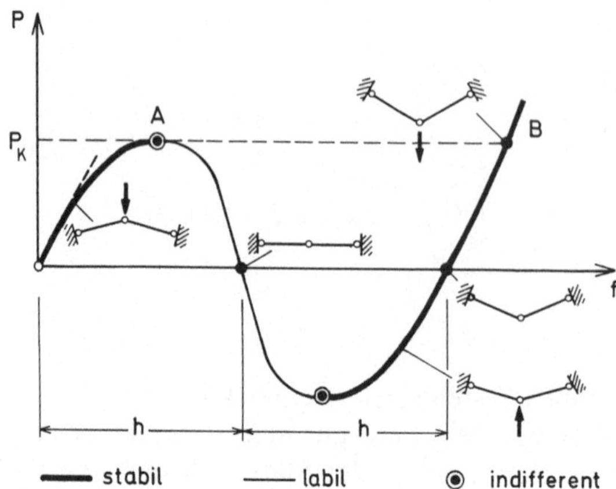

Bild 65.2. Kraft-Verformungs-Diagramm des Durchschlagproblems

linearen Statik, die sich nach Entwicklung der reziproken Wurzel in (4) nach Potenzen von f/l und Beschränkung auf lineare Glieder zu

$$P = 2EF \frac{h^2}{l^3} f$$

ergibt. Die Kurve krümmt sich dann und erreicht nach Überschreitung eines Maximums eine Nullstelle bei $f = h$, bei der alle drei Gelenke in einer Geraden liegen. Dabei entsteht ein Eigenspannungszustand, zu dem keine äußere Belastung gehört. Die Kurve durchläuft dann ein Minimum, bei dem das System bereits durchgeschlagen ist und durch eine negative Last P im Gleichgewicht gehalten wird. Nach der zweiten Nullstelle $f = 2h$ werden die beiden Stäbe durch eine positive Last P auf Zug beansprucht.

Das Durchschlagproblem ist wieder ein Stabilitätsproblem, da der Kurvenverlauf Mehrdeutigkeit aufweist. Diese entsteht, anders als beim Verzweigungsproblem, durch die Kurvenumkehr. Die Bereiche bzw. Punkte des stabilen, labilen und indifferenten Gleichgewichts sind in Bild 65.2 angegeben. Die stabilen Bereiche dürften ohne weiteres verständlich sein. Die Labilität des Eigenspannungszustandes bei $f = h$, $P = 0$ ist ebenfalls sofort einleuchtend. In dem übrigen Bereich mit negativer Tangente folgt die Labilität aus der Tatsache, daß bei einer Steigerung der Verformung f, wenn Gleichgewicht herrschen soll, die Last P kleiner werden muß. Geschieht das nicht, so ist die Lastdifferenz der Belastung nach und vor der Verformung positiv und wird das System noch weiter durchschlagen lassen und nicht — wie es bei stabilem Gleichgewicht der Fall sein müßte — wieder zurückdrücken. Der Übergang zwischen stabilem und labilem Gleichgewicht wird wieder durch Indifferenzpunkte gekennzeichnet.

Praktisch wird bei der Belastung eines Systems die ganze Kurve von Bild 65.2 selbstverständlich nicht durchlaufen. Sobald der erste Indifferenzpunkt A in Bild 65.2 erreicht ist, wird das System sofort nach dem Punkt B durchschlagen, da die Last konstant bleiben wird. Hierbei werden außer den sehr großen Verformungen dynamische Effekte auftreten, so daß die Tragfähigkeitsgrenze bestimmt überschritten ist. Die zum Punkt A gehörende Last muß daher wieder als eine kritische Last P_K bezeichnet werden. Ihre Größe ergibt sich durch Nullsetzen des Differentialquotienten der Kraft-Verformungs-Kurve, wie folgt. In (4) wird zweckmäßig der Winkel α eingeführt. Es ist

$$\sin\alpha = \frac{h-f}{\sqrt{l^2 - 2hf + f^2}}, \qquad \tan\alpha = \frac{h-f}{a}$$

Damit wird aus (4)

$$P = 2EF\left(\sin\alpha - \frac{a}{l}\tan\alpha\right).$$

Aus $dP/d\alpha = 0$ folgt für den zum kritischen Punkt gehörenden Winkel α_K

$$\cos^3\alpha_K = \frac{a}{l}$$

und damit für die kritische Last

$$P_K = 2EF\sin^3\alpha_K = 2EF\left[1 - \left(\frac{a}{l}\right)^{\frac{2}{3}}\right]^{\frac{3}{2}}.$$

65.2. Statisch bestimmtes Stabilitätsproblem

Das Durchschlagproblem von Bild 65.1 ist noch geeignet, eine Frage zu beantworten, die sich in der linearen Statik bei Betrachtung des »Ausnahmefalles« stellt, in den Abschnitten 24 bis 26 aber übergangen wurde.

In Bild 65.3 sind noch einmal zwei einfache Systeme dargestellt, die beide im Sinne der Definition von Abschnitt 26 verschieblich sind. Zwischen ihnen besteht aber doch ein Unterschied: Bei dem System von Bild 65.3a ist anschaulich sofort klar, daß ein Umklappen der drei Stützen stattfinden kann, was man als »endliche Verschieblichkeit« bezeichnen muß. Bei dem System von Bild 65.3b, bei dem noch einmal das kinematische Verschieblichkeitskriterium angedeutet ist, besteht nur eine »unendlich kleine Verschieblichkeit«. Bei Beginn der Belastung sind die Stabkräfte unendlich groß, nehmen aber mit der Verschiebung des Mittelgelenkes endliche Werte an. Es ist dabei durchaus möglich , daß ein Gleichgewichtszustand entsteht, bei dem die Spannungen in den Stäben

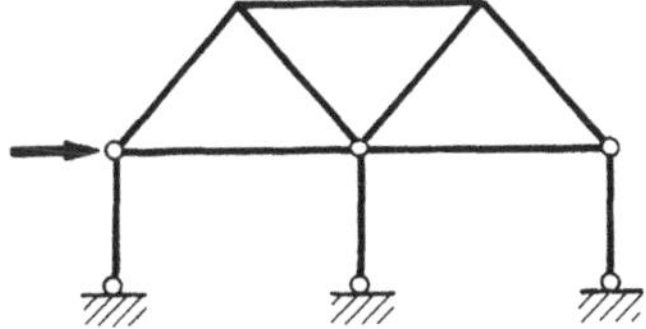

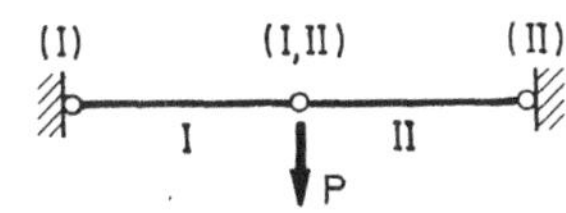

a) endliche Verschieblichkeit   b) unendlich kleine Verschieblichkeit

Bild 65.3a u. b. System mit endlicher und unendlich kleiner Verschieblichkeit

Bild 65.4.
Kraft-Verformungs-Diagramm für das System von Bild 65.3 b

noch innerhalb zulässiger Grenzen liegen. Es ergibt sich dann die Frage, weshalb ein solches System praktisch unbrauchbar sein soll.

Die Frage läßt sich sofort nach (4) beantworten, wenn dort $h=0$ gesetzt wird. Man erhält dann für das System von Bild 65.3 b

$$P = 2EF \frac{f}{l} \left(1 - \frac{l}{\sqrt{l^2 + f^2}} \right). \tag{65.5}$$

Der Charakter dieses Kraft-Verformungs-Diagramms läßt sich am besten erkennen, wenn man den reziproken Wurzelausdruck nach Potenzen von f^2/l^2 entwickelt und von der Klammer in (5) nur das erste Glied beibehält. Man bekommt dann folgenden Ausdruck, der für nicht zu große f/l gilt,

$$P = EF \frac{f^3}{l^3}. \tag{65.5 a}$$

P als Funktion von f ist danach eine kubische Parabel mit $\mathrm{d}P/\mathrm{d}f = 0$ im Nullpunkt der Kurve.

Damit ergibt sich der in Bild 65.4 dargestellte Zusammenhang. Das System befindet sich bei von Null verschiedenen Werten von f im stabilen Gleichgewicht. Es erweist sich aber wegen der mit der f-Achse zusammenfallenden Nullpunktstangente als so weich, daß es praktisch unbrauchbar ist. Die unendlich kleine Verschieblichkeit ist damit genauso gefährlich wie die endliche. Die Verhältnisse liegen ähnlich wie beim überkritischen Gebiet des Knickstabes.

Wegen der Lage der Tangente im Nullpunkt wird man dort das Gleichgewicht indifferent nennen müssen (vgl. die Indifferenzpunkte in Bild 65.2). Da die Näherung der linearen Statik zur Ermittlung der Nullpunktstangente bereits brauchbar ist, kann man hier ein Stabilitätsproblem mit den Annahmen der Stereostatik lösen. In diesem Fall sei von einem *statisch bestimmten Stabilitätsproblem* gesprochen.

C. Nichtlinearität von Geometrie und Werkstoffgesetz

66. Knickstab mit plastischen Verformungen

Die beiden verschiedenen Ursachen für einen nichtlinearen Zusammenhang zwischen Kraft und Verformung, die im Vorstehenden getrennt behandelt wurden, sind grundsätzlich bei jedem Konstruktionsteil zusammen vorhanden. Es interessieren allerdings nur Fälle, bei denen die Berücksichtigung beider Effekte auch erforderlich ist. Ein Beispiel hierzu ist der Knickstab von Abschnitt 63.

Die bisher für den Knickstab gewonnenen Ergebnisse seien zunächst noch einmal in einer für das Folgende zweckmäßigen Form zusammengestellt. Neben der Knicklast P_K wird eine *Knickspannung*

$$\sigma_K = \frac{P_K}{F} \tag{66.1}$$

eingeführt. Sie wird *ausnahmsweise als Druckspannung positiv* gerechnet. Ferner wird der *Schlankheitsgrad*

$$\lambda = \frac{l}{\sqrt{I/F}} \tag{66.2}$$

benutzt, wobei

$$\sqrt{I/F}$$

der Trägheitsradius ist. Für die Knicklast gilt Gleichung (63.6), aber nur dann, wenn unbeschränkte Gültigkeit des Hookeschen Gesetzes vorausgesetzt wird. Da jetzt auch andere Werkstoffgesetze untersucht werden sollen, sei im Hookeschen Sonderfall von einer *idealen* Knicklast und Knickspannung gesprochen und zur Kennzeichnung der Index i verwendet. Es wird dann

$$P_{Ki} = \frac{\pi^2 EI}{l^2} \tag{66.3}$$

und mit (1) und (2)

$$\sigma_{Ki} = \frac{\pi^2 E}{\lambda^2}. \tag{66.4}$$

P_K und σ_K sollen im folgenden für den allgemeinen Fall gelten, daß die Stabverformungen auch plastisch sein können.

Nach Festlegung der Bezeichnungen sei das *Knickspannungsdiagramm* $\sigma_K = \sigma_K(\lambda)$ besprochen, wie es Bild 66.1 zeigt. Die Kurve für σ_{Ki} nach (4) ist die Eulerhyperbel. Sie gilt nur für Spannungen, welche die Proportionalitätsgrenze σ_P nicht überschreiten, bzw. für Schlankheiten, die nicht kleiner als λ_P sind. Bei den meisten Werkstoffen liegt λ_P in der Gegend von 100. Für Werte von $\lambda < \lambda_P$ wird σ_{Ki} immer größer und geht schließlich für $\lambda = 0$ nach unendlich. Die Eulerhyperbel ist also zweifellos für $\lambda < \lambda_P$ unbrauchbar und muß durch andere Kurven ersetzt werden. Wie diese auf theoretischem Wege gewonnen werden können, sei als nächstes erörtert.

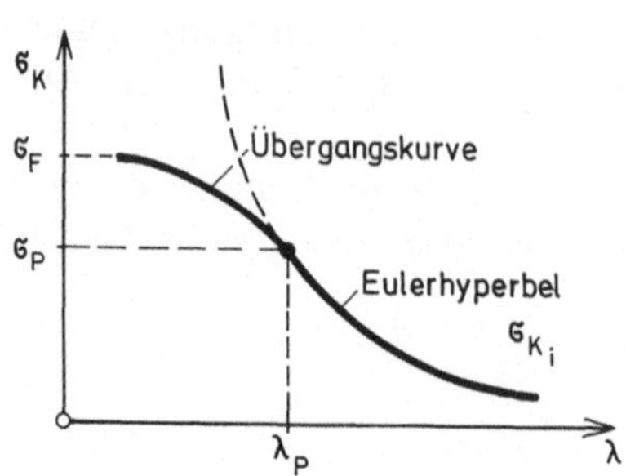

Bild 66.1. Knickspannungsdiagramm

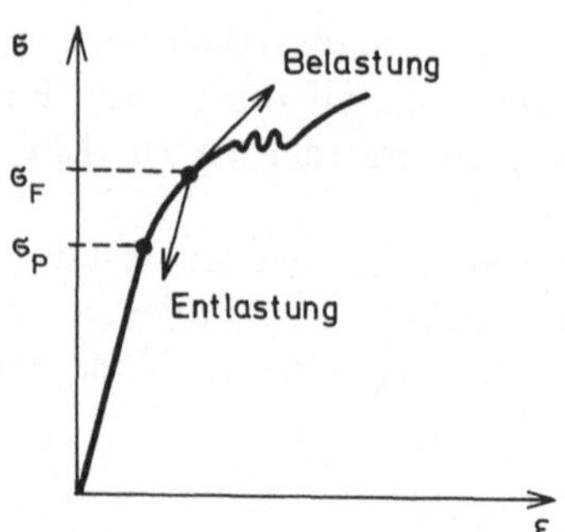

Bild 66.2. Spannungs-Dehnungs-Diagramm mit Näherung für Knickrechnungen

In Abschnitt 51 wurde bereits die Fasertheorie für nichtelastische Verformungen verwendet. Die Querschnitte sollten dabei eben bleiben und jede Faser sich wie im einachsigen Zug- oder Druckversuch verhalten. Diese Annahme wird man auch hier beibehalten. Als Werkstoffgesetz war dann bei der Fließgelenktheorie der sehr einfache Ansatz von Bild 59.1 verwendet worden. Leider ist dieses Gesetz beim Knickstab zu ungenau. Hier muß vielmehr zwischen Proportionalitäts- und Fließgrenze nach Bild 66.2 folgendes angenommen werden. Wenn beim Knicken eine Faser zusätzlich belastet wird, ist mit der Tangente an das Spannungs-Dehnungs-Diagramm zu rechnen; wird jedoch die Faser entlastet, so muß in Übereinstimmung mit Werkstoffversuchen — auf die hier nicht näher eingegangen werden kann — eine Parallele zur Hookeschen Anfangstangente verwendet werden. Rechnungen dieser Art sind vor allem an die Namen Engesser und v. Kármán geknüpft [35]. Diese Untersuchungen sollen hier nicht im einzelnen betrachtet werden, sondern lediglich ihr Ergebnis im Hinblick auf die Kurve, die in Bild 66.1 als *Übergangskurve* bezeichnet ist.

Als erstes ist festzustellen, daß zu Bild 66.2 noch Angaben über die Veränderlichkeit der Steigung der Belastungsgeraden, den sog. Tangentenmodul, zur Verfügung stehen müssen. Werkstoffe mit gleichem Elastizitätsmodul können dann immer noch verschiedene Übergangskurven liefern. Zweitens ist zu bedenken, daß Stablänge und Querschnittsgestalt zunächst nur im hookeschen Bereich durch die eine Größe λ erfaßt werden können. Oberhalb von σ_P wird man für verschiedene Querschnittsformen wieder verschiedene Übergangskurven erwarten müssen. In dieser Hinsicht zeigt sich allerdings, daß der Querschnittseinfluß nicht groß ist und die sich ergebende Kurvenschar mit guter Näherung durch eine Kurve ersetzt werden kann.

Als drittes sei noch auf ein Ergebnis der Theorie hingewiesen, das weniger praktisch als grundsätzlich von Bedeutung ist. Wenn es im Querschnitt eines ausknickenden Stabes zwei Bereiche mit verschiedenen Steifigkeitsmoduln gibt

---

35 F. Engesser: *Z. Arch.-Ing. Ver. Hannover* 35 (1889) 455; Schweiz. Bauztg. 26 (1895) 24; *Z. VDI* 42 (1898) 927. Th. v. Kármán: *Forsch.-Arb. Ing.-Wes.* 1910, Heft 81.

— nämlich den Elastizitätsmodul und den Tangentenmodul — so wird dadurch nicht nur die Gesamtsteifigkeit beeinflußt, sondern auch die Lage des Schwerpunkts im Querschnitt. Sobald aber der Schwerpunkt nicht mehr mit der ursprünglichen Stabachse zusammenfällt, entsteht ein Knickbiegeproblem und kein Eigenwertproblem. Die Tragfähigkeit ist dann erschöpft, wenn die Verformungen oder die Spannungen zu groß werden. Für die Übergangskurve ändert sich aber zahlenmäßig gegenüber einer Vernachlässigung des Effektes in der Regel nur wenig[36].

Wenn so die Theorie auch eine Reihe von Kenntnissen zu vermitteln vermag, so wird man doch auf Versuche nicht verzichten. Es zeigt sich dann, daß die Theorie voll bestätigt wird, insbesondere insofern, als man nur eine Übergangskurve für alle Querschnittsformen braucht und die Schwerpunktsverschiebung vernachlässigt werden kann. Diese Feinheiten der Theorie gehen in dem Streubereich unter, der wegen der Imperfektionen (Abschnitt 64.3) immer verhältnismäßig groß ist, auch wenn beim Versuch mit Sorgfalt gearbeitet wird. Für verschiedene Werkstoffe gelten allerdings verschiedene Übergangskurven. Man kann sie häufig durch Formeln erfassen, in denen σ_P und σ_F als Parameter enthalten sind, so daß die Formeln wenigstens für eine Klasse von Werkstoffen gelten[37].

Das Knickspannungsdiagramm kann nicht mehr für Stäbe gelten, die so kurz sind, daß sie gar keine Knickerscheinungen mehr zeigen. Versuche ergeben, daß etwa bei $\lambda = 20$ jede Knicktheorie ihren Sinn verliert. Die Übergangskurve ist deshalb in diesem Bereich in Bild 66.1 nur gestrichelt gezeichnet. Der Punkt $\sigma_K = \sigma_F$ für $\lambda = 0$ ist nur als Extrapolationspunkt anzusehen. Es spricht nichts dagegen, statt dessen auch $\alpha\,\sigma_F$ für $\lambda = 0$ zu wählen, wobei α in der Gegend von eins liegen wird und den Versuchen anzupassen ist.

Es muß noch erwähnt werden, wie die bereits besprochene Empfindlichkeit eines Knickstabes gegenüber Imperfektionen unter Einfluß des plastischen Bereiches berücksichtigt werden soll. Zuerst sei angenommen, daß es sich um bekannte, *planmäßige* Exzentrizitäten des Lastangriffs handelt. Auch Vorverformungen gehören grundsätzlich hierzu, wenn es auch planmäßig vorgekrümmte Stäbe praktisch kaum geben wird. In diesen Fällen hat man im elastischen Bereich so vorzugehen, wie es in Abschnitt 64.3 für den Sonderfall sinusförmiger Vorverformungen gezeigt wurde. Im plastischen Bereich ist es am genauesten, wenn für die Beanspruchung jeder Faser mit dem durch Versuche ermittelten Spannungs-Dehnungs-Diagramm gerechnet wird. Eine solche Rechnung ist nur numerisch durchführbar. Auf Einzelheiten kann hier nicht eingegangen werden, insbesondere nicht auf mögliche Vereinfachungen.

---

36 Der Effekt wurde von Shanley bei außergewöhnlich sorgfältigen Knickversuchen gefunden; siehe F.R. Shanley: *J. aeronaut. Sci.* 13 (1946) 261; *Proc. Amer. Soc. Civil Eng.* 75 (1949) 759. Zur Theorie vgl. A. Pflüger: *Ing.-Arch.* 20 (1952) 291.

37 In den Deutschen Stahlbauvorschriften, DIN 4114, Stabilitätsfälle, Richtlinien, Oktober 1955, wird folgende Formel benutzt:

$$\frac{\sigma_K}{\sigma_{Ki}} = \left[\frac{1}{2} + \frac{1}{2}\frac{\sigma_F - \sigma_P}{\sqrt{(\sigma_F - \sigma_P)^2 - (\sigma_K - \sigma_P)^2}}\right]^2.$$

Die Auswirkungen *ungewollter* Imperfektionen ist genauso zu berechnen wie die der planmäßigen. Das Problem besteht hier darin, sinnvolle Annahmen über die Imperfektionen zu bekommen. Am besten wäre es natürlich, wenn man zu dieser Frage eine Großzahl von Messungen an ausgeführten Bauwerken verschiedener Art hätte und statistisch gesicherte Werte zur Verfügung stünden. Es hätte dann auch Sinn, Knickstäbe mit einer probabilistischen Theorie der Versagenswahrscheinlichkeit zu berechnen. Leider liegen solche Messungen nicht vor und sind auch in Anbetracht der organisatorischen Schwierigkeiten und Kosten nicht zu erwarten. Man ist also auf Annahmen angewiesen. Man kann etwa voraussetzen, daß die Lastexzentrizität proportional dem Trägheitsradius ist und die Vorverformung proportional der Stablänge[38].

67. Knicksicherheit und ω-Verfahren

Wenn man in der geschilderten Form im elastischen und nichtelastischen Bereich eine genaue Rechnung unter Beachtung von Imperfektion durchgeführt hat, so braucht man natürlich keine Übergangskurve mehr. Das Ergebnis der Rechnung ist dann eine Traglast und man kann unter Berücksichtigung eines Sicherheitsfaktors die zulässige Gebrauchslast bestimmen.

Man kann aber auch den gesamten Einfluß der Imperfektionen dadurch erfassen, daß man einen besonderen Knicksicherheitsfaktor v_K, der eine Funktion von λ sein kann, gegenüber der Spannung σ_K einführt. Ein solches Vorgehen, das die Rechnung erheblich vereinfacht, ist ungenauer als das Traglastverfahren, da die Übergangskurve nur eine Näherung ist. Andererseits sind die Annahmen über die Imperfektionen sehr willkürlich und man kann durchaus in jedem Einzelfall darüber streiten, ob sich der Mehraufwand des Traglastverfahrens lohnt[39]. Die Willkür der Annahmen zeigt sich am besten, wenn man den Sicherheitsfaktor v_K nach verschiedenen Vorschriften betrachtet, wie es Bild 67.1 zeigt. Dabei ist weniger die Größe des Sicherheitsfaktors von Bedeutung, da diese noch von den Lastannahmen abhängt, als vielmehr die Veränderlichkeit über λ.

Der Nachweis, daß die erforderliche Knicksicherheit v_K beim Gebrauchszustand vorhanden ist, kann so erfolgen, daß eine zulässige Druckspannung beim Knickvorgang

$$\sigma_{d\,zul} = \frac{\sigma_K}{v_K}$$

definiert wird, die von der Gebrauchsspannung nicht überschritten werden darf. Eine etwas andere Darstellung desselben Vorgehens ist das in der Praxis meist

---

38 In den Deutschen Stahlbauvorschriften, DIN 4114, wird z.B. $w_v = \left(5\sqrt{\dfrac{I}{F}} + 2l\right) 10^{-3}$ angegeben.

39 Nach DIN 4114 ist es nicht erlaubt, das Traglastverfahren allein anzuwenden; es ist stets auch der Nachweis mit σ_K und v_K zu führen. Umgekehrt darf aber auf das Traglastverfahren verzichtet werden.

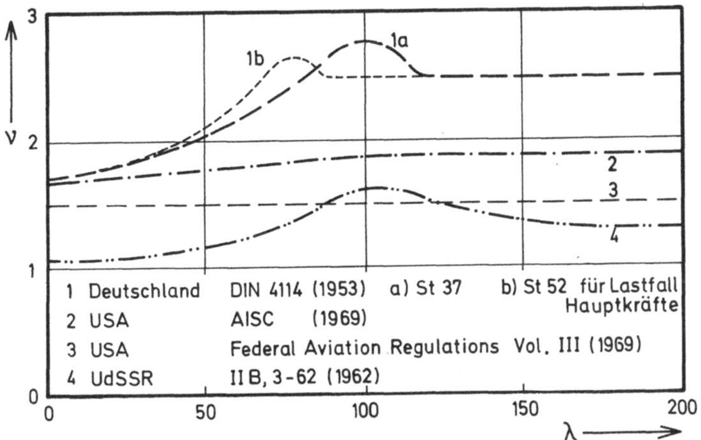

Bild 67.1. Sicherheitsfaktor der Stabknickung nach verschiedenen Vorschriften

benutzte ω-*Verfahren*. Man schreibt hierbei

$$\sigma = \omega \frac{P}{F} \qquad (67.1)$$

und weist nach, daß die um den Faktor ω erhöhte Gebrauchsspannung P/F die zulässige Spannung σ_{zul} nicht überschreitet, die für den Werkstoff bei einer Beanspruchung ohne Knickgefahr gilt. Der gesamte Knickeffekt wird dann durch den Faktor ω erfaßt, der die Größe

$$\omega = \frac{\sigma_{zul}}{\sigma_{d\,zul}} \qquad (67.2)$$

haben muß. Für die ω-Werte wird dann zweckmäßig eine Tabelle aufgestellt und für den Sicherheitsnachweis benutzt. Ein Knickstab kann damit nach dem ω-Verfahren genauso einfach berechnet werden wie ein Zugstab.

Die vorstehenden Ausführungen dieses Abschnitts sollten nur ein Beispiel zeigen, bei dem sowohl eine Werkstoff- als auch eine geometrische Nichtlinearität berücksichtigt werden muß. Sie sollten keineswegs eine auch nur halbwegs vollständige Darstellung der Probleme der Stabknickung sein.

Sachverzeichnis